21世纪高等教育计算机规划教材

Java语言程序设计教程

Java Programming Language Tutoroals

朱晓龙　主编

史晓楠 杜来红 张荣　副主编

人民邮电出版社

北京

图书在版编目（ＣＩＰ）数据

Java语言程序设计教程 / 朱晓龙主编. -- 北京：
人民邮电出版社，2015.12
21世纪高等教育计算机规划教材
ISBN 978-7-115-40984-3

Ⅰ．①J… Ⅱ．①朱… Ⅲ．①JAVA语言－程序设计－
高等学校－教材 Ⅳ．①TP312

中国版本图书馆CIP数据核字(2015)第270351号

内 容 简 介

　　本书以培养学生面向对象的思维和面向对象的编程技术为核心，从学生认知心理角度出发，通过精选案例详细地介绍了 Java 的基础知识和实用核心技术，主要内容包括 Java 语言基础知识、面向对象的程序设计、异常处理编程、图形用户界面编程、多线程编程和 JDBC 数据库编程等实用技术。全书以面向对象的程序设计贯穿始终，理论联系实际应用，精讲多练，力求做到解答疑点、详析难点、突出重点。

　　本书可作为普通高等院校计算机专业或相关专业的 Java 课程教学用书，也可以作为 Java 技术培训的参考资料。

◆ 主　　编　朱晓龙
　　副 主 编　史晓楠　杜来红　张　荣
　　责任编辑　张孟玮
　　执行编辑　李　召
　　责任印制　沈　蓉　彭志环

◆ 人民邮电出版社出版发行　　北京市丰台区成寿寺路 11 号
　　邮编　100164　电子邮件　315@ptpress.com.cn
　　网址　http://www.ptpress.com.cn
　　北京七彩京通数码快印有限公司印刷

◆ 开本：787×1092　1/16
　　印张：19　　　　　　　　2015 年 12 月第 1 版
　　字数：499 千字　　　　　2024 年 8 月北京第 6 次印刷

定价：43.00 元

读者服务热线：(010)81055256　印装质量热线：(010)81055316
反盗版热线：(010)81055315

前　言

随着互联网应用和 Web 服务的不断发展，普通高校的计算机类专业提高了学生应用 Java 语言进行应用开发的要求，有些文理兼收专业（如电子商务专业）也开设了 Java 课程。而且，随着移动应用和嵌入式应用的不断推广，通信、电子信息、信息与计算科学、自动化、微电子等理工类专业也纷纷开设了 Java 课程。

本教材是针对普通高等院校计算机专业或理工类专业的学生而编写的。

本教材既强调基础，又力求体现实用性，教学内容与实际应用相结合。在编写体例上从学生认知心理角度出发，通过精选案例由浅入深，循序渐进地讲解 Java 知识。讲解力求做到解答疑点、详析难点、突出重点。精讲多练，在案例中讲解 Java 知识，在模仿实训中培养 Java 编程技能。通过学习本教材，学生可具备面向对象的思维方式和使用 Java 语言进行应用开发的基本技能，掌握 Java 的基础知识和实用核心技术。

本课程的教学时数为 68 学时，这是一个针对初学者的教学安排，如果学生学过 C 语言等课程，讲授时可酌情取舍。下面是各章的教学课时分配表。

章节	课程内容	学时
第 1 章	Java 概述	2
第 2 章	数据类型和运算符	4
第 3 章	程序流程控制	6
第 4 章	类与对象	8
第 5 章	继承与多态	10
第 6 章	数组与字符串	4
第 7 章	异常处理	4
第 8 章	Java 常用类	4
第 9 章	图形用户界面 GUI	6
第 10 章	多线程	6
第 11 章	输入输出流	6
第 12 章	数据库编程	4
第 13 章	学生成绩管理系统	4
课时总计		68

本教材由朱晓龙任主编，并编写第 1、4、5、8、11、13 章，史晓楠编写第 2、7、9、10 章，杜来红编写第 3、12 章，张荣编写第 6 章。

编　者
2015 年 8 月

目　录

第 1 章
Java 概述

Java 是一种面向对象的、跨平台的、安全性好的程序设计语言。本章首先介绍了 Java 语言的发展历史及特点，然后介绍如何在 Java 集成环境中设计、运行一个 Java 程序，最后讲述了 Java 程序的工作原理。

1.1　Java 语言简介

1.1.1　Java 语言的起源与发展

1991 年，美国 Sun Microsystems 公司有一个内部项目，项目目标是能够在电视、微波炉等智能家电的嵌入式芯片上开发应用程序，需要一种与平台无关、可靠性强、小而灵活的编程语言。这是由于智能家电种类繁多，所采用的嵌入式芯片各不相同，存在着跨平台的问题；智能家电芯片的性能不能高，否则智能家电的价格就会非常昂贵；程序可以出现错误，但智能家电不能出错，必须安全可靠。于是，研究小组通过简化、修改 C 语言，设计出一种新语言，称之为 Oak。但项目在投标中失败了。

1994 年下半年，Internet 已开始迅猛发展，项目开发人员决定将 Oak 应用于万维网，即用 Oak 编写一个小型万维网浏览器。后来，Oak 改名为 Java。1995 年，面向对象的 Java 语言公开发布。人们发现：Java 这种跨平台及安全性高的面向对象语言，恰恰就是互联网所期待的语言，其响亮的口号是 "Write Once，Run Anywhere"。

计算机世界经历了以大型机为代表的集中计算模式和以 PC 为代表的分散计算模式，Java 的诞生产生了一种新计算模式——网格计算模式。它对传统的计算模型提出了新的挑战。如，软件 4A 目标要求软件能达到：任何人，在任何地方，在任何时间，对任何电子设备都能操作。表 1.1 对 Java 的发展历史作了总结。

表 1.1　Java 的发展历史

时间	Java 的发展历史
1991	Sun 以 C 为基础开发出新的程序设计语言，并将其命名为 Oak
1995	Java 语言诞生
1996	JDK 1.0 发布，Java 的第一个开发包 JDK（Java Development Kit）发布
1998	JDK 1.2（称为 Java 2）发布，标志着 Java 已经进入 Java 2 时代

续表

时间	Java 的发展历史
1999	Java 分成 J2SE、J2EE 和 J2ME，JSP/Servlet 技术诞生
2004	J2SE 1.5 发布，这是一个里程碑事件。从此，J2SE 1.5 更名为 J2SE 5.0
2005	J2SE、J2EE 和 J2ME 更名为 Java SE、Java EE 和 Java ME。Java SE 6 公开
2009	Oracle（甲骨文）公司收购 Sun 公司，Java 并归甲骨文公司
2011	甲骨文公司发布 Java 7.0 的正式版
2014	甲骨文公司发布 Java 8.0 的正式版

1.1.2 Java 语言的特点

Sun 公司在"Java 白皮书"中对 Java 的定义是："Java：A simple, object-oriented, distributed, interpreted, robust, secure, architecture-neutral, portable, high-performance, multi-threaded, and dynamic language。"即，Java 语言是一种简单的、面向对象的、分布的、解释的、健壮的、安全的、体系结构中立的、可移植的、高性能的、多线程的以及动态执行的程序设计语言。

1. 简单易学

Java 语言简单易学。其语法与 C 语言和 C++语言很接近，但它丢弃了 C++中复杂、不安全的特性，如操作符重载、多继承、指针等。

2. 面向对象

面向对象技术是当今软件开发的主流技术之一。Java 语言是一个完全面向对象的程序设计语言。它具有面向对象的封装、继承和多态三大特点。Java 语言通过类实现封装；在类之间实现单继承，在接口之间实现多继承，支持类与接口之间的实现机制（关键字为 implements）；并全面支持动态绑定实现多态。

3. 安全性

除了 Java 语言具有的许多安全特性以外，Java 提供了字节码校验器、文件访问限制机制、类装载器和运行时内存布局四级安全保证机制。

4. 跨平台（体系结构中立）

Java 程序能够在网络上任何地方执行；语言版本完全统一，实现了平台无关性；具有字节代码与平台无关性；有访问底层操作系统功能的扩展类库，不依赖于具体系统等。Java 编译器是用 Java 实现的，Java 的运行环境是用 ANSI C 实现的。

5. 多线程

Java 环境本身就是多线程的。特别的，Java 提供了对多线程的语言级支持，程序员能很方便地编写多线程应用程序。

6. 动态性

Java 所需要的类是运行时动态装载的，也可从网络载入。在分布环境中动态地维护应用程序和类库的一致性，类库的更新不需重新编译程序，不影响用户程序的执行。

7. 健壮性

Java 的强类型机制、异常处理、垃圾自动收集等是 Java 程序健壮性的重要保证。对指针的丢弃是 Java 的明智选择。Java 的安全检查机制使得 Java 更具健壮性。

1.2　Java 开发环境

1.2.1　Java SE 的开发工具包 JDK

1995 年 Sun 公司虽然推出了 Java，但这只是一种语言，而要想开发复杂的应用程序，必须要有一个强大的开发库支持才行。因此，Sun 公司在 1996 年 1 月发布了 JDK 1.0。此后，Sun 公司以平均两年一个新版本的速度不断更新 JDK。目前，较新的版本是 JDK 8。

JDK（Java SE Development Kits）是免费提供的 Java SE 的开发工具包，它是一种开发环境，开发者利用它可以编译、运行和调试 Java 程序。

Java SE 开发工具包可以免费下载。下载完成后，在 JDK 根目录下，有 bin、jre、lib、demo、include、src.zip 等子目录和一些文件，其含义如下。

1. 开发工具

开发工具位于 bin 子目录中，是工具和实用程序，可帮助开发者开发、执行、调试和保存 Java 程序。如 javac.exe（java 编译器）、java.exe（java 运行时解释器）、javadoc.exe（java 文档化工具）等。

2. 运行时环境 jre

jre 位于 jre 子目录中。Java SE 运行时环境的实现，由 JDK 使用。这个运行时环境实现了 Java 平台，包含 Java 虚拟机、类库以及其他文件，可支持执行 Java 程序。

jre 有以下三项主要功能。

（1）加载代码：由类加载器完成。

（2）校验代码：由字节校验器完成。

（3）执行代码：由运行时解释器完成。

3. 附加库

附加库位于 lib 子目录中，包括开发工具需要的附加类库和支持文件。

4. 演示 applet 和应用程序

演示 applet 和应用程序位于 demo 子目录中。是带有源代码的 Java 平台编程示例，包括使用 Swing 和其他 Java 基类以及 Java 平台调试器体系结构的示例。

5. C 头文件

C 头文件位于 include 子目录中。支持使用 Java 本机界面、JVMTM 工具界面以及 Java SE 平台的其他功能进行本机代码编程的头文件。

6. 源代码

源代码位于 src.zip 文件中。该文件保存着核心 API 中所有类的源代码（即 java.*、javax.* 和某些 org.* 包的源文件，但不包括 com.sun.* 包的源文件）。参阅这些源代码，可以帮助开发者更好地学习和使用 Java 程序设计语言。使用任一常用的 zip 实用程序；或者也可以使用 JDK 的 bin 目录中的 Jar 实用程序，即使用命令：jar xvf src.jar，可以对这些文件进行解压，提取所有的源代码文件。

1.2.2　Java 集成开发环境

虽然 JDK 中提供了一些编译、运行和调试程序的工具，但是其命令行的工作方式让用户感觉不方便。因此，很多厂商推出了一些 Java 集成开发环境（Integrated Development Environment, IDE）。这些 IDE 集成了开发一种语言程序所需的各种工具，集源代码的编辑、编译、调试、部署和管理等功能于一体，同时还提供友好的用户界面，可以帮助程序员生成应用程序框架，减少程序员的重复劳动，提高软件开发效率。

目前常用的 Java 集成开发环境有：JetBrains 公司开发的 IntelliJ IDEA、IBM 公司开发的 Eclipse、Genuitec 公司开发的 Myeclipse、Borland 公司开发的 JBuilder、SUN 公司开发的 Netbeans、Xinox Software 公司开发的 JCreator 等。下面对 Eclipse 作简要介绍。

Eclipse 是一个开放源代码的、基于 Java 的可扩展集成开发平台。大多数用户很乐于将 Eclipse 当作 Java 集成开发环境。

2001 年 12 月，IBM 将 Eclipse 源代码捐赠给开源社区，目的是希望 Eclipse 项目能够吸引更多的开发人员，发展起一个强大而又充满活力的商业合作伙伴。

Eclipse 就其本身而言，它只是一个框架和一组服务，用于通过插件组件构建开发环境。Eclipse 附带了一个标准的插件集，包括 Java 开发工具（Java Development Tools，JDT）。在 Eclipse 中还可以集成数据库开发（比如 MySQL、Oracle 等）和 Java EE 容器（Tomcat、JBoss 和 Weblogic）。可以方便地使用 Eclipse 进行快速高效的 Java 企业级应用程序的开发。

Eclipse 是著名的跨平台的自由 IDE。在各种插件的帮助下，它不仅支持各种语言（Java、C/C++、PHP、Perl、Python 等）的开发，还支持软件开发过程中各种开发活动（设计建模、测试、编译构建；插件开发、Java EE 开发、GUI 开发、数据库设计等），甚至能成为图片绘制的工具。

由于 Eclipse 是开源项目，所以可以在官方网站免费下载 Eclipse 最新版本。安装下载的 Eclipse 平台，应首先安装 JDK 工具包，并在操作系统的环境变量中指明 jre 中的 bin 路径。安装 Eclipse 的步骤非常简单，只需将下载压缩包直接解压即可。解压后在安装路径双击 eclipse.exe 文件即可运行，启动界面如图 1.1 所示。

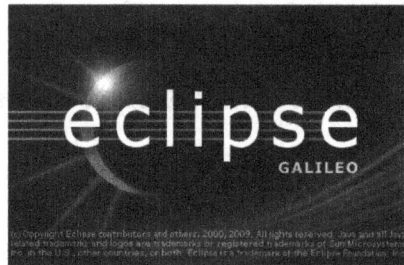

图 1.1　Eclipse 启动界面

启动后出现项目工作区选择对话框，选择工作区路径，如图 1.2 所示。单击【OK】按钮后，出现欢迎界面，如图 1.3 所示。

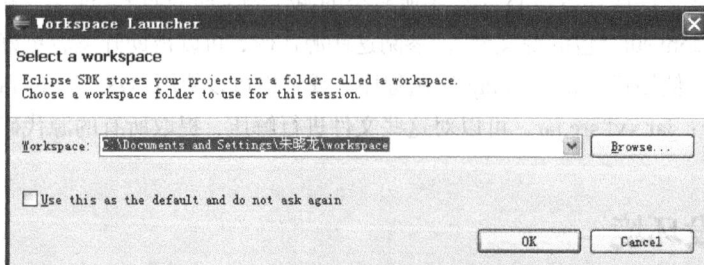

图 1.2　选择工作区路径

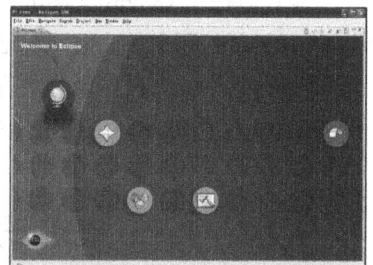

图 1.3　Eclipse 欢迎界面

总之，Eclipse 是一款非常受欢迎的 Java 开发工具，使用它的 Java 程序员是最多的。其缺点是比较复杂，对初学者来说理解起来比较困难。

1.3　Java 程序概述

Java 程序分为 Java Application 程序（应用程序）和 Java Applet 程序（小应用程序），由于 Java Applet 程序目前应用较少，因此下面只对 Java Appliction 程序进行介绍。

1.3.1　第一个 Java 程序

使用 Eclipse 进行 Java 程序开发的步骤如下。

1. 新建工程

单击菜单栏【File】|【New】|【Java Project】命令，如图 1.4 所示。

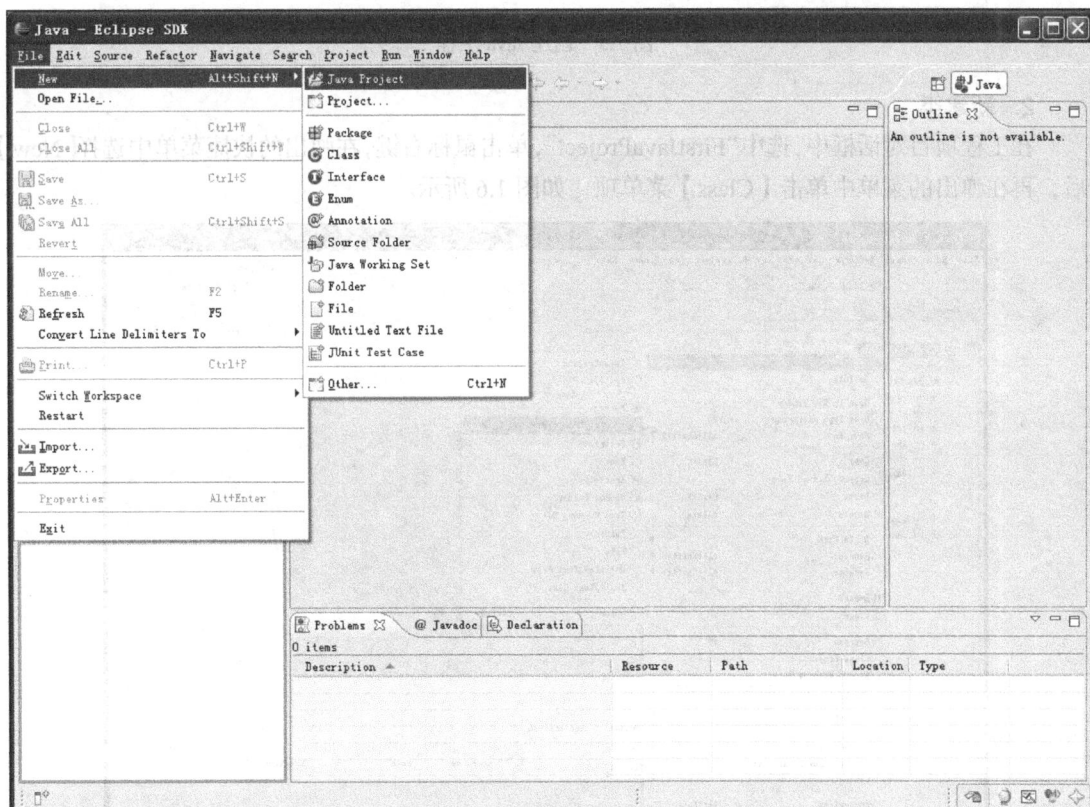

图 1.4　选择建立 Java 工程

在弹出的名为 "New Java Project" 的对话框中，在 "Project name" 文本框内输入工程名 "FirstJavaProject"，之后单击【Finish】按钮，如图 1.5 所示。

完成了以上步骤后，就创建好了一个名为 "FirstJavaProject" 的 Java 工程项目。

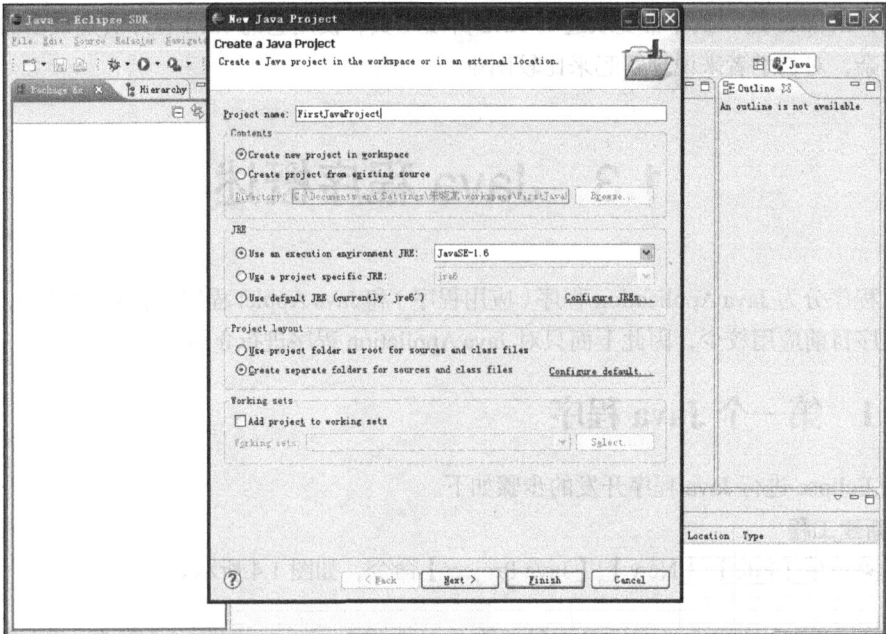

图 1.5　创建 Java 工程

2. 新建类

在工程项目对话框中，选中"FirstJavaProject"，单击鼠标右键，在弹出的快捷菜单中选择【New】后，再在弹出的菜单中单击【Class】菜单项，如图 1.6 所示。

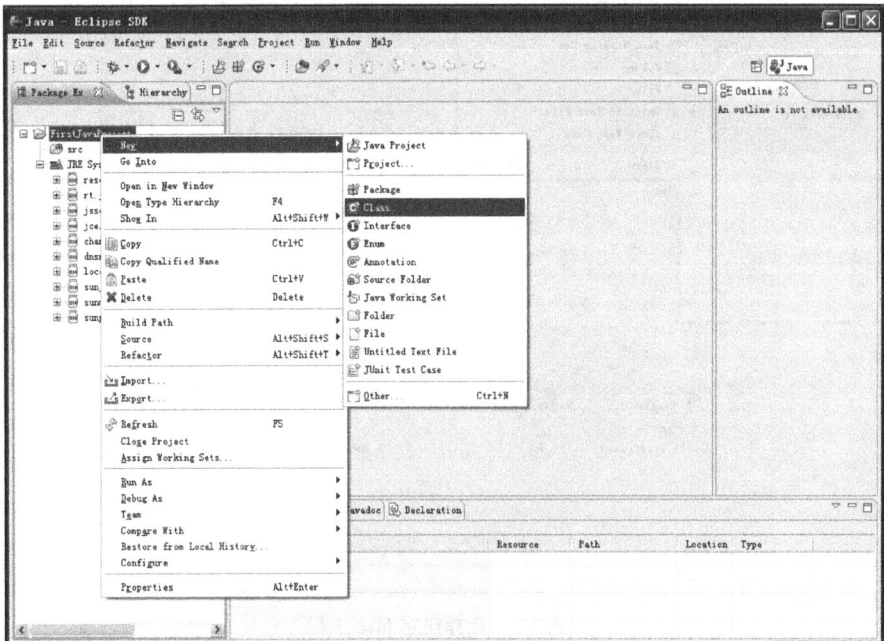

图 1.6　选择添加类

此时弹出"New Java Class"对话框，在"Name"后的文本框内输入要创建的类名"HelloWorld"，并选择【public static void main(String[] args)】复选框，意思是所创建的类中包含 main()方法，如图 1.7 所示。

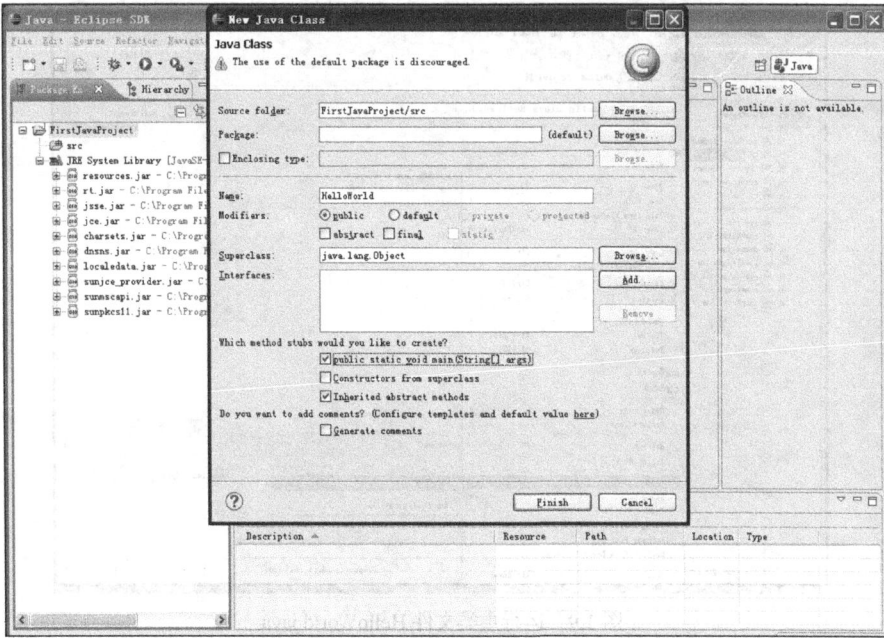

图 1.7 创建类的对话框

创建好新类 HelloWorld 后，就可以通过代码编辑对话框编写代码了，在这里输入一句话，如图 1.8 所示。

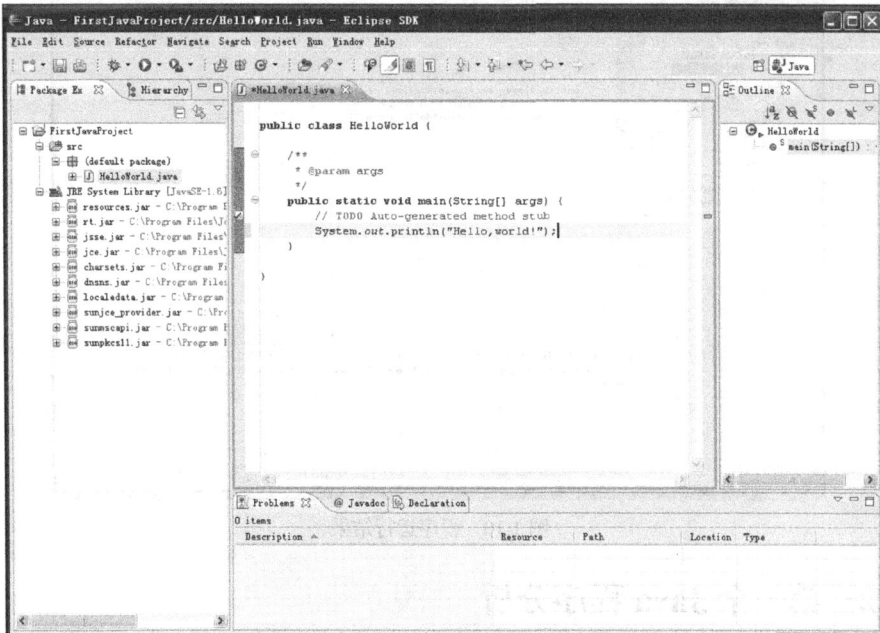

图 1.8 Eclipse 编辑程序的窗口

3. 运行类

在完成了类的创建和代码编写后，就可以使用 Eclipse 集成开发环境来运行 HelloWorld.java。在工程项目栏中，鼠标右击"HelloWorld.java"，在弹出的快捷菜单中选择【Run As】|【Java Application】命令，如图 1.9 所示。

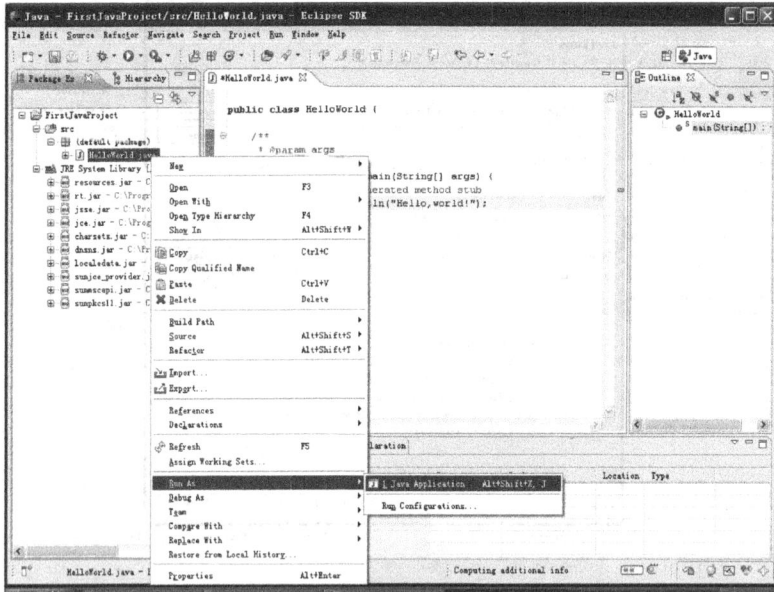

图 1.9　运行主类文件 HelloWorld.java

完成上述步骤后，程序开始运行，运行结果显示在控制台视图中，如图 1.10 所示。

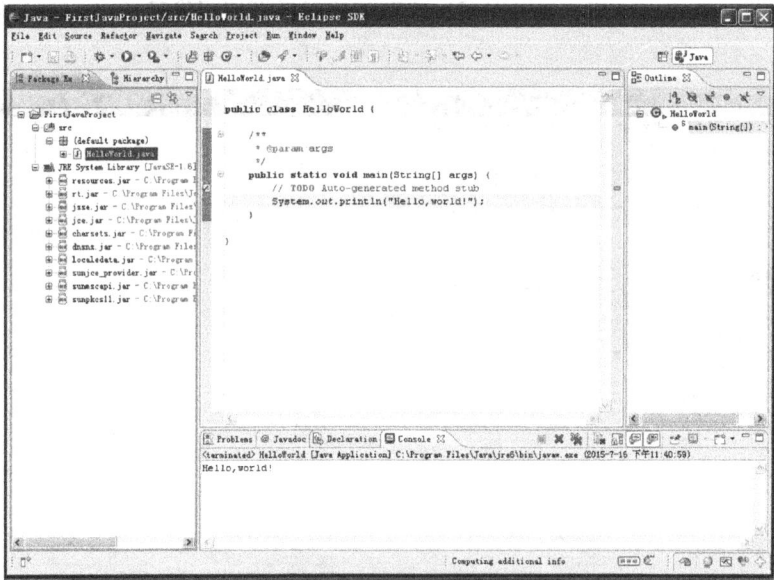

图 1.10　程序运行结果

1.3.2　第一个 Java 程序分析

【例 1.1】分析输出信息为"Hello,world!"的 Java 程序。以下是程序源代码。

```java
public class HelloWorld{
    /**
     *
     */
    public static void main(String[] args){
        //TODO Auto-generated method stub
```

```
            System.out.println("Hello,world!");
        }
    }
```

第 1 行开始是类的定义，保留字 class 用来定义一个新的类，其类名为 HelloWorld。整个类定义由大括号 { } 括起来，其内部是类体。在类体中定义类需要的成员变量和成员方法。在本例中定义了一个 main() 方法。

类 HelloWorld 是一个公共类含 public。在 Java 程序中可以定义多个类，但是最多只有一个公共类，而且这个公共类的类名必须要与程序文件名相同。

main() 方法有 4 个特点，如下所示。

（1）public 表示访问权限，指明所有的类都可以使用这一方法。

（2）static 指明该方法是一个类方法，它可以通过类名直接调用。

（3）void 指明 main() 方法不返回任何值。

（4）main() 方法定义圆括号 () 中的 String[] args 是传送给 main() 方法的参数，参数名是任意的，通常取为 args 或 argv，它是字符串数组 String[] 的一个对象。方法的参数用"类名　参数名"来指定，多个参数间用逗号分隔。

对于一个 Java 应用程序来说，main() 方法是必须的，而且必须按照上述格式来定义。符合上述 4 个特点的 main() 方法作为程序的入口，且只能有一个。所以，我们将包含这样 main() 方法的类称为起始类。

在 main() 方法的实现中（方法体——大括号括起来的部分），只有一条语句：

```
    System.out.println("Hello,world! ");
```

它的功能是在标准输出设备（显示器）上输出如下一行字符：

```
Hello,world!
```

这里调用 java.lang 包中 System 类的功能，而 System.out 又是 java.io 包中 OutputStream 类的对象，方法 println() 的作用是将圆括号内的字符串在屏幕输出，并换行。

程序中的 /** 和 */ 之间的内容被编译器忽略，可生成 Java 文档，从双斜线"//"开始到行尾的内容也被编译器忽略，它们是 Java 语言的注释。在程序中使用注释，可增加程序的可读性。

1.3.3　Java 程序开发

要开发 Java 程序，需要经过以下 3 个步骤。

（1）创建、编辑 Java 源文件：首先，编程人员使用 Java 语言编写好源代码，形成源文件。文件名的后缀为 .java。

（2）编译 Java 源文件：使用 Java 编译器来编译 Java 源文件，生成一种二进制的中间码，称为字节码（byte code），形成字节码文件。文件名的后缀为 .class。

（3）运行 Java 字节码程序：使用 Java 解释器来解释执行编译生成的字节码，完成 Java 程序要实现的功能，如图 1.11 所示。

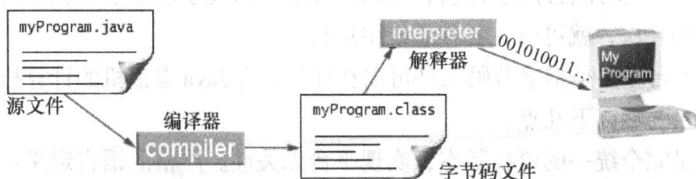

图 1.11　Java 程序开发过程

注意　Java 解释器也称 Java 虚拟机。

这种 Java 程序开发过程，似乎与使用 Eclipse 进行 Java 程序开发的步骤不一样，缺少了编译过程。这是因为在 Eclipse 中可以进行自动编译。Eclipse 有一个增量编译器，每次保存一个 Java 文件时它就自动进行编译，得到字节码文件。这个特性被称作"自动构建"。如果不需要这个功能，可以在"Project"菜单下取消选择"Bulid Automatically"，关闭这个特性。

1.4　Java 程序工作原理

1.4.1　Java 虚拟机

Java 虚拟机（Java Virtual Machine，JVM）是一个抽象的计算机处理器，负责运行 Java 字节码文件，并把字节码解释成具体平台上的机器指令进行执行。

Sun 公司对 Java 虚拟机规范进行了严格定义和控制。Java 虚拟机规范规定了以下两点。

（1）Java 虚拟机由 6 个部分组成：一组指令集、一组寄存器、一个类文件格式规定、一个栈、一个无用单元收集堆（Garbage-collected-heap）和一个方法区域。

（2）虚拟机能够认识的字节代码以及能实现的功能。

但 Java 虚拟机没有规定 Java 虚拟机组织结构及其功能是如何实现的，而这些必须在真实机器上以某种方式实现，既可以用软件实现，也可以用硬件实现。因此，对于不同的软硬件平台（指处理器和操作系统），Java 虚拟机就需要作专门的实现。需要注意的是，在不同软硬件平台上的 Java 虚拟机，必须符合 Java 虚拟机规范，保证字节码文件的正确执行。Java 语言编译执行的过程如图 1.12 所示。

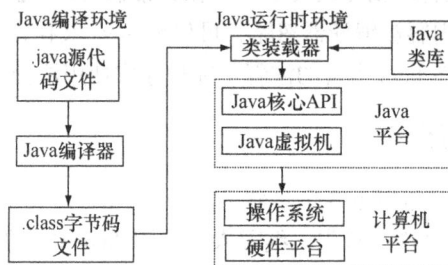

图 1.12　Java 语言编译执行的过程

Java 平台由 Java 虚拟机和 Java 应用编程接口（Application Programming Interface，API）构成。Java 应用编程接口为 Java 应用提供了一个独立于操作系统的标准接口，可分为核心部分和扩展部分。核心 Java API 中封装了程序设计所需要的主要应用类。在硬件和操作系统平台上安装一个 Java 平台之后，Java 应用程序就可运行。现在 Java 平台几乎已经嵌入到所有的操作系统。这样，Java 程序只编译一次，就可以在各种系统中运行。

Java 程序的跨平台主要是指字节码文件可以在任何具有 Java 虚拟机的计算机或者电子设备上正确运行。其原因主要有以下几点。

（1）Java 语言是完全统一的语言版本，实现平台无关性。严格的语言定义：没有"依据机器的不同而不同"或"由编译器决定"等字眼，最后的目标码都是一致的。

（2）字节代码是与平台无关的。由 Java 编译器产生的字节代码是二进制码，它与具体的计算机处理器代码无关。

（3）Java 虚拟机隐藏了不同平台的差异。字节码文件并不是直接运行在计算机平台上，而是运行在 Java 虚拟机上。Java 虚拟机保证了字节码文件运行的正确性。

下面通过一个类比的例子说明 C 语言和 Java 语言跨平台的区别。假如一个外国人想和一个广东人、一个上海人和一个陕西人聊天，但这个外国人只懂英语，广东人只懂粤语，上海人只懂上海话，陕西人只懂陕西话。这样，这位老外必须将他的话分别翻译成粤语、上海话和陕西话，这三位中国人才能听懂。在这里作如下类比，英语相当于 C 语言，地方话相当于不同计算机平台的机器指令。在不同计算机平台上，C 语言源程序必须经编译链接，形成该平台所识别的机器码文件后才能运行，如图 1.13 所示。

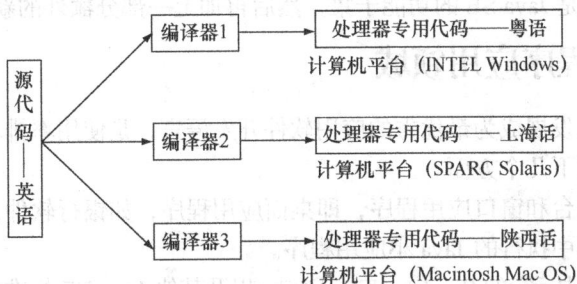

图 1.13 C 语言的机器代码在不同计算机平台上的相关性

如果这位老外将英语翻译成普通话，就不需要分别翻译成地方话。而中国人都具有将普通话翻译成家乡话的能力，相当于 Java 虚拟机，如图 1.14 所示。

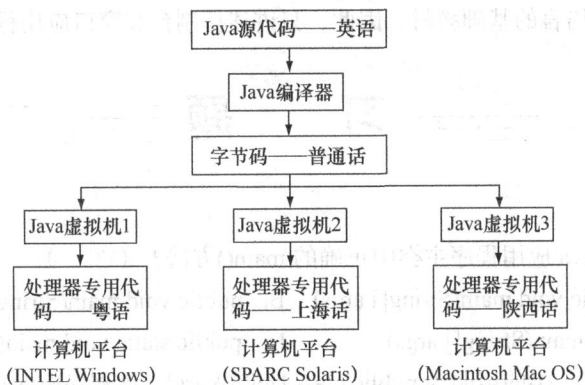

图 1.14 Java 的平台无关性

由此可见，Java 语言实现了二进制代码级的平台无关，在网络上实现了跨平台的特性。而 C 语言是实现了源程序代码级的跨平台。

Java 语言这种"一次编译，到处运行"（write once，run anywhere）的方式，有效地解决了目前大多数高级程序设计语言需要针对不同系统来编译产生不同机器代码的问题，即硬件环境和操作平台的异构问题，大大降低了程序开发、维护和管理的开销。

1.4.2 Java 平台的分类

目前，Java 分为 3 个体系：标准版（Java 2 Platform Standard Edition，Java SE）、企业版（Java 2 Platform Enterprise Edition，Java EE）、微型版（Java 2 Platform Micro Edition，Java ME）。

（1）Java SE：Java SE 以前称为 J2SE。它允许开发和部署在桌面、服务器、嵌入式环境和实时环境中使用的 Java 应用程序。Java SE 包含了支持 Java Web 服务开发的类，并为 Java EE 提供基础。

（2）Java EE：这个版本以前称为 J2EE。Java EE 帮助开发和部署可移植的、健壮的、可伸缩且安全的服务器端 Java 应用程序。Java EE 是在 Java SE 的基础上构建的，它提供 Web 服务、组件模型、管理和通信 API，可以用来实现企业级的面向服务体系结构（Service-Oriented Architecture，SOA）和 Web 2.0 应用程序。

（3）Java ME：这个版本以前称为 J2ME。Java ME 为在移动设备和嵌入式设备（比如手机、PDA、电视机顶盒和打印机）上运行的应用程序提供一个健壮且灵活的环境。Java ME 包括灵活的用户界面、健壮的安全模型、许多内置的网络协议以及对可以动态下载的连网和离线应用程序的支持。

三个版本间的关系是：Java EE 在 Java SE 基础上添加了许多新功能，几乎完全包含 Java SE 的功能。Java ME 主要是 Java SE 的功能子集，然后再加上一部分额外的新功能。

1.4.3　Java 程序应用领域

目前，Java 语言已发展成为最优秀的应用软件开发语言，是使用率排名第一的语言，应用非常广泛。具体体现在以下几个方面。

（1）具有开发控制台和窗口应用程序，即桌面应用程序，如银行软件，商场结算软件等。

（2）具有在浏览器中执行的 Java 小应用程序。

（3）具有在服务器中运行的 Servlet、JSP、JSF，以及其他 Java EE 标准支持的基于 Web 的应用程序，主要开发面向 Internet 的 Web 应用程序，如门户网站、网上商城、阿里巴巴、电子商务网站等。

（4）可以进行嵌入式应用程序开发，如在 Android 系统下的应用开发。

（5）提供各行业的数据移动、数据安全等方面的解决方案。

由于本书是 Java 语言的基础教材，因此，只讲述控制台和窗口应用程序。

习　题

一、选择题

1. 下列哪个是 Java 应用程序主类中正确的 main()方法？（　　　）

　　A．public static void main(String[] args)　　B．public void main(String[] args)

　　C．static void main(String[] args)　　　　　D．public static void main(String args)

2. 编写 Java 程序，类的声明为 public class HelloWorld，该程序应保存的文件名是（　　　）。

　　A．helloWorld.java　　　　　　　　　B．HelloWorld.java

　　C．Helloworld.java　　　　　　　　　D．HelloWorld.class

3. 对编写的 Java 程序进行编译，编译后的扩展名为（　　　）。

　　A．.java　　　　　B．.class　　　　　C．.txt　　　　　D．.exe

二、填空题

1. 开发一个 java 程序的步骤包括 _____、_____、_____。

2. Java 平台根据用途来区分，可分为_____、_____、_____。

3. 类的声明为 public class Hello，该 Java 源文件的文件名必须是_____。

三、编程题

编写一个 Java 应用程序，程序运行后在命令行输出"知识改变命运，技术改变生活！"。

第 2 章
数据类型和运算符

在程序中使用的所有数据都必须指定其数据类型。Java 是一种静态的编程语言，其数据类型是在编译时检查的，因此在编写程序时要声明所有变量的数据类型。同时，Java 也是一种强类型编程语言，一旦某个变量被指定为一种数据类型，如果不经过强制转换，那么它就永远是这个数据类型，这在很大程度上确保了 Java 的安全性和健壮性。一个 Java 程序是由类和对象组成的，对象和类是由方法及变量组成的，而方法又是由语句组成的，其中主要是由变量和运算符组成表达式语句。

2.1 数据类型

2.1.1 关键字和标识符

1. 标识符

标识符是指可被用来为类、变量或方法等命名的字符序列。Java 语言规定标识符由字母、数字、下画线和美元符号（$）组成，并且第一个字符不能是数字。Java 是大小写敏感的语言，即标识符中的字符是区分大小写的，如 age 和 Age 代表着不同的标识符。

Java 中所谓的字母并不只包含英文字母、数字及一些常用符号。需要特别注意的是，Java 采用的为 Unicode 字符集。Unicode 字符集是一个由名为 Unicode 学术学会（Unicode Consortium）的机构制订的字符编码系统，它为世界上 650 多种语言中的每个字符设定了统一并且唯一的编码，以满足跨语言、跨平台进行文本转换和处理的要求。Unicode 标准始终使用十六进制数字编码，其中前 128 个字符与 ASCII 码表中的字符对应。到 Unicode 4.0 规范为止，有 96 382 个码位被分配了字符，而汉字的编码在 Unicode 1.0 版本中已有 20 902 个，到了 2012 年的 6.1 版本中扩展到 74 617 个汉字，如汉字中的"礼"字就是 Unicode 字符集中的第 31 036 个字符。因此，Java 可使用的字符不仅可以是英文字母等，也可以是汉字、朝鲜文、俄文、希腊字母以及其他许多语言中的文字。例如以下都是合法的标识符：

year、num1、$cost、_page、LEAP_NUM、按钮 1

2. 关键字

关键字（keyword）是由系统定义的一些字符串，代表某些特定的含义，Java 中定义了 50 个关键字，详见表 2.1。

表 2.1　　　　　　　　　　　　　　　　　　　Java 关键字

abstract	assert	boolean	break	byte	case	catch	char
class	const	continue	default	do	double	else	enum
extends	final	finally	float	for	goto	if	implements
import	instanceof	int	interface	long	native	new	package
private	protected	public	return	short	static	strictfp	super
switch	synchronized	this	throw	throws	transient	try	void
volatile	while						

在 Java 中还有保留字（reserved word），是为后续版本预留的，虽然现在未被使用，但在以后的版本中有可能作为关键字。其中，const 和 goto 虽为关键字，但未被使用，它们被用作保留字，以备扩充。strictfp 是从 1.2 版本起开始使用，assert 和 enum 则分别是在 1.4 和 5.0 版本中引入的。除此之外，还有 3 个用于表示特殊值的保留字：true、false 和 null。现在 Java 中的保留字包括：byValue、cast、false、future、generic、inner、operator、outer、rest、true、var、goto、const、null。

3. 注释

为程序添加注释可以解释某些语句的作用和功能，提高程序的可读性。同时在注释中可以添加编程人员的个人信息。此外，注释可以屏蔽一些不要执行的语句，在编译的时候不会执行注释，在需要执行的时候可以去掉注释。注释功能可以分为以下 3 类。

（1）单行注释。

单行注释只需要在注释内容的前面添加"//"就可以了。如下面的例子。

```
int a=13;//定义变量 a，同时赋值为 13
```

（2）多行注释。

多行注释就是在注释内容的前面添加一个"/*"，并且在注释的末尾添加一个"*/"。例子如下。

```
/*
  int a=14;
  int b=15;
*/
```

（3）文档注释。

文档注释是以单斜线外加两个星行标记开头（/**），以星标记加单斜线（*/）结束。文档注释的内容会被编译成程序的正式文档，并能包含在 javadoc 类的工具生成文档里，从而进行说明文档的层次和结构。

2.1.2　数据类型

Java 中的数据类型分为两种：基本类型和引用数据类型。基本类型又称为原始数据类型、简单类型，是不能简化的、内置的数据类型，由编程语言本身定义。引用数据类型也称为复合类型、扩展类型。Java 语言本身不支持 C++中的结构（struct）或联合（union）数据类型，它的复合数据类型一般都是通过类或接口进行构造，类提供了捆绑数据和方法的方式，同时可以针对程序外部进行信息隐藏。

Java 基本类型共有 8 种，可以分为两类，即布尔类型 boolean 以及数值类型 byte、short、int、long、float、double、char（char 本质上是一种特殊的 int）。Java 中的数值类型不存在无符号的，它们的取值范围是固定的，不会随着机器硬件环境或者操作系统的改变而改变。

1. 布尔型

Java 有一种表示逻辑值的简单类型，称为布尔型。布类型代表逻辑中的成立和不成立。Java 语言中使用保留字 true 代表成立，false 代表不成立。布尔型数据只有这两个值，且它不对应于任何整数值，在流控制中常用到它。

2. 整数型

整数型是一类代表整数值的类型。Java 中有字节型、整型、短整型和长整型 4 种。当需要代表一个整数的值时，可以根据需要从 4 种类型中挑选合适的，如果没有特殊要求的话，一般选择整型。4 种整数型的区别主要在每个数据在内存中占用的空间大小和代表的数值的范围。具体说明参见表 2.2。另外，不像 C/C++，Java 不支持无符号类型（unsigned）。

3. 浮点型

浮点型是一类代表小数值的类型。由于小数的存储方式和整数不同，所以小数都有一定的精度，所以在计算机中运算时不够精确。根据精度和存储区间的不同，设计了两种小数类型，可以根据需要从中挑选合适的。如果没有特殊要求，一般选择 double 类型。具体见表 2.2。

4. 字符型

字符型代表特定的某个字符，计算机中都是以字符集的形式来保存字符的，所以字符型的值实际只是字符集中的编号，而不是实际代表的字符，由计算机完成从编号转换成对应字符的工作。但是字符型的编号中不包含负数，且由于字符型数据存储的是编号的数值，所以可以参与数学运算。字符型可以作为 Java 语言中的无符号整数使用。最后需要强调的是字符型的默认值是编号为 0 的字符，而不是字符 "0"。

表 2.2　　　　　　　　　　　　　　　基本数据类型

类型	关键字	大小（bit）	取值范围	默认值
布尔型	boolean	1	false 或 true	false
字节型	byte	8	$-128 \sim 127$	0
短整型	short	16	$-32768 \sim 32767$	0
整型	int	32	$-2^{31} \sim 2^{31}-1$	0
长整型	long	64	$-2^{63} \sim 2^{63}-1$	0L
单精度浮点型	float	32	大约 $\pm 3.4 \times 10^{38}$	0.0f
双精度浮点型	double	64	大约 $\pm 1.7 \times 10^{308}$	0.0d
字符型	char	16	16 位 Unicode	'10'

2.2　常量与变量

2.2.1　常量

在程序运行中其值不能被改变的一类数据称为常量。常量主要有两个作用：代表常数，便于程序的修改；增强程序的可读性。

1. 整型常量

整型常量有 3 种表示方式：十进制、八进制、十六进制。

十进制整型常量：如 418、-316、0。

八进制整型常量：以 0 开头的整数。如 0101 表示十进制数 65、-021 表示十进制数-17。

十六进制整型常量：以 0x 或 0X 开头，如 0x101 表示十进制数 257、-0X21 表示十进制数-33。

一个整型常量被当作是 int 类型，不管实际数值有多大，并且在一个整型常数后面加上字母 "L"（大小写均可，但一般为了避免小写字母 l 与数字字符 1 混淆，建议使用大写字母 L），如 12345L，则代表长整数。

从 Java 7 开始，可以使用前缀 0b 来表示二进制数据，例如 0b1001 对应十进制中的 9。同样从 Java 7 开始，可以使用下画线来分隔数字，类似英文数字写法，例如 1_000_000 表示 1000000，也就是一百万。下画线只是为了让代码更加易读，编译时编译器会删除这些下画线。

2. 浮点型常量

浮点型常量有小数计数法和科学计数法两种形式。

小数计数法：由数字和小数点组成，如 0.456、.456、456.、456.0。

科学计数法：由一般实数和 e±n（E±n）组成，如 45.6e3、2E-8，它们分别表示 45.6 乘以 10 的 3 次方，2 乘以 10 的-8 次方。特别的，e 或 E 之前必须有数字，之后必须为整数。

> **注意**　浮点型常量的默认类型是 double 型，所以 float 类型的后面一定要加 f（F）。同样带小数的变量默认为 double 类型。float 类型有效数字最长为 7 位，有效数字长度包括了整数部分和小数部分。double 类型有效数字最长为 15 位。

3. 字符常量

字符常量指用单引号括起来的单个字符，如 'a'、'A'、'单'、'双'。注意，使用的是单引号，而非双引号。除了以上所述形式的字符常量之外，Java 还允许使用一种特殊形式的字符常量值，这通常用于表示难以用一般字符来表示的字符，这种特殊形式的字符是以一个 "\" 开头的字符序列，称为转义字符。与 C、C++不同，Java 中的字符型数据是 16 位无符号型数据，使用的为 Unicode 字符集，而不仅仅是 ASCII 集。Java 中的常用转义字符如表 2.3 所示。

表 2.3　　　　　　　　　　　　　　　　　Java 中的常用转义字符

转义字符	描述
\ddd	1 到 3 位八进制数据所表示的字符（ddd）
\uxxxx	1 到 4 位十六进制数所表示的字符（xxxx）
\'	单引号字符（\u0027）
\"	双引号字符（\u0022）
\\	反斜杠字符（\u005C）
\r	回车（\u000D）
\n	换行（\u000A）
\f	走纸换页（\u000C）
\t	水平制表符（\u0009）
\b	退格（\u0008）

2.2.2　变量

在程序运行过程中，有些数据的值会发生改变，这类数据被称为变量。计算机界一代宗师 E.W.Dijkstra 说过一句话：“如果理解了编程时变量的用法，也就理解了编程的精粹。”Java 的变量是作为存储单元来实现的，对每个变量，编译器都会分配一部分存储单元用来存储变量的值。

声明变量时，首先要让计算机知道变量的名字。还需要使计算机知道需要为这个变量预留多大的内存空间，因为不同类型的变量需要的内存空间是不同的。例如，在求圆面积的程序中，需要表示半径 r 和面积 area 这两个变量，因为对于不同的圆，这两个变量的值会发生改变。

（1）由于 Java 语言是一种强类型的语言，所以变量在使用以前必须首先声明，在程序中声明变量的语法格式如下。

数据类型 变量名称;

例如：int a;

在该语法格式中，数据类型可以是 Java 语言中任意的类型，包括前面介绍到的基本数据类型以及后续将要介绍的复合数据类型。变量名称是该变量的标识符，需要符合标识符的命名规则。数据类型和变量名称之间使用空格进行间隔，空格的个数不限，但是至少需要 1 个。语句使用“;”作为结束。

（2）也可以在声明变量的同时，对变量进行初始化，语法格式如下。

数据类型 变量名称=值;

例如：int num=5;

在该语法格式中，前面的语法和上面介绍的内容一致，后续的“=”代表赋值，其中的“值”代表具体的数据。在该语法格式中，要求值的类型和声明变量的数据类型一致。

（3）也可以一次声明多个相同类型的变量，语法格式如下。

数据类型 变量名称 1,变量名称 2,…,变量名称 n;

例如：int num,score,age;

在该语法格式中，变量名之间使用“,”分隔，这里的变量名称可以有任意多个。

（4）也可以在声明多个变量时对变量进行赋值，语法格式如下。

数据类型 变量名称 1=值 1,变量名称 2=值 2,…,变量名称 n=值 n;

例如：int num=5,score=80,age=19;

（5）也可以在声明变量时，进行部分变量的赋值。

例如：int num,score=80,age;

以上语法格式中，如果同时声明多个变量，则要求这些变量的类型必须相同。如果声明的变量类型不同，则只需要分开声明即可，例如：

```
int num=3;
boolean flag=false;
char ch;
```

在程序中，变量的值代表程序的状态，在程序中可以通过变量名称来引用变量中存储的值，也可以为变量重新赋值。例如：

```
int num=5;
num=10;
```

【例 2.1】不同数据类型变量操作。

```
public class Exam2_1{
    public static void main(String[] args){
        //字符型
        char Name1= '张';
```

```
        char Name2= '三';
        System.out.println("学生的姓名为: " + Name1 +Name2);
        //整数型
        short x=30;        //十进制
        int y=030;         //八进制
        long z=0x30L;  //十六进制
        System.out.println("转化成十进制: x = " + x + ", y = " + y + ", z = " + z);
        //浮点型
        float m=12.345f;
        double n=10;
        System.out.println("计算乘积: " + m + " * " + n + "=" + m*n);
        //布尔型
        boolean flag1=false,flag2=true;
        System.out.println("逻辑值 flag1: " + flag1 + ", 逻辑值 flag2: " + flag2);
    }
}
```

运行结果如下。

学生的姓名为: 张三

转化成十进制数: x = 30, y = 24, z = 48

计算乘积: 12.345 * 10.0=123.45000267028809

逻辑值 flag1: false, 逻辑值 flag2: true

从运行结果可以看出, 即使浮点型数据只有整数没有小数, 在控制台上输出时系统也会自动加上小数点, 并且小数位全部置为 0。

（1）boolean 型变量未初始化时, 默认值为 false。除此以外, boolean 型变量不同于其他的基本数据类型, 它不能被转换成任何其他的基本类型, 其他的基本类型也不能被转换成 boolean 类型。

（2）在变量声明的时候, 在类型的前边使用 final 修饰, 表示声明的是一个常量, 例如:

```
final int I=10;
final float PI=3.1415926;
```

由 final 修饰的常量在声明时必须初始化。

除基本数据类型外, final 可以修饰任何数据类型的量, 使其成为常量。

注意

2.3 运算符

程序最基本的功能就是计算。但不同于普通数学公式中的运算符号, 在 Java 中的运算符, 基本上可分为算术运算符、关系运算符、逻辑运算符、位运算符、赋值运算符等。运算符与操作数组合成表达式。

2.3.1 赋值运算符

赋值使用运算符 "="。它的意思是 "取右边的值（即右值）, 把它赋值给左边（即左值）"。右值可以是任何常数、变量或者表达式（只要它能生成一个值就行）, 但左值必须是一个明确的、已命名的变量。也就是说，必须有一个物理空间可以存储等号右边的值。赋值运算符是程序中最常用的运算符了，只要有变量的声明，就要有赋值运算。

对基本数据类型的赋值是很简单的。基本数据存储了实际的数值，而并非指向一个对象的引用，所以在为其赋值的时候，是直接将一个地方的内容复制到了另一个地方。

但是在为对象"赋值"的时候，情况却有了变化。对一个对象进行操作，真正操作的是对象的引用。这种特殊的现象通常称作"别名现象"，是 Java 操作对象的一种基本方式。详细内容会在后续章节提到。

2.3.2　算术运算符

算数运算符号中，加、减、乘的结果都是非常容易理解的，重点讲一下除（/）的运算和取余（%）运算。Java 程序中，两个整数相除的结果是整数，这与普通数学运算是不同的，求出的结果会直接截取小数部分（不会四舍五入）。而在 Java 中，两个整数求余的结果类似于数学中的求模运算。

【例 2.2】两个整数相除及求余数。

```java
public class Exam2_2{
    public static void main(String[] args){
        int a=-15,x=15;
        int b=2,y=-2;
        double c=2;
        System.out.println(a + "/" + b + "=" + (a / b));
        System.out.println(a + "%"+ b + "=" + (a % b));
        System.out.println(x + "/" + y + "=" + (x / y));
        System.out.println(x + "%"+ y + "=" + (x % y));
        System.out.println(a + "/" + y + "=" + (a / y));
        System.out.println(a + "%"+ y + "=" + (a % y));
        System.out.println(a + "/" + c + "=" + (a / c));
        System.out.println(a + "%" + c + "=" + (a % c));
    }
}
```

输出结果如下。

$-15 / 2 = -7$

$-15 \% 2 = -1$

$15 / -2 = -7$

$15 \% -2 = 1$

$-15 / -2 = 7$

$-15 \% -2 = -1$

$-15 / 2.0 = -7.5$

$-15 \% 2.0 = -1.0$

通过以上的例子可以看出，求余运算结果的正负号与被除数的正负号一致。

在循环与控制中，经常会用到类似于计数器的运算，它们的特征是每次的操作都是加 1 或减 1。在 Java 中提供了自增、自减运算符，x++、++x 均可使变量 x 的当前值每次增加 1，区别在于后缀式（x++）的自增运算在作为表达式的一部分时，会先用 x 的值参与运算，而后再对 x 变量进行自加；而前缀式则是先对 x 变量进行自加，x 加 1 后的结果再作为表达式的一部分参与运算。自减运算符和自增运算符的操作方法类似，只不过做的是减法而已。

【例 2.3】 自增、自减运算符的使用。

```java
public class Exam2_3{
    public static void main(String[] args){
        int x=10,y=2;
        System.out.println("x =" +(x++));
        System.out.println("x =" + (++x));
        System.out.println("y =" + (y--));
        System.out.println("y =" +(--y));
    }
}
```

输出结果如下。

x=10

x=12

y=2

y=0

2.3.3 关系运算符

数学上有比较的运算，如大于、等于、小于等运算。Java 中也提供了这些运算符，它们被称为"关系运算符"（Comparison Operator），其中有大于（>）、大于等于（>=）、小于（<）、小于等于（<=）、等于（==）和不等于（!=）。在 Java 中，关系条件成立时以 boolean 类型的值 true 表示，不成立时以值 false 表示，而不是 C 或 C++中的 1 或 0。Java 中，任何数据类型的数据（包括基本类型和组合类型）都可以通过==或!=来比较是否相等（这与 C、C++不同）。

【例 2.4】 关系运算符的使用。

```java
public class Exam2_4{
    public static void main(String[] args){
        int a=15;
        int b=31;
        int c=15;
        System.out.println("a>b 的结果为"+ (a>b));
        System.out.println("a<b 的结果为"+ (a<b));
        System.out.println("a==c 的结果为"+ (a==c));
    }
}
```

输出结果如下。

a>b 的结果为 false

a<b 的结果为 true

a==c 的结果为 true

2.3.4 位运算符

所有的数据、信息在计算机中都是以二进制形式存在的。可以对整数的二进制位进行相关的操作，这就是按位运算符的作用。它主要包括：位的"与"、位的"或"、位的"非"和位的"异或"。

1. 位的"与"

位的"与"用符号"&"表示，它属于二元运算符。"与运算"规则如表 2.4 所示。

"与运算"的特殊用途如下。

（1）清零。如果想将一个数据清零，即使其全部二进制位为 0，只要与一个各位都为零的数值相与，结果即为零。

（2）取一个数中指定的位。

方法：找一个数，对应 X 要取的位，该数的对应位为 1，其余位为零，此数与 X 进行"与运算"可以得到 X 中的指定位。

例：设 X=10101110，取 X 的低 4 位，用 X & 0000 1111 = 0000 1110 即可得到；还可用来取 X 的 2、4、6 位。

2. 位的"或"

位的"或"用符号"|"表示，它属于二元运算符。"或运算"规则如表 2.4 所示。

"或运算"常用来对一个数据的某些位置 1。

方法：找到一个数，对应 X 要置为 1 的位，该数的对应位为 1，其余位为零。此数与 X 相或可使 X 中的某些位置 1。

例：将 X=10100000 的低 4 位置 1，用 X | 0000 1111 = 1010 1111 即可得到。

3. 位的"非"

位的"非"用符号"～"表示，它是一元运算符，只对单个自变量起作用。它的作用是使二进制按位"取反"。"非运算"规则如表 2.4 所示。

4. 位的"异或"

位的"异或"用符号"^"表示，它属于二元运算符。"异或运算"规则如表 2.4 所示。

"异或运算"的特殊作用如下。

（1）使特定位翻转。找一个数，对应 X 要翻转的各位，该数的对应位为 1，其余位为零，此数与 X 对应位异或即可。

例：X=10101110，使 X 低 4 位翻转，用 X ^ 0000 1111 = 1010 0001 即可得到。

（2）与 0 相异或，保留原值，X ^ 0000 0000 = 1010 1110。

表 2.4   位运算规则表

a	b	a&b	a|b	～a	a^b
1	1	1	1	0	0
1	0	0	1	0	1
0	1	0	1	1	1
0	0	0	0	1	0

【例 2.5】位运算操作运算实例。

```java
public class Exam2_5{
    public static void main(String[] args) {
        int a = 129;
        int b = 128;
        int x = a&b;
        int y = a|b;
        int z = a^b;
        int t=~a;
        System.out.println(a + "&" + b + "=" + x);
        System.out.println(a + "|" + b + "=" + y);
        System.out.println(a + "^" + b + "=" + z);
        System.out.println("~"+a +"=" +t);
```

```
        }
    }
```

输出结果如下。

129&128=128

129|128=129

129^128=1

～129=126

a 的值是 129,转换成二进制数就是 10000001,而 b 的值是 128,转换成二进制数就是 10000000。根据与运算符的运算规律,只有两个位都是 1,结果才是 1,可以知道结果就是 10000000,即 128;根据或运算符的运算规律,只有两个位有一个是 1,结果才是 1,可以知道结果就是 10000001,即 129;根据异或运算符的运算规律,两位相异结果才是 1,可以知道结果就是 00000001,即 1;而对 129 的二进制按位取反得到的二进制数为 01111110,即 126。

在使用位运算符时还需要注意以下问题。

（1）负数按补码形式参加按位与运算。

（2）若进行位逻辑运算的两个操作数的数据长度不相同,则返回值应该是数据长度较长的数据类型。

（3）按位异或可以实现不使用临时变量完成两个值的交换,即 a=a^b；b=a^b；a=a^b。

除了以上 4 种位运算符外,Java 中还有一类移位运算符,其操作对象也是二进制的"位"。可以单独用移位运算符来处理 int 型数据。它主要包括：左移位运算符（<<）、"有符号"右移位运算符（>>）和"无符号"右移运算符（>>>）。

5. 左移位运算符

左移位运算符,用符号"<<"表示。它是将运算符左边的对象向左移动运算符右边指定的位数（在低位补 0）。

6. "有符号"右移运算符

"有符号"右移运算符,用符号">>"表示。它是将运算符左边的运算对象向右移动运算符右侧指定的位数。它使用了"符号扩展"机制,也就是说,如果值为正,在高位补 0；若为负,则在高位补 1。

7. "无符号"右移运算符

"无符号"右移运算符,用符号">>>"表示。它同"有符号"右移运算符的移动规则是一样的,唯一的区别就是："无符号"右移运算符采用了"零扩展",也就是说,无论值为正还是为负,都在高位补 0。

【例 2.6】移位运算符操作。

```java
public class Exam2_6{
    public static void main(String[] args){
        int a=31;
        int b=3;
        int x=a << b;
        int y=a >> b;
        int z=a >>> b;
        System.out.println(a + "<<" + b + "=" + x );
        System.out.println(a + ">>" + b + "=" + y);
        System.out.println(a + ">>>" + b + "=" + z);
    }
}
```

输出结果如下。

31<< 2=248

31 >> 2=3

31 >>> 2=3

2.3.5　逻辑运算符

在 Java 语言中有 3 种逻辑运算符，它们是 NOT（非，以符号"!"表示）、AND（与，以符号"&&"表示）、OR（或，以符号"||"表示）。具体规则如表 2.5 所示。

表 2.5　　　　　　　　　　　　　　　　逻辑运算规则表

A	B	!A	A&&B	A‖B
true	true	false	true	true
false	true	true	false	true
true	false	false	false	true
false	false	true	false	false

【例 2.7】逻辑运算符操作。

```
public classExam2_7{
    public static void main(String[] args){
        boolean x, y, z, a, b;
        a='c' > 'C';
        b='r' != 'r';
        x=!a;
        y=a&&b;
        z=a||b;
        System.out.println("x =" + x);
        System.out.println("y =" + y);
        System.out.println("z =" + z);
    }
}
```

输出结果如下。

x = false

y = false

z = true

"&&"运算符检查第一个表达式是否返回 false，如果是 false 则结果必为 false，不再检查其他内容。"||"运算符检查第一个表达式是否返回 true，如果是 true 则结果必为 true，不再检查其他内容。这就像电路中的短路一样，因此"&&"和"||"又被称为短路运算符。

2.3.6　其他运算符

1. 复合赋值运算符

在赋值运算符当中，还有一类复合赋值运算符。它们实际上是一种缩写形式，使得对变量的改变更为简洁。

例如：total=total+3;简化写成 total+=3;

那么这两种写法有区别吗？答案是有的，例如对于 total=total+3，表达式 total 被计算了两次，对于复合运算符 total+=3，表达式 total 仅计算了一次。一般来说，这种区别对于程序的运行没有多大影响，但是当表达式作为函数的返回值时，函数就被调用了两次，而且如果使用普通的赋值运算符，也会加大程序的开销，使效率降低。复合赋值运算如表 2.6 所示。

表 2.6　　　　　　　　　　　　　　　复合赋值运算一览表

运算符	一般表示法	Java 语言表示法
+=	a = a + b	a += b
-=	a = a - b	a -= b
*=	a = a * b	a *=b
/=	a=a / b	a /= b
%=	a = a % b	a %= b
>>=	a = a >> b	a >>= b
>>>=	a = a >>> b	a >>>= b

2. 条件运算符

条件运算符比较罕见，因为它有 3 个运算对象，一般形式为：表达式 1?表达式 2:表达式 3。以下是关于条件运算符的几点说明。

（1）通常情况下，表达式 1 是关系表达式或逻辑表达式，用于描述条件表达式中的条件，表达式 2 和表达式 3 可以是常量、变量或表达式。

（2）条件表达式的执行顺序为：先求解表达式 1，若值为 true，表示条件为真，则求解表达式 2，此时表达式 2 的值就作为整个条件表达式的值；若表达式 1 的值为 false，表示条件为假，则求解表达式 3，表达式 3 的值就是整个条件表达式的值。例如：

```
(a>=0)?a:-a
```

执行结果是 a 的绝对值。

（3）条件表达式的优先级别仅高于赋值运算符，而低于前面遇到过的所有运算符。

（4）条件表达式允许嵌套，即允许条件表达式中的表达式 2 和表达式 3 又是一个条件表达式。例如：

```
x>0?1:x<0?-1:0 等价于 x>0?1:(x<0?-1:0)
```

（5）表达式 1，表达式 2，表达式 3 的类型可以不同。此时条件表达式的值的类型为它们中精度较高的类型。

3. 逗号运算符

在 Java 中，多个表达式可以用逗号分开，其中用逗号分开的表达式的值分别结算，但整个表达式的值是最后一个表达式的值。在 Java 中，逗号运算符的唯一使用场所就是在 for 循环语句中。

4. 字符串运算符

"+"号这个运算符，在 Java 中有一项特殊的用法，它不仅起到连接不同的字符串的作用，还有一种隐式的转型功能。

2.3.7　优先级和结合性

最后总结一下运算符的优先级以及结合性，如表 2.7 所示。

表 2.7　　　　　　　　　　　　　运算符优先级和结合性

运算符	优先级	结合性
()[] .	1（最高）	从左到右
!+（正）-（负）~++ --	2	从右向左
* / %	3	从左向右
+（加）-（减）	4	从左向右
<< >> >>>	5	从左向右
< <= > >= instanceof	6	从左向右
== !=	7	从左向右
&（按位与）	8	从左向右
^	9	从左向右
|	10	从左向右
&&	11	从左向右
||	12	从左向右
?:	13	从右向左
= += -= *= /= %= &= |= ^= ~= <<=　>>= >>>=	14	从右向左

其实在实际的开发中，不需要去记忆运算符的优先级别，也不要刻意地使用运算符的优先级别，对于不清楚优先级的地方使用小括号进行替代。

2.4　数据类型的转换

Java 语言中的数据类型转换有以下两种。

自动类型转换：编译器自动完成类型转换，不需要在程序中编写代码。

强制类型转换：强制编译器进行类型转换，必须在程序中编写代码。

由于基本数据类型中 boolean 类型不是数字型，所以基本数据类型的转换是除了 boolean 类型以外的其他 7 种类型之间的转换。

2.4.1　自动类型转换

自动类型转换，也称隐式类型转换，是指不需要书写代码，由系统自动完成的类型转换。由于实际开发中这样的类型转换很多，所以 Java 语言在设计时，没有为该操作设计语法，而是由 JVM 自动完成。从存储范围小的类型到存储范围大的类型。即：

```
byte→short（char）→int→long→float→double
```

例如：

```
byte b=50;
char c='a';
short s=1024;
```

```
int i=50000;
float f=5.67f;
double d=0.1234;
double result= (f*b) + (i/c) - (d*s);
```

第 1 个表达式 f*b 中，b 被提升为 float 类型，该子表达式的结果也提升为 float 类型。

第 2 个表达式 i/c 中，变量 c 被提升为 int 类型，该子表达式的结果提升为 int 类型。

第 3 个表达式 d*s 中，变量 s 被提升为 double 类型，该子表达式的结果提升为 double 型。

最后，这 3 个子表达式的结果类型分别是 float、int 和 double，相减后该表达式的最终的结果就是 double 类型。

> **注意** byte、short、char 之间不会互相转换，并且三者在计算时首先转换为 int 类型。

2.4.2 强制类型转换

强制类型转换，也称显式类型转换，是指必须书写代码才能完成的类型转换。这种类型转换很可能存在精度的损失。强制类型转换的格式如下：

(强制转换类型) 变量名称

【例 2.8】强制类型转换实例。

```
public classExam2_8{
    public static void main(String[] args){
        int x;
        double y;
        x= (int)12.5 + (int)67.7;      //强制转型可能引起精度丢失
        y= (double)x;
        System.out.println("x = " + x);
        System.out.println("y = " + y);
    }
}
```

输出结果如下。

x = 79

y = 79.0

对 byte、short、char 三种类型而言，它们是平级的，不能相互自动转换，可使用强制类型转换。例如：

```
byte b1=(byte)short1;  char c1=(char)short1;
```

习　题

一、选择题

1. 下面哪个是保留字？（　　　）

    A. false   B. default   C. implement   D. import

2. 表达式：(x>y)?(z>w)?x:z:w（其中 x=5，y=9，z=1，w=9）的值为（　　　）。

    A. 5   B. 8   C. 1   D. 9

3. 下列正确的表达式为（　　　）。

  A. byte=128;

                                            B. Boolean=null;

  C. long l=0xfffL;

                                            D. double=0.9239d;

4. 下列合理的标识符为（　　　）。

  A. _sys1_lll   B. 2mail   C. \$change   D. class

5. 设 x=1，y=2，z=3，则表达式 y+=z--/++x 的值是（　　　）。

  A. 3   B. 3.5   C. 4   D. 5

二、填空题

1. 在 Java 的基本数据类型中，char 型采用 Unicode 编码方案，每个 Unicode 码占用_____字节内存空间，这样，无论是中文字符还是英文字符，都是占用_____字节内存空间。

2. 设 x=2，则表达式(x++)/3 的值是_____。

3. 若 x=5，y=10，则 x<y 和 x>=y 的逻辑值分别为_____和_____。

4. 定义类的关键字是_____，定义接口的关键字是_____。

第 3 章
程序流程控制

在程序设计中，流程就是完成一件事情的次序或顺序，而流程控制则是指如何在程序设计过程中控制完成某一功能的程序的顺序，即对程序语句的执行顺序进行的规定。整体上，程序运行是按照事先编写的指令（语句）按从前到后的顺序执行，但在执行的过程中，经常会遇到基于不同条件的决策来执行不同的指令，亦或重复执行事先定义的指令来达到某种目的。

本章介绍了常见程序流程控制语句，包括顺序结构、分支结构、循环结构和程序跳转语句等，也介绍了几种程序控制的算法和这些程序流程控制语句的应用，最后将通过一些实例，为读者讲述如何在程序设计中设计好程序流程控制。

本章重点是理解程序控制的概念，运用分支语句，使用 if、switch 来控制程序的不同执行路径，掌握 for、while 和 do 句型结构控制程序的循环执行，理解并能应用 break 和 continue 调整程序中的流程控制结构，理解分支和循环的影响语句范围等。

本章难点是循环结构条件的判断，循环执行过程以及循环终止的判断，选择的嵌套及多重循环结构的应用。

3.1　分支结构

常见的程序流程控制结构有顺序结构、分支结构和循环结构。其中程序中最基本的结构是顺序结构，也就是说，大部分程序是按顺序从上往下执行的。分支结构用于在顺序结构中根据不同的条件提供程序的分支。循环结构一般用于重复某段需要不断重复执行的代码，以及遍历一个序列中的每一个元素等。这三个结构是计算机程序语言中最基本的结构，特点是程序只有一个入口，也只有一个出口，不存在死循环。这三种程序的基本结构如图 3.1 所示。

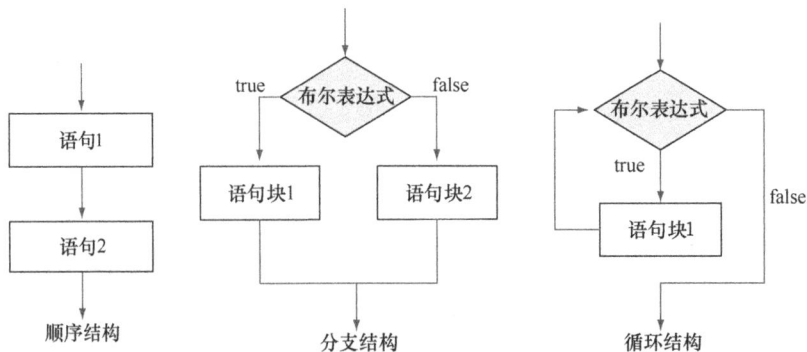

图 3.1　程序的三种基本结构

　　顺序结构就是一条一条地从上到下执行语句，所有的语句都会被执行到，执行过的语句不会再次执行，是最简单的程序结构，如图 3.1 左图所示，语句按照顺序执行，先执行语句 1，再执行语句 2，依次类推。例 3.1 为按顺序结构执行的实例。

　　【例 3.1】将摄氏温度转换为华氏温度（转换公式：c=5(f-32)/9）。

```
import java.util.*;
public class Ex3_1 {
    public static void main(String[] args) {
        float c,f=0.0f;
        System.out.println("");
        Scanner in=new Scanner(System.in);
        System.out.println("请输入摄氏温度值：");
        c=in.nextFloat();
        f=c*9/5+32;
        System.out.println("输入的摄氏温度值为："+c+"，转换成华氏温度为"+f);
    }
}
```

程序运行结果如下。

请输入摄氏温度值：

35

输入的摄氏温度值为：35.0，转换成华氏温度为 95.0

　　这一程序是按照语句出现的先后顺序执行的，而在顺序结构的基础之上，程序的结构还有分支结构和循环结构，下面分别介绍这两种常用的结构形式。

　　分支结构也称为选择结构或判断结构，是通过判断给定的条件成立与否决定执行分支结构中包含的语句子句，分支结构有 3 种：if 语句、if-else 语句和 switch 语句。

3.1.1　if 语句

　　if 语句的语法格式为：

```
if (布尔表达式) {
    语句块; }
```

　　if 语句根据条件来控制程序流程，条件用布尔表达式给出，当布尔表达式取值为 true 时，执行语句块。这种分支语句也叫单分支语句。

　　例如：

```
if(score<60){
    System.out.println("不及格哦!继续加油! "); }
```

3.1.2　if-else 语句

1．双分支语句

　　if-else 语句为简单的双分支语句，布尔表达式的值为 true 则执行 if 语句块 1，为 false 则执行 else 语句块 2。语法结构为：

```
if (布尔表达式)
  {语句块1;}
else
  {语句块2;}
```

例如：

```
if(score<60){ System.out.println("不及格，下次努力哦!"); }
    else{ System.out.println("恭喜通过考试!"); }
```

【例 3.2】通过键盘输入两个整数，比较大小。

```
import java.util.*;
public class Ex3_2{
    public static void main(String[] args) {
        int x,y,max;
        Scanner in=new Scanner(System.in);
        System.out.println("请输入两个整数: ");
        x=in.nextInt();
        y=in.nextInt();
        if(x>y)max=x;
        else max=y;
        System.out.println("输入的数: x="+x+",y="+y);
        System.out.println("最大的数 max="+max);
    }
}
```

程序运行结果如下。

请输入两个整数：

39

87

输入的数：x=39,y=87

最大的数 max=87

2. 多分支语句

嵌套的 if-else 语句构成多分支语句，流程图如图 3.2 所示。语法结构为：

```
if (布尔表达式1) {
    语句块 1；
    } else if(布尔表达式2) {
            语句块 2；
            } else if(布尔表达式3){
            语句块 3；
                ……
            } else if(布尔表达式n){
            语句块 n；
                else { 语句块 n+1;}
        }
```

执行过程说明如下。

（1）首先判断表达式 1，如果其值为 true，则执行语句块 1，然后结束 if 语句。

（2）如果表达式 1 的值为 false，则判断表达式 2，如果其值为 true，则执行语句块 2，然后结束 if 语句。

（3）如果表达式 2 的值为 false，再继续往下判断其他表达式的值。

（4）依次类推，如果所有表达式的值都为 false，则执行语句块 n+1。

例如：

```
If(score<60){
```

```
            System.out.println("下次努力哦!");}
else if(score<80){
            System.out.println("恭喜你通过考试!");}
else{    System.out.println("你考得很棒!");    }
```

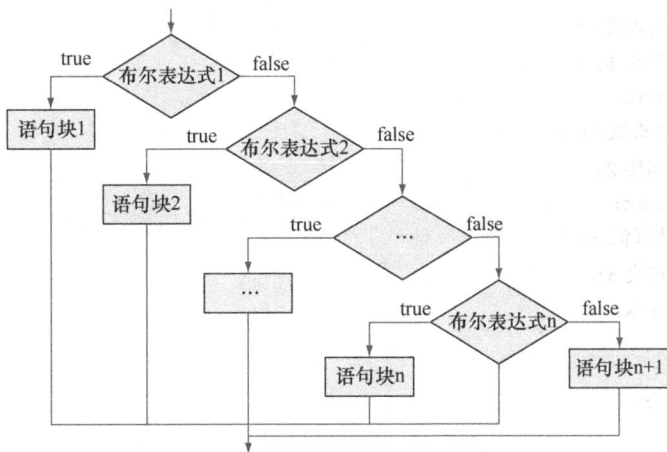

图 3.2　多分支语句的执行流程图

【例 3.3】使用多分支结构编写程序实现成绩档次的划分。

```
import java.util.*;
public class Ex3_3
{ public static void main(String[ ] args)
  {  float score;
   Scanner in=new Scanner(System.in);
    System.out.println("请输入成绩: ");
     score=in.nextFloat();
   if(score<0|score>100){System.out.println("成绩出错，重新输入");
     }else if (score<60){System.out.println("成绩等级为不及格");
     }else if (score<70){System.out.println("成绩等级为及格");
     }else if (score<80){System.out.println("成绩等级为中等");
     }else if (score<90){System.out.println("成绩等级为良好");
     } else {System.out.println("成绩等级为优秀");}
       }
}
```

程序运行结果如下。

请输入成绩：

89

成绩等级为良好

请输入成绩

120

成绩出错，重新输入

3.1.3　switch 语句

switch 语句允许程序员在更多情况下选择不同的程序逻辑，当情况发生时，按照事先准备好的方法执行。switch 语句首先计算表达式的值，如果表达式的值和某个 case 后面的常量值相同，就执行该 case 里的语句块，直到遇到 break 语句为止。若没有任何常量值与表达式的值相同，则执行 default 后面的语句块。switch 语句执行的流程图如图 3.3 所示，switch 语句的语法为：

```
switch (表达式) {
    case 表达式值 1:
        语句块 1;
        break;
    case 表达式值 2:
        语句块 2;
        break;
    case 表达式值 3:
        语句块 3;
        break;
    ......
    default:
    语句块 n+1;
}
```

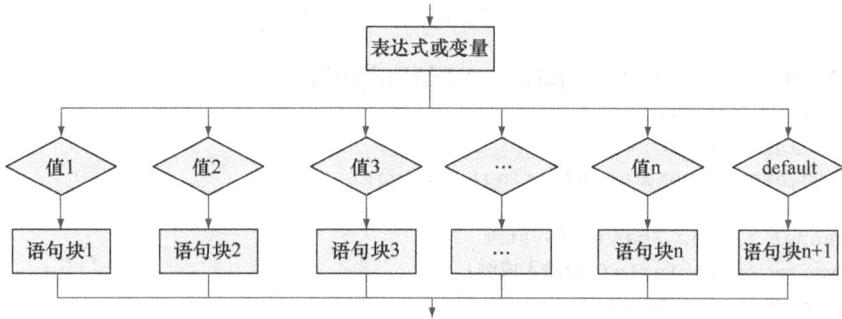

图 3.3　switch 语句执行流程图

例如：

```
int a=2;
switch(a) {
    case 0:
        println("这个数字是 0"); break;
    case 1:
        println("这个数字是 1"); break;
    case 2:
        println("这个数字是 2"); break;
    default:
        println("这是不需要的值");break;
    }
```

case 表达式值为 2 时，执行结果为：这个数字是 2。

在 switch(表达式)语句中，表达式必须与 int 类型是赋值兼容的，byte、short 或 char 类型可被升级，转换为 int，不允许使用 float 或 long 表达式。

变量或表达式的值不能与任何 case 值相匹配时，可选缺省符（default）执行的程序语句块。如果没有 break 语句作为某一个 case 代码段的结束句，则程序的执行将继续到下一个 case，而不检查 case 表达式的值。

例：

```
int a=0;
 switch(a) {
    case 0:
        println("这个数字是 0");
    case 1:
        println("这个数字是 1");
    case 2:
        println("这个数字是 2"); break;
    default:
        println("这不是需要的值"); break;
 }
```

变量 a 的值等于 0，执行第 1 个 case 后面的语句，但由于 case 0 中没有 break 语句，就不会退出 switch 语句，继续往下执行代码，由于 a=0，接着不会再判断 a 的值是否等于其他 case 的值了，直接按顺序执行第 2 个 case 和第 3 个 case 后面的语句，遇到 break 语句退出 switch 语句。

程序运行结果如下。

这是一个 0

这是一个 1

这是一个 2

在 switch 的 case 中也可以定义一些变量，这时程序块需要用大括号括住，如：

```
int a=8, int b=2;
 char op='-';
 switch (op)
 {   case '+':
   {   int sum=a+b;
        println("a+b="+sum);
        break;
     }
     case '-':
     { int minus=a-b;
        println("a-b="+minus);
        break;
     }
     default:
        println("不能识别");
        break;
 }
```

【例 3.4】通过 switch 语句实现成绩档次的划分。

```
import java.util.*;
public class Ex3_4 {
public static void main(String[ ] args)
   { float score;
    Scanner in=new Scanner(System.in);
    System.out.println("请输入成绩: ");
     score=in.nextFloat();
    switch ((int)score/10) {
    case 10:
    case 9:
        System.out.println("成绩为优秀"); break;
```

```
case 8:
    System.out.println("成绩为良好"); break;
case 7:
    System.out.println("成绩为中等"); break;
case 6:
    System.out.println("成绩为及格"); break;
default:
    System.out.println("成绩不及格"); break;
        }
    }
}
```

程序运行结果如下。

请输入成绩：

88

成绩为良好

当 score 的范围是 90～100，score/10 的值为 10 或 9 时，就会执行 case 9 的代码，然后退出 switch 语句；

当 score 的范围是 80～89，score/10 的值为 8 时，就会执行 case 8 的代码，然后退出 switch 语句；

当 score 的范围是 70～79，score/10 的值为 7 时，就会执行 case 7 的代码，然后退出 switch 语句；

当 score 的范围是 60～69，score/10 的值为 6 时，就会执行 case 6 的代码，然后退出 switch 语句；

当 score 的范围是其他时，就会执行 default 后面的代码，然后退出 switch 语句。

3.2　循环结构

循环语句使语句或语句块的执行得以重复进行。Java 编程语言支持 3 种循环类型：while、do-while 和 for 循环。其流程图如图 3.4 所示。

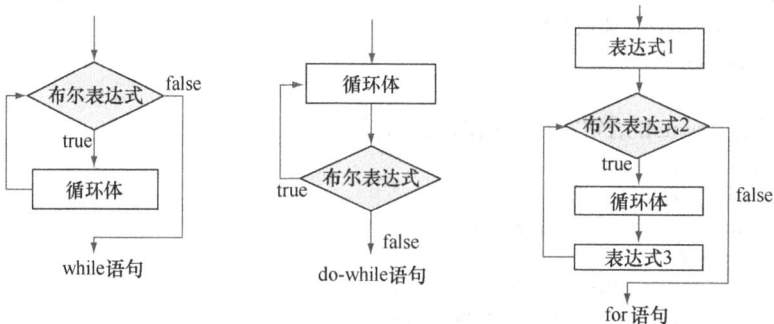

图 3.4　循环语句执行流程图

3.2.1　while 语句

while 语句是 Java 最基本的循环语句。while 循环语句的执行流程是先判断 while 语句中的布尔表达式的值，如果是 true，则执行循环体语句，然后重新验证表达式的值，进入下一轮循环，一直到表达式的值为假时退出循环。如果布尔表达式的值是 false，则不执行循环体，直接退出循环执行后面的程序语句。while 语句的语法为：

```
while(布尔表达式) {
    语句或语句块;
    }
```

在循环体中应该有使循环趋于结束的语句，否则循环将永远进行，导致死循环。

例如下面代码重复执行语句块，输出 i=0,i=1,…,i=10。

```
int i=0;
 while (i<=10) {
    System.out.println("i="+i);
    i++;
}
```

【例 3.5】用 while 语句求 1～100 之和。

```
public class Ex3_5{
public static void main(String[ ] args)
  { int n=1,sum=0;
  while(n<=100)
        {sum+=n;
         n++;}
   System.out.println ("sum="+sum);
   }
}
```

while 括号中的表达式必须是布尔型，表示循环执行的条件，循环体内可以是一条语句，也可以是语句块，只有单个语句时大括号可以省略，另外循环体可以是空体。

3.2.2　do-while 语句

while 循环中，如果一开始布尔表达式的值就为 false，那么循环体就根本不被执行。然而，有时需要在布尔表达式即使是假的情况下，开始时 while 循环至少也要执行一次，这时就要使用 do-while 循环。do-while 语句和 while 语句非常相似，不同之处是 while 语句先判断后执行，而 do-while 语句先执行一次再判断，循环体至少被执行一次。所以通常称 while 语句为"当型"循环，而 do-while 语句称为"直到型"循环。do-while 循环总是先执行循环体，然后再计算布尔表达式。如果表达式为真，则循环继续，进入下一次循环，否则循环结束。do-while 语句的语法格式是：

```
do {
    语句或语句块;
    } while (布尔表达式);
```

例如下面代码也是重复执行语句块，输出 i=0,i=1,…,i=10。

```
int i=0;
do {
    System.out.println("i="+i);
    i++;
    } while (i<=10);
```

【例 3.6】用 do-while 语句求 1～100 之和。

```
public class Ex3_6{
public static void main(String[ ] args)
```

```
{ int n=1,sum=0;
do
  {sum+=n;
   n++;
  }while(n<=100);
System.out.println("sum="+sum);
  }
}
```

3.2.3   for 语句

for 语句的语法是：

for（表达式 1；表达式 2；表达式 3）

　　{ 语句或语句块；}

for 语句的 3 个表达式之间用分号分隔，表达式 1 给出循环变量初值，表达式 2 给出循环满足的条件，结果为布尔型，表达式 3 给出步长，即循环变量的变化规律，递增或递减。循环体是大括号中的语句或语句块。

for 循环的执行过程是：先执行表达式 1，为循环变量赋初值，在整个循环过程中只执行一次语句 1。再判断表达式 2 的循环条件，结果为 true 时执行循环体，然后执行表达式 3，改变循环变量的值，进入下一轮循环；若表达式 2 的值为 false，循环结束，程序执行 for 语句后面的语句。

例如：for (int i=0; i<10; i++)

　　{ System.out.println("i="+i); }

【例 3.7】用 for 循环语句求 1～100 之和。

```
public class Ex3_7{
  public static void main(String[ ] args)
  { int sum=0;
   for(int n=1;n<=100;n++)
       { sum+=n; }
   System.out.println("sum="+sum);
  }
}
```

for 语句中，表达式 1 和表达式 3 都是逗号表达式，表达式 1 中可以声明变量用于 for 循环的执行。例如这样是完全可以的：for(int i=1,j=1;i<=10;i++,j++)。for 语句是先判断后执行，执行次数可以是 0 次或多次，由表达式 3 来决定。例如：

```
for(int i=0;i<0;i++)     //循环次数是 0 次
for(int i=0;i<=0;i++)    //循环次数是 1 次
for(int i=5;i>=1;i--)    //循环次数是 5 次
```

3.2.4   语句嵌套

和其他编程语言一样，Java 允许循环嵌套。也就是，一个循环在另一个循环之内，前一个循环称为内循环，后者称为外循环。while 循环、do-while 循环和 for 循环之间可以相互嵌套。对于循环的嵌套，外循环完全包含内循环，不能交叉，不能从循环体外转向循环体内，也不能从外循环转向内循环。另外在循环语句中也可以完整嵌套分支结构，在分支结构中也可以嵌套循环结构，来实现一些较为复杂的运算。

1. while 嵌套

while 循环可以嵌套，即在一个循环体内又包含了另一个完整的循环结构，如下所示。

```
While(布尔表达式1){
    [语句或语句块1;]
    While(布尔表达式2){
        [语句或语句块2;]
    }
    [语句或语句块3;]
}
```

【例 3.8】"百马百担"问题：100 匹马驮 100 担货物，其中大马驮 3 担货，中马驮 2 担，两匹小马驮 1 担。问共有大、中、小马各多少匹？求解的 Java 语句如下。

```
public class Ex3_8 {
 public static void main(String[] args) {
    int x=0;
    while(x<=100/3)
      { int y=0;
        while(y<=100/2)
         {int z;
           z=100-x-y;
           if(z%2==0 && x*3+y*2+z/2==100)
     System.out.println("大马数量为:"+x+",中马数量为:"+y+",小马数量为:"+z);
         ++y; }
    ++x; }
    }
    }
```

程序运行结果如下。

大马数量为：2，中马数量为：30，小马数量为：68

大马数量为：5，中马数量为：25，小马数量为：70

大马数量为：8，中马数量为：20，小马数量为：72

大马数量为：11，中马数量为：15，小马数量为：74

大马数量为：14，中马数量为：10，小马数量为：76

大马数量为：17，中马数量为：5，小马数量为：78

大马数量为：20，中马数量为：0，小马数量为：80

2．do-while 循环嵌套

【例 3.9】使用 do-while 循环嵌套解决例 3.8 的"百马百担"问题。

```
public class Ex3_9 {
public static void main(String[] args) {
    int x=0;
     do
      { int y=0;
        do {int z;
           z=100-x-y;
           if(z%2==0 && x*3+y*2+z/2==100)
     System.out.println("大马数量为: "+x+",中马数量为: "+y+",小马数量为: "+z);
          ++y;
        } while(y<=100/2);
     ++x;
     } while(x<=100/3);
    }
}
```

3. for 循环嵌套

【例 3.10】使用 for 循环嵌套解决例 3.8 的"百马百担"问题。

```
public class Ex3_10 {
public static void main(String[] args) {
   for(int x=1;x<100;x++){
   for(int y=1;y<100;y++){
    int z=100-x-y;
    if(z%2==0 && x*3+y*2+z/2==100){
   System.out.println("大马数量为："+x+"，中马数量为："+y+"，小马数量为："+z); }
   }}
     }
   }
```

4. 相互嵌套

三种循环可以相互嵌套，层数不限，此时外循环可包含两个以上内循环，但不能相互交叉，如图 3.5 所示。循环结构和分支结构也可以嵌套，下面列举一些实例来说明。

for( )	for( )	do( )	do	while( )	while( )
{ …	{ …	{ …	{ …	{ …	{ …
while()	do	for( )	while( )	do	for( )
{ … }	{ … }	{ … }	{ …}	{ … }	{ … }
…	while();	…	…	while();	…
}	…	} while();	} while();	…	}
	}			}	

图 3.5　循环语句嵌套图

【例 3.11】有 1、2、3、4 共四个数字，能组成多少个互不相同且无重复数字的三位数？这些数字都是多少？求解代码如下。

```
public class Ex3_11 {
public static  void main(String[] args)
 { int i=1,j=1,k=1,m=0;
 System.out.println("满足条件的三位数分别是：");
   while(i<=4) {
     for(j=1;j<=4;j++)
     for(k=1;k<=4;k++)
     if(i!=j && j!=k && i!=k)
      {m+=1;
       System.out.print(i*100+j*10+k+"  ");
       if((m)%5==0)
       System.out.println();  }
    i++; }
 System.out.println();
 System.out.println("这样的三位数共有"+m+"个。");
   }
    }
```

程序运行结果如下。

满足条件的三位数分别是：

123　124　132　134　142

143　213　214　231　234

241　243　312　314　321

324　341　342　412　413

421　423　431　432

这样的三位数共有 24 个。

【例 3.12】使用嵌套循环语句和分支语句打印输出"九九乘法口诀表"。

```java
public class Ex3_12 {
public static void main(String args[]){
System.out.println("                        九九乘法口诀表");
for(int i=1;i<=9;i++){
    for(int j=1;j<=i;j++){
    System.out.print(+j+"*"+i+"="+i*j);
    if(i*j<10) {System.out.print("  ");}
     else{System.out.print(" ");}
      }
        System.out.println();   }
    }
}
```

程序运行结果如下。

九九乘法口诀表

1*1=1

1*2=2 2*2=4

1*3=3 2*3=6 3*3=9

1*4=4 2*4=8 3*4=12　4*4=16

1*5=5 2*5=10 3*5=15 4*5=20 5*5=25

1*6=6 2*6=12 3*6=18 4*6=24 5*6=30 6*6=36

1*7=7 2*7=14 3*7=21 4*7=28 5*7=35 6*7=42 7*7=49

1*8=8 2*8=16 3*8=24 4*8=32 5*8=40 6*8=48 7*8=56 8*8=64

1*9=9 2*9=18 3*9=27 4*9=36 5*9=45 6*9=54 7*9=63 8*9=72 9*9=81

3.3　程序跳转

Java 语言提供 3 种程序跳转语句：break、continue 和 return 语句。跳转语句用在控制流程转移语句中。

3.3.1　break 语句

break 关键字的意思是中断、打断。break 流程控制是用来强行中断运行的程序语句或语句块，使得程序流程跳出该区块，继续运行后面的语句。break 用于循环中，表示跳出 break 所在的循环，哪个循环调用了 break，就跳出哪个循环。break 语句的语法格式为：

break [标号];

break 用在分支结构 switch 中表示退出当前的 switch 语句。switch 语句默认的格式中，每个 case 后面都有 break，因此执行完 case 中的语句后，就会退出 switch 语句。如果某个 case 后面没有 break，意味着执行完这个 case 中的语句后，会按顺序执行后面所有 case 和 default 中的语句，直到遇到 break 为止，如下例所示。

【例 3.13】求 1～100 的和,当和大于 100 时退出。

```java
public class Ex3_13{
public static void main(String[ ] args)
{ int sum=0;
  for(int i=1;i<=100;i++)
   {sum+=i;
    if(sum>100)
       break;}
   System.out.println("sum="+sum);
   }
}
```

标号是可选的,不带标号的 break 语句只能跳出当前的循环语句或 switch 语句,而带标号的 break 语句则可以跳出由标号指定的语句块,并从语句块的下一条语句处继续执行程序,因为带标号的 break 语句可以跳出多重循环结构。

3.3.2 continue 语句

continue 关键字的意思是继续,添加分号则表示语句。continue 语句的语法格式为:

```
continue [标号];
```

continue 语句只能用于循环结构,当不带标号时提前结束本次循环,进入下一轮循环的运行中。对于 while 和 do-while 循环,不带标号的 continue 语句使程序流程直接跳转到条件表达式的判断中;而对于 for 语句,跳转到表达式 3 中,修改步长后再进行条件表达式的判断。

带标号的 continue 语句多用于多重循环结构中,标号的位置与 break 的标号位置相似,一般需要放置在整个循环结构的前面,一旦内循环执行了带标号的 continue 语句,程序流程跳转到标号处的外层循环。

【例 3.14】计算满足条件的偶数的和,当和超过 100 时停止执行并输出结果。

```java
public class Ex3_14{
public static void main(String[ ] args)
{ int sum=0,i=0;
   do
   { i++;
     if(i%2!=0)
     continue;
     sum+=i;
   }while(sum<100);
   System.out.println("sum="+sum);
 }
}
```

程序执行结果如下。

```
sum=110
```

【例 3.15】打印 100 以内的素数。

```java
public class Ex3_15{
public static void main(String args[ ])
{ int i,j;
  System.out.println("100 以内的素数有: ");
  label:
  for(i=1;i<=100;i++)
  {  for(j=2;j<i;j++)
     if(i%j==0)
```

```
        continue label;
    System.out.print(i+"  ");
      }
    }
}
```

程序运行结果如下。

100 以内的素数有:

1　2　3　5　7　11　13　17　19　23　29　31　37　41　43　47　53　59　61　67　71
73　79　83　89　97

3.3.3　return 语句

Java 中的 return 语句总是和方法有密切关系,return 语句总是用在方法中,有两个作用,一个是返回方法指定类型的值,另一个是结束方法的执行。方法中不论有没有返回值类型,都可以带有 return 语句。如果方法有返回值类型(即返回值类型不为 void),则必须带有返回相应类型值的 return 语句,实例见 3.4 节例 3.22。如果方法中没有返回值(即返回值类型为 void),则方法中 return 语句的后面不能加任何的变量,此时也可以没有 return 语句。return 语句的语法格式为:

return [返回值];

例如:

```
public int add(int a,int b)
{return a+b;}
```

表示 add 方法的返回值类型为 int 型,通过 return a+b 语句返回对应的值。

【例 3.16】无返回值 return 语句的使用,表示结束方法的执行。

```
public class Ex3_16 {
    public static void main(String[] args) {
        System.out.println("main()方法开始执行");
        method();
        System.out.println("main()方法结束执行");
    }
    public static void method(){
        System.out.println("method()方法开始执行");
        for(int i=0;i<5;i++){
          if(i==3){ return;    }
        System.out.println("i="+i);    }
        System.out.println("method()方法结束执行");
        }
}
```

程序运行结果如下。

main()方法开始执行

method()方法开始执行

i=0

i=1

i=2

main()方法结束执行

3.4　常用的程序设计方法

算法是为完成一项任务所应当遵循的规则，应该有精确的、无歧义的描述。程序设计中根据实际问题的不同，有很多已成熟的算法，这些算法充分使用了流程控制语句，下面列举一些常用的程度设计方法。

3.4.1　枚举法

在程序设计中，经常需要根据给定的一组条件求满足条件的解，若问题的解可以用现有的公式，或者按照一定的规则规律求得，那么就可以很容易地写出相应的程序代码。但是对于现实生活中的很多问题，都难以找到明确的公式或者规则，在这种情况下，可以使用枚举法进行求解。

枚举法，也称之为穷举法，其基本思想是先依据题目给定的条件将所有可能的解列举出来，然后用其余的条件对所有可能的解进行逐一验证，验证是否是问题的解，删去不符合条件的解，剩下符合条件的解就是整个问题的解。适用枚举法求解的问题必须满足以下 3 个条件。

（1）有明显的枚举方位，且求解对象是有限的。

（2）可以按照某种规则或规律列举对象。

（3）有枚举规则。

枚举算法问题举例说明如下。

【例 3.17】采用枚举法实现打印出 100～999 所有的"水仙花数"，所谓"水仙花数"是指一个三位数，其各位数字立方和等于该数本身。

分析：对 100 到 999 的任意一个三位数 m，其个位、十位、百位上的数字，用 x、y、z 表示，使用 for 循环和 if 语句实现。

```
public class Ex3_17 {
public static void main(String[] args) {
  for (int m=100; m<=999; m++) {
   int x=m%10;
   int y=m/10%10;
   int z=m/100;
   if(m==Math.pow(x,3)+Math.pow(y,3)+Math.pow(z,3)){
System.out.println("水仙花数 m="+m); }
  }
 }
}
```

程序运行结果如下。

水仙花数 m=153

水仙花数 m=370

水仙花数 m=371

水仙花数 m=407

【例 3.18】"百钱买百鸡"问题。有一个人有一百块钱，打算买一百只鸡。到市场一看，公鸡每只 5 元，母鸡每只 3 元，小鸡 1 元买 3 只，问什么样的买法，才能刚好用一百块钱买一百只鸡？编程解答。

分析：此题很显然是用枚举法编程，以三种鸡的个数为枚举对象（分别设为 x，y，z），以三种鸡的总数（x+y+z）和买鸡用去的钱的总数（x*5+y*3+z/3）为判定条件，穷举各种鸡的个数。

```
class ChickenBuy {
static int x;          //可买公鸡的只数
static int y;          //可买母鸡的只数
static int z;          //可买小鸡的只数
public void buy(){
    x=0;
    while(x<=19){
      y=0;
      while(y<=33){
          z=100-x-y;
          if(x*5+y*3+z/3==100 && z%3==0){
              System.out.print("可买公鸡的只数："+x+"  ");
              System.out.print("可买母鸡的只数："+y+"  ");
              System.out.println("可买小鸡的只数："+z);
                  }
          y++; }
      x++;    }
    }
}
public class Ex3_18 {
public static void main(String[] args) {
    ChickenBuy chicken=new ChickenBuy();
    chicken.buy();}
}
```

程序运行结果如下。

可买公鸡的只数：0　可买母鸡的只数：25　可买小鸡的只数：75

可买公鸡的只数：4　可买母鸡的只数：18　可买小鸡的只数：78

可买公鸡的只数：8　可买母鸡的只数：11　可买小鸡的只数：81

可买公鸡的只数：12　可买母鸡的只数：4　可买小鸡的只数：84

【例 3.19】生活中的问题：某同学忘记 QQ 密码了，你能帮着找回吗？他的密码是一个 5 位数：67XX8，其中十位和百位上的数字不记得了，但他确定这个数能够被 78 整除，也能被 67 整除，设计算法求出该密码中的十位和百位。

分析：此题使用枚举法，设十位和百位上的数字分别为 x，y。

```
public class Ex3_19 {
public static void main(String[] args) {
  for(int y=0;y<=9;y++)
  {for(int x=0;x<=9;x++){
  if((6*10000+7*1000+y*100+x*10+8)%78==0 &&(6*10000+7*1000+y*100+x*10+8)%67==0){
      System.out.print("十位上的数字x="+x+",  ");
      System.out.println("百位上的数字y="+y+"。");}
      } }
    }
}
```

程序运行结果如下。

十位上的数字 x=3,　百位上的数字 y=9。

枚举法是将所有可能的情况列举出来，因此在解决实际问题时，应尽可能对相关语句进行优化，以便缩小搜索范围，减少程序的运行时间。

3.4.2　递推法

递推是计算机数值计算中的一个重要算法，思路是通过数学推导，将复杂的运算化解为若干重复的简单运算，以充分发挥计算机擅长重复处理的特点。

递推，是指从已知的初始条件出发，依据某种递推关系，逐次推出所要求的各中间结果及最后结果。其中初始条件或是问题本身已经给定，或是通过对问题的分析与化简后确定。可分为顺推法和逆推法。

（1）顺推法，就是先找到递推关系式，然后从初始条件出发，一步一步地按递推关系式递推，直至求出最终结果。

（2）逆推法，就是在不知道初始条件的情况下，经某种递推关系而获知问题的解，再倒过来，推知它的初始条件。

用递推算法求解的问题一般有以下两个特点。

（1）问题可以划分为多个状态。

（2）除初始状态外，其他各个状态都可以找出固定的递推关系式来表示。

解决递推问题的一般步骤如下。

（1）建立递推关系式。

（2）确定边界条件。

（3）递推求解。

【例 3.20】"上楼梯"问题：设共有 n 级楼梯，某人每步可走 1 级，也可走 2 级，也可走 3 级，求从底层开始走完全部楼梯的走法共有多少种。

分析：当 n=1 时，走法 x=1；当 n=2 时，走法 x=2；当 n=3 时，走法 x=4（1，1，1 模式，1，2 模式，2，1 模式和 3 模式）；依次顺推，发现后续当层级增加一级时，走法是前三级的走法之和，问题由复杂变简单了。

```
import java.util.*;
public class Ex3_20{
public static void main(String[] args) {
  int x=0,n,f1=1,f2=2,f3=4;
  Scanner in=new Scanner(System.in);
  System.out.println("请输入楼层的级数: ");
  n=in.nextInt();
  if(n==1)x=f1;
  else if(n==2) x=f2;
  else if(n==3) x=f3;
   for(int i=4;i<=n;i++)
     {x=f1+f2+f3;
      f1=f2;
      f2=f3;
      f3=x; }
   System.out.println("输入的楼层级数: 含 n="+n);
   System.out.println("根据走法规则, 得到的走法总数为: x="+x);
    }
   }
```

程序运行结果如下。

请输入楼层的级数：

6

输入的楼层级数：n=6

根据走法规则，得到的走法总数为：x=24

【例 3.21】"猴子吃桃"问题：猴子第一天摘下若干个桃子，当即吃了一半，还不过瘾，又多吃了一个。第二天早上又将剩下的桃子吃掉一半，又多吃了一个。以后每天早上都吃了前一天剩下的一半又一个。到第 10 天早上想再吃时，见只剩下一个桃子了。求猴子第一天共摘了多少桃子。

分析：已知条件：第 10 天剩下一个桃子；隐含条件：每一次前一天的桃子数等于后一天桃子数加 1 的 2 倍。采用逆向思维的方法，从后往前推，用逆推法求解。设 x1 为当天的桃子，也即前一天剩下的桃子数，x2 为当天剩下的桃子数。

```
public class Ex3_21
{
public static void main(String[] args)
    {int day=9,x1=0,x2=1;
     while(day>0)
      {x1=(x2+1)*2;
       x2=x1;
       day--;
     System.out.println("猴子第一天摘的桃子数量为："+x1);}
}
```

程序运行结果如下。

猴子第一天摘的桃子数量为：1534

3.4.3　递归法

如果一个对象的描述中包含它本身，就称这个对象是递归的，这种用递归来描述的算法称为递归法。递归法通常把一个大型复杂的问题层层转化为一个与原问题相似的规模较小的问题来求解。使用递归法只需少量的程序就可以描述出解题过程所需要的多次重复计算，从而大大地减少了程序的代码量。一般来说，能使用递归解决的问题应该满足以下 3 个条件。

（1）需要解决的问题可以化为一个或多个子问题来求解，而这些子问题的求解方法与原来的问题完全相同，只是规模上不同。

（2）递归调用的次数必须是有限次的。

（3）递归必须能终止，有结束递归的条件。

【例 3.22】使用递归算法求解 n!。

根据数学知识已知 0!=1, 1!=1, n!=n*(n-1)*(n-2)*…*2*1=n(n-1)!。通过键盘输入一个数，使用 java.util.Scanner 类和方法来实现。

```
import java.util.*;
public class Ex3_22 {
public static void main(String[] args) {
  int n;
  Scanner s=new Scanner(System.in);
  System.out.print( "请输入一个整数： ");
  n=s.nextInt();
  JieCheng a=new JieCheng();
  System.out.println(n+"!="+a.cheng(n)); }
  }
class JieCheng{
  public long cheng(int n){
    long i=0;
```

```
        if(n==0||n==1) i=1;
        else i=n*cheng(n-1);
          return i;
        }
     }
```

当输入任意整数时，程序运行结果如下。

请输入一个整数： 8

8!=40320

【例 3.23】"兔子繁殖"问题：如果有一对兔子，每一个月都生下一对兔子，而所生下的每一对兔子在出生后的第三个月也都生下一对兔子。那么，由一对兔子开始，12 个月时一共可以繁殖成多少对兔子？

分析：这个问题是 Fibonacci 问题，很容易找到规律，即除了第一个月和第二个月外，后面每个月份的兔子总对数恰好等于前面两个月份兔子总对数的和，可用递归法来求解。

```
public class Ex3_24 {
public static void main(String[] args) {
   Fibon fi=new Fibon();
   System.out.println("12 个月时繁殖的兔子数为: "+fi.fibonacci(12));
     }
}
class Fibon {
public int fibonacci(int n){
   if((n==1)||(n==2)) return 1;
   else return fibonacci(n-2)+fibonacci(n-1);
     }
}
```

程序运行结果如下。

12 个月时繁殖的兔子数为：144

【例 3.24】有 6 个人坐在一起，问第 6 个人多少岁，他说比第 5 个人大 2 岁；问第 5 个人多少岁，他说比第 4 个人大 2 岁；问第 4 个人岁数，他说比第 3 个人大 2 岁；问第 3 个人，又说比第 2 人大 2 岁；问第 2 个人，说比第 1 个人大 2 岁；最后问第 1 个人，他说是 18 岁。请问第 6 个人多大？使用递归法求解。

```
public class Ex3_24 {
static int getAge(int n){
   if (n==1) return 18;
   else return 2+getAge(n-1);
}
   public static void main(String[] args) {
   System.out.println("第 6 个人的年龄为: "+getAge(6));
     }
}
```

程序运行结果如下。

第 6 个人的年龄为： 28

3.4.4 简单图形的输出

使用程序流程控制语句和一些简单的算法设计，就能设计出一些简单的图形，下面举例说明。

【例 3.25】使用"*"号打印输出菱形图案。

```
public class Ex3_25{
```

```java
public static void main(String[] args){
    int i,j,k;
    for(i=1;i<=4;i++)     //先打印上边的 4 行
    {   for(j=1;j<=4-i;j++)     //控制要打印的空格数量
        System.out.print(" ");
        for(k=1;k<=2*i-1;k++)     //控制要打印的星号数
        System.out.print("*");
        System.out.println("\n");
    }
    for(i=1;i<=3;i++)
    {   for(j=1;j<=i;j++)     //控制要打印的空格数
        System.out.print(" ");
        for(k=1;k<=7-2*i;k++)     //控制要打印的星号数
        System.out.print("*");
        System.out.println("\n");
    }
}
```

程序运行结果如下。

```
   *
  ***
 *****
*******
 *****
  ***
   *
```

【例 3.26】打印输出"杨辉三角形"。

```java
public class Ex3_26 {
public static void main(String[] args) {
    int[][]a=new int[10][10];
    for(int i=0;i<10;i++){
        a[i][i]=1;
        a[i][0]=1;
    }
for(int i=2;i<10;i++){
    for(int j=1;j<i;j++){
    a[i][j]=a[i-1][j-1]+a[i-1][j];
    }
}
for(int i=0;i<10;i++){
    for(int m=0;m<2*(10-i);m++){
        System.out.print("  ");}
    for(int j=0;j<=i;j++){
        System.out.print(a[i][j]+"      ");  }
        System.out.println(  );
    }
}
}
```

程序运行结果如下。

```
                          1
                      1       1
                  1       2       1
              1       3       3       1
          1       4       6       4       1
      1       5       10      10      5       1
  1       6       15      20      15      6       1
1     7       21      35      35      21      7       1
1   8       28      56      70      56      28      8       1
1   9       36      84      126     126     84      36      9       1
```

【例 3.27】 使用英文字母打印输出左右对称的特殊图形。

```java
import java.util.*;
public class Ex3_27 {
public static void main(String[] args) {
int i,m,j;
char character='A';
Scanner s=new Scanner(System.in);
System.out.print("请输入任意一个 0~26 的整数并按回车\n");
 m=s.nextInt();
 if(m==1)  System.out.println("A");
 if(m!=1)
  {  m-=1;
   for(j=0;j<m;j++)
    System.out.print(" ");
    System.out.println("A");
   for(i=1;i<=m;i++)
    {  for(j=1;j<=m-i;j++)
        System.out.print(" ");
      for(j=1;j<=i;j++)
        System.out.print(character++);
      for(j=1;j<i+1;j++)
        System.out.print(character--);
     System.out.println(character=65);
     }
   }
 }
}
```

程序运行结果如下。

请输入任意一个 0~26 的整数并按回车

5

```
    A
   ABA
  ABCBA
 ABCDCBA
ABCDEDCBA
```

3.4.5 简单游戏的设计

【例 3.28】 中奖游戏：使用 switch 语句，运行程序后从键盘输入数字 1、10，2、20，3、30
后可以获奖，如果输入其他数字或字符显示："很遗憾！没有奖品。"

程序源代码如下。

```java
import java.util.*;
public class Ex3_28 {
    public static void main(String args[]) {
        Scanner s=new Scanner(System.in);
        System.out.println("输入数字 1、10，2、20，3、30 可获奖！");
        int m=s.nextInt();
        switch (m) {
          case 1:
          case 10:
            System.out.println("恭喜获得一等奖！");  break;
          case 2:
          case 20:
            System.out.println("恭喜获得二等奖！"); break;
          case 3:
          case 30:
            System.out.println("恭喜获得三等奖！");  break;
          default:
            System.out.println("很遗憾！没有奖品。");
        }
    }
}
```

程序运行结果如下。

输入数字 1、10，2、20，3、30 可获奖！

2

恭喜获得二等奖！

【例 3.29】判断闰年的游戏：要求输入一个四位数的整数为一个年份，程序会判断这一年是平年还是闰年。

```java
import java.util.*;
public class Ex3_29 {
public static void main(String[] args) {
    System.out.println("请输入一个四位数的整数作为年份：");
    Scanner sc=new Scanner(System.in);
    int year=sc.nextInt();
    Leap ye=new Leap();
    if(ye.leapyear(year))
    { System.out.println("年份 "+year+"年是闰年！");}
    else
    { System.out.println("年份 "+year+ "年不是闰年！");}
}
}
class Leap {
public boolean leapyear(int year){
    if (year%100==0) {
      if (year%400==0) { return true; }
    } else {
      if (year%4 == 0) { return true; }
    }
      return false;
    }
}
```

程序运行结果如下。

请输入一个四位数的整数作为年份：

2015

年份 2015 年不是闰年！

请输入一个四位数的整数作为年份：

2012

年份 2012 年是闰年 ！

【例 3.30】猜数字游戏，限制最多能猜 10 次。

```java
import java.util.Scanner;
import java.lang.Math;
public class Ex3_30 {
public static void main(String[] args) {
    System.out.println("欢迎玩猜数字游戏!");
    Scanner ca=new Scanner(System.in);
     int i=0,j=0,max=0;
    max=(int)(Math.random()*100);
    do{  System.out.println("请您输入数字: ");
     j=ca.nextInt();
     if(j<max){ System.out.println("太小哦,猜了"+(i+1)+"次! ");  }
     if(j>max){  System.out.println("太大哦,猜了"+(i+1)+"次! ");  }
     if(j==max){ System.out.println("猜对了,这个数字是"+j+",猜了"+(i+1)+"次! ");
          break; }
       i++;    }
     while(i<10);
        System.out.println("谢谢游玩");
    }
        }
```

程序运行结果如下。

欢迎玩猜数字游戏!

请您输入数字：

50

太小哦，猜了 1 次！

请您输入数字：

70

太大哦，猜了 2 次！

请您输入数字：

60

太小哦，猜了 3 次！

请您输入数字：

65

太大哦，猜了 4 次！

请您输入数字：

62

猜对了，这个数字是 62，猜了 5 次！

谢谢游玩

习　题

一、选择题

1. 下面不属于 Java 条件分支语句结构的是（　　）。

    A. if 结构　　　　B. if-else 结构　　　C. if-else if 结构　　　　D. if-else else 结构

2. 分支语句 switch(表达式)｛｝中，表达式不可以返回哪种类型的值?（　　）

    A. 整型　　　　　B. 短整型　　　　　C. 布尔型　　　　　　D. 字符型

3. 关于 while 和 do-while 循环，下列说法正确的是（　　）。

    A. 两种循环除了格式不同外，功能完全相同

    B. 与 while 语句不同的是，do-while 语句的循环至少执行一次

    C. do-while 语句首先计算终止条件，当条件满足时，才去执行循环体中的语句

    D. 以上都不对

二、简答题

1. 在一个循环中使用 break，continue 和 return 有什么不同?

2. 程序流程控制有哪几种? 他们分别对应 Java 中哪些语句?

三、编程题

1. 某公司招聘条件如下。

（1）熟练掌握 C 和 Java。

（2）具有 3 年以上工作经验或重点大学毕业。

（3）年龄在 35 岁以下。

根据用户输入条件，判断应聘者是否符合条件。

2. 使用 for 循环语句求出 1～100 的质数。

3. 从键盘输入一个正整数，按数字的相反顺序输出。

4. 从键盘输入若干学生体重（单位为公斤，用负数结束输入），统计并输出最重和最轻的体重数。

5. 求数列前 20 项之和：2/1,3/2,5/3,8/5,13/8,21/18……

6. 编程求一元二次方程 $ax^2+bx+c=0$ 的实数根。

7. 使用不同的程序流程控制语句求解 "八皇后" 问题。

第4章
类与对象

Java 语言是面向对象的语言，类和对象是 Java 语言最基本的要素。本章首先介绍面向对象的基本概念。然后介绍类的定义、类的成员变量和成员方法的使用。接下来讨论对象的创建和使用，构造方法的定义，方法参数的传递。最后介绍 static 变量和方法的使用，包的概念和 import 语句的使用，类和类中成员的访问权限等。

学完本章后，要能够准确理解封装的概念，掌握类及其成员的定义，对象的创建和使用方法。

4.1 面向对象概述

4.1.1 面向对象的基本概念

1. 对象

在现实世界中，世界是由众多客观事物构成的，或者说由万事万物构成。为了方便叙述，我们常将一个客观事物称为一个实体。它可以是一个具体的人或事物，如一个学生、一匹白马、一辆汽车、一台电视；也可以是一个抽象的事物，如一个账户、一项工程、某一天的日期、一个计划、一场比赛。

一个客观事物一般都具有状态（由属性构成）和行为。人们通过客观事物的状态和行为来认识和区分客观事物。例如，我们谈论一个学生时，不仅会谈论该学生的学号、姓名、年龄、性别等属性（这些属性值反映了该学生的状态），还会关注他的能力（是否能歌善舞等）、学习情况（是否刻苦努力等）以及品行（是否乐于助人等）等行为；在处理一个银行账户时，会涉及账号、户名、密码、开户银行和余额等属性，也会进行存款、取款和查询等行为；在操作软件中的窗口时，会看到窗口的颜色、样式、标题、位置等属性，也会进行打开窗口、改变窗口大小、移动窗口位置等操作。

世界上每个客观事物都是唯一的，没有完全一样的两个客观事物，即客观事物是可区分的。同样，人们通过客观事物的状态和行为来区分不同的客观事物。张三、李四两个同学，可以通过这两个同学的学号、姓名等属性值，以及能力、学习情况等行为进行区分；两个孪生姊妹，两个人的属性和行为也不完全一样；一个汽车制造厂生产的同一型号的两辆汽车，它们的属性结构和行为结构一样，但属性值（如出厂日期）和行为是不同的；即便是同一印钞机印出的两张纸币，也可以通过印制时间的属性值不同加以区分。

在 Java 面向对象的程序设计中，我们将客观事物用对象（object）来表示，客观事物的一个属性，用一个数据（变量值）表示，客观事物的所有属性用一组数据（变量值）表示，变量值的集合表示客观事物的状态。客观事物的一个行为，用一个方法表示，客观事物的所有行为用一组方法表示，方法的集合表示客观事物的行为能力。可见，程序中对象就是一组变量值和相关方法的集合，其中变量值集合表明对象的状态，方法集合表明对象所具有的行为。

总之，万事万物皆为对象，每个对象具有唯一标识名，可以区别于其他对象。对象具有一个状态，由与其相关联的属性值集合所表征。对象具有一组方法，每个方法决定对象的一种行为。状态描述对象的静态特征，行为描述对象的动态特征。

一个对象可以非常简单，也可以非常复杂。复杂对象往往是由若干个简单对象组合而成的。例如，一台微型计算机的主机是由中央处理器（Central Processing Unit，CPU）、主板、内存条、显卡、声卡、网卡、硬盘、光驱等对象组成的。主机与显示器、鼠标、键盘等对象组成微型计算机。

2. 类

对现实世界的各种客观事物，人们常通过"物以类聚，人以群分"的方法进行分门别类，形成人大脑中的"概念"。例如，银行里所有储户（如张三的工行账户、李四的工行账户）都具有相同的属性：账号、户名、密码和余额，相同的行为：存款、取款和查询。在人大脑中将这些一个个具体储户的共同属性和行为抽象成一个"账户"类型概念。

像账户这种类型概念，在 Java 语言中用"类"来表示。类是一种数据类型，是具有相同属性和行为的一组对象的集合，它为属于该类的所有对象提供了统一的抽象描述，其内部包括属性（一组变量）和行为（一组方法）两个主要部分。下面用 Java 语言描述账户类。

```
publicclass Account {
    privateString name;      //用户名
    privateString accountNumber;      //账号
    privateint password;      //密码
    private float balance;      //余额
    public void save(float m){balance+=m;}      //存款
    public voidwithdraw(float m){balance-=m;}      //取款
    public floatgetBalance(){return balance;}      //查询
}
```

客观事物与概念、对象与类是具体和抽象的关系。例如，"白马非马"论，一匹白马是一个有血有肉的动物，而马是一个抽象类型概念。因此，白马和马不是一回事。在 Java 语言中，一匹白马用一个白马对象表示，马用一个马类来表示。相应的，白马对象和马类是不同的。但是，一匹白马是抽象为马这个类型概念的一个具体实例，是属于马这个类型概念的。相应的，白马对象是马类的一个实例，是属于马类的。

类似的，10 元纸币必须通过 10 元印钞机印制。10 元印钞机是 10 元纸币的模板，10 元纸币是 10 元印钞机模板的具体实例，具有 10 元印钞机模板规定的属性（如大小、图案、颜色等）和行为（如能够购买 10 元价值的商品或服务）。同样，对象必须通过类来创建，类是对象的模板，对象是类的实例，具有类所规定的属性和方法。

在 Java 语言中，要创建账户类的一个实例，如张三的工行账户，可使用 new 运算符，即：
`Account ZhangSanICBC=new Account( );`
上述客观事物与概念、对象与类的关系，如图 4.1 所示。

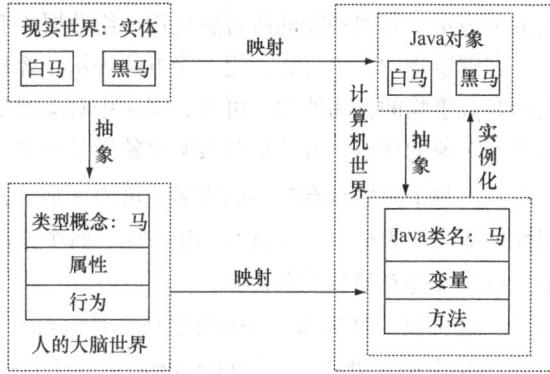

图 4.1 实体、类型概念、对象、类之间的关系

3. 消息

现实世界中的客观事物都处在联系之中。同样的，在 Java 语言中对象和对象之间存在着某种联系，这种联系是通过消息传递的。例如，存款就是人向账户传递消息。

对象间传送的消息一般由三部分组成，即接受消息对象名、接受消息采用的方法和方法所需要的参数。

```
ZhangSanICBC.save(100);            //在张三工行账户中存 100 元
```

这里，ZhangSanICBC 是接受消息对象名，save( )是接受消息采用的方法，100 为 save( )的参数。一般发送消息的对象不用指定。

4.1.2 面向对象的三大特性

1. 封装

封装（encapsulation）是一种信息隐藏技术，就是把对象的状态（变量）和行为（方法）结合成一个独立的系统单位，并尽可能地隐藏对象的内部细节。这样，用户只能看到对象的封装界面信息，对象的内部信息对用户是隐藏的。例如，一台电视机就是一个封装体，用户只能看到电视机外壳界面上的屏幕和按钮，电视机的实现电路对用户是隐蔽的。

封装的目的在于将对象的使用者和设计者分开，使用者不必知道对象的内部信息，只需使用设计者提供的消息来访问对象。这样，封装就提供了两种保护。首先封装可以保护对象的内部信息，防止用户直接获取对象的内部细节；其次封装也保护了对象的封装界面信息，实现部分的改变不会影响到封装界面信息的改变。例如，电视机的使用者不必懂得电视机的实现电路，只需使用设计者提供的按钮操作电视机。有了电视机这个封装外壳，电视机的使用者就不能直接改变内部实现电路，电视机的实现电路由模拟电路变为数字电路，也不会改变电视机开关、频道等按钮的功能。

在 Java 语言中，类是 Java 的基本封装单位。类定义了对象的形式，指定了属性和行为的代码。Java 使用一个类规范来构造对象。对象是类的实例。因此，类在本质上是指定如何构建对象的一系列规定。例如，设计者在定义账户类 Account 时，必须明确以下内容。

（1）边界，内部信息（变量和方法）都被限定在 Account{ }中。

（2）接口，即封装界面信息，对象向使用者提供的变量和方法，如被 public 修饰的变量和方法（save、withdraw、getBalance），使用者可使用这些变量和方法与对象交流。

（3）受保护的内部信息，被 private 修饰的变量（name、accountNumber、password、balance）

和方法，这些变量和方法不能被使用者访问，只能被对象的内部信息所访问。

ZhangSanICBC 是由 Account 类创建的一个对象。ZhangSanICBC 对象就具有一个清晰的边界，具有被 private 修饰的变量 name、accountNumber、password、balance，具有被 public 修饰的方法 save、withdraw、getBalance。使用者只能通过 ZhangSanICBC 对象的 save、withdraw、getBalance 方法来访问 balance 变量。

注意　在 Java 语言中，一般遵循"对象调用方法，方法访问变量"的原则。

【思考】使用者如何访问对象的 name、accountNumber、password 变量？

2．继承

继承（inheritance）是指在已有类的基础上，添加新的变量和方法，从而产生一个新的类。已有类称为基类、超类或父类，新类称为已有类的派生类或子类。新类从已有类的派生过程称为类继承。

人们常使用层次结构认识和分析问题，例如，货车、客车的共性抽象为汽车，汽车、火车、轮船、飞机的共性抽象为交通运输工具。继承机制能够很好地描述这种层次结构。我们可以首先定义交通运输工具类，通过继承，一方面将交通运输工具类的变量和方法传到下一层，另一方面在交通运输工具类基础上添加各自的特性，分别产生汽车类、火车类、轮船类、飞机类。这种逐层传递的继承机制，体现了类之间的一般与特殊的关系，即"是一种"（is-a）关系，特别有利于软件代码的复用。继承简化了对新类的设计。

继承分为单继承和多继承。单继承是指任何一个派生类都只有一个直接父类；多继承是指一个派生类可以有一个以上的直接父类。采用单继承的类层次结构为树状结构；采用多继承的类层次结构为网状结构。Java 语言仅支持单继承。

3．多态

多态（polymorphism）是指一个程序中相同的方法名字体现不同内容的情况，即"一个方法名，多种实现形式"。

我们知道，小学生和大学生上学是要交费用的。同是上学交费这个行为，但小学生和大学生交费内容就不一样，小学生只交书本费和杂费，没有学费；大学生不仅有书本费和学费，还有住宿费等费用。类似的，同样是"叫"这种行为，猫的叫声是"喵喵"，狗的叫声是"汪汪"。多态就是在 Java 语言中描述了现实世界中的这类情况，允许每个对象用自己的方式实现同名方法。这不仅符合现实生活的习惯和要求，而且使程序更加简洁和一致。

在 Java 语言中，实现多态的主要手段为重载（overload）和覆盖（override）。在同一个类中定义了多个名称相同的方法，即方法重载；子类中定义与父类中同名的方法，即方法覆盖。这两种情况都称为多态，且前者称为静态多态，后者称为动态多态。

4.2　类与对象

4.2.1　类的定义

在 Java 语言中，用户自己可以定义一个类，作为引用类型。其定义的一般形式是：

类修饰符 class 类名 [extends 父类名][implements 接口名列表]{

　　成员变量的定义及初始化

　　成员方法

}

类由类头和类体两部分组成。class 类名是类头，用大括号括起来的部分为类体。

（1）class 是关键字，表明其后定义的是一个类。

（2）类名是用户为该类所起的名字，它必须是一个合法的 Java 标识符，习惯上用大写字母开头。

（3）类体中的成员变量可以有多个，成员方法也可以有多个。

（4）该类修饰符（只有 3 个）：[public][abstract][final]，[ ] 表示可选项，final 和 abstract 不能同时出现，用[abstract|final]表示。

（5）该类的父类写在 extends 后；该类所实现的接口写在 implements 后。

【例 4.1】在 Java 语言中，定义一个表示平面点的类。

```
class MyPoint2D {
    //成员变量
    double x=3;          //x 的坐标
    double y=4;          //y 的坐标
    //成员方法
    double getX(){       //获得 x 坐标
        return x;
    }
    double getY(){       //获得 y 坐标
        return y;
    }
    double distance(){   //获得该点到原点的距离
      return Math.sqrt(x*x+y*y);
    }
}
```

程序定义了一个平面点的类 MyPoint2D，该类有两个成员变量 x、y，分别表示该点的坐标；有 3 个方法 getX()、getY()和 distance()，分别获取该点的横坐标、纵坐标和该点到原点的距离。

在 Java 语言中，没有限制规定成员变量和成员方法在类体中的先后次序，如成员变量的定义既可放在类体的前部，也可以放在类体的尾部。

【例 4.2】在 Java 语言中，定义大学生类。

分析：首先，学生包括学号（no）、姓名（name）、性别（sex）、年龄（age）、所在系（department）等基本状态信息，以及填写登记和自我介绍基本状态信息等行为。其次，在 Java 程序中，用变量表示状态信息，用方法表示行为。

```
class CollegeStudent {
    String no;
    String name;
    char sex;
    int age;
    String department;
    void setStudent(String no,String name,char sex,int age,String department){
        this.no=no;  //方法内局部变量与实例变量重名，"this.变量名"表明该变量是实例变量
        this.name=name;
```

```
            this.sex=sex;
            this.age=age;
            this.department=department;
        }
        void introduce(){
            System.out.println("no="+no+", "+"name="+name+", "+"sex="+sex+", "+"age=
    "+age+", department="+department);
        }
    }
```

大学生类 CollegeStudent 定义了 5 个成员变量和 2 个成员方法。它们分别表示大学生的学号 no、姓名 name、性别 sex、年龄 age、所在系 department；setStudent()方法表示登记行为，introduce() 方法表示自我介绍行为。

【例 4.3】为了建立职工工资管理系统，在 Java 语言中，定义职员类。

分析：现实世界中的职员包括姓名、工号、性别、年龄、身高、体重、职务、工资等状态信息，以及会说话、能劳动、升职、调资、打印职工信息等行为。职员的属性和行为很多，但是为了解决工资管理问题，性别、年龄、身高、体重等属性，以及会说话、能劳动等行为，与工资管理关系不大，可被忽略。这样，就抽象成人脑概念世界中的概念"职工"，它包括工号（id）、姓名（name）、职务（post）、工资（salary）等属性，以及升职（changePost）、调资（changeSalary）、打印职工信息（print）等行为。然后，在 Java 程序中，用变量表示属性，用方法表示行为。

```
class Employee {
    int id;
    String name, post;
    long salary;

    void changePost(String newPost) {
        post=newPost;
    }
    void changeSalary(long amount) {
        salary=salary+amount;
    }
    void print() {
        System.out.println("工号："+id+"\t 姓名："+name+"\t 职务："+post+"\t 月薪：
"+salary);
    }
}
```

职员类 Employee 定义了 4 个成员变量和 3 个成员方法，它们分别是表示职员姓名的 name 变量、表示职员工号的 id 变量、表示职员职务的 post 变量、表示职员月薪的 salary 变量；改变职员职务的方法 changePost(newPost)、改变职员月薪的方法 changeSalary(amount)、输出职员信息的方法 print()。

4.2.2 对象的声明与创建

有了类的定义，就可以创建该类的对象了。由类创建对象的过程称为类的实例化，任何一个对象都是某个类的实例。例如，制造汽车的设计图纸是类，可根据该图纸制造汽车，制造出来的汽车就是设计图纸类的一个实例。

一般来说，要创建一个对象，首先要声明对象的变量，表明将要代表该对象的变量是何种数据类型。已经定义的类名就是一种数据类型。

对象声明的格式为：

类名 对象变量名；

其中，类名为引用类型（包括类、接口和数组）。声明不为对象分配空间，只为引用型变量分配一个引用空间，用来存放引用值（该类型对象的地址）。

例如下列语句：

```
MyPoint2D p1,p2;
```

其中，MyPoint2D 是已经定义的类，p1，p2 为引用变量，即引用变量 p1，p2 的类型为 MyPoint2D 类，只能存放平面点对象的引用值（MyPoint2D 类型对象的地址），不存放平面点对象的信息（x，y 成员变量和 3 个成员方法）。但可通过引用变量 p1，p2 访问这两个平面点的 x，y 坐标，使用这两个平面点的 getX()、getY() 和 distance() 方法。

引用类型变量存储一个对象的引用值，不是对象本身。我们可通过汽车和车钥匙进行简单类比。一辆汽车是一个对象，该车的钥匙是该对象的引用值。汽车和车钥匙是不同的，但可通过车钥匙使用汽车。如果一个钥匙的类型是房子，不是汽车，那么，通过这个钥匙只能使用房子，而不是汽车。

对一个对象的引用值，除了可以判断其类型和对其进行类型转换之外，并没有其他操作可言。

同样，还可以声明大学生类变量及职员类变量，代码如下：

```
CollegeStudent zhangSan,liSi;
Employee wangWu,chenLiu;
```

其中，引用变量 zhangSan、liSi 的类型为 CollegeStudent，只能存放大学生对象的引用值，如 zhangSan 存放大学生张三对象的引用值，liSi 存放大学生李四对象的引用值；引用变量 wangWu、chenLiu 的类型为 Employee，只能存放职员对象的引用值，如 wangWu 存放职员王五对象的引用值，chenLiu 存放职员陈六对象的引用值。

创建对象就是给对象（实例）分配内存空间的过程，即类的实例化。

一旦定义好了一个类，就可以使用实例创建表达式来创建这个类的实例。实例创建表达式的一般格式如下：

new 类名（［实参表］**）；**

实例创建表达式用于创建指定类的一个实例。其具体功能包括以下 3 点。

（1）为实例分配内存空间。

（2）初始化实例变量。

（3）返回对该实例的一个引用值。

例如，根据例 4.1，创建 p1 对象的过程如下：

```
MyPoint2D p1;  //在内存中，为引用变量 p1 分配了空间，但没有生成平面点对象
p1=new MyPoint2D();//生成了平面点对象，为该对象分配了内存空间，x=3，y=4，并将该对象的引用
```
值赋给引用变量 p1

也可以将两步合并为一步：

```
MyPoint2D p1=new MyPoint2D();
```

同理，创建 liSi、wangWu 对象的过程如下：

```
CollegeStudent liSi=new CollegeStudent();
Employee wangWu=new Employee();
```

4.2.3 对象的引用和清除

在创建了类的对象后，就可以使用对象，访问对象的各个成员变量和成员方法，进行各种

处理。

在 Java 语言中,通过运算符 "." 可以实现对变量的访问和方法的调用。

引用成员变量的一般格式为:

对象变量名.成员变量名

引用成员方法的一般格式为:

对象变量名.成员方法名([参数表]);

【例 4.4】编写一个程序,创建一个点对象,计算该点到原点的距离,测试例 4.1 的 MyPoint2D 类。

/*此处省略 MyPoint2D 类的定义, 详见例 4.1 */

```
class TestMyPoint2D {
    public static void main(String[] args) {
        MyPoint2D obj=new MyPoint2D();
        System.out.println("x="+obj.x+", "+"y="+obj.y);  //将点对象的值取出打印
        System.out.println("d="+obj.distance());       //计算并打印该点到原点的距离
        obj.x=1;                                 //将 1 赋值给点的 x 变量
        obj.y=2;                                 //将 2 赋值给点的 y 变量
        System.out.println("x="+obj.getX()+", "+"y="+obj.getY());
        System.out.println("d="+obj.distance());
    }
}
```

程序运行结果如下。

x=3.0,   y=4.0

d=5.0

x=1.0,   y=2.0

d=2.23606797749979

在该程序中, obj.x 是引用点对象的成员变量 x, 包括取值和赋值, 在 println 语句中是取出成员变量 x 的值, 在 obj.x=1 语句中是给成员变量 x 赋值为 1; 同样, obj.y 是引用点对象的成员变量 y, 包括取值和赋值。点 obj 的赋值情况如图 4.2 所示。obj.getX()是引用点对象的成员方法, 得到 x 的值; 同样, obj.getY()是引用点对象的成员方法, 得到 y 的值; obj.distance()是引用点对象的成员方法, 计算点到原点的距离。

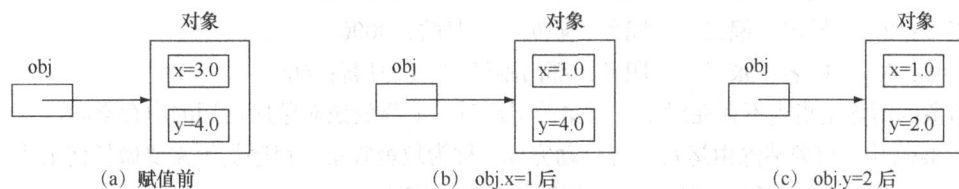

图 4.2 obj 赋值示意图

【例 4.5】编写一个程序, 创建张三、李四大学生对象, 测试例 4.2 的 CollegeStudent 类。

/*此处省略 CollegeStudent 类的定义, 详见例 4.2 */

```
class TestCollegeStudent {
    public static void main(String[] args) {
        CollegeStudent stu=new CollegeStudent();
        stu.setStudent("050101", "张三", '男', 19,"通信系"); //引用对象成员方法
```

```
        stu.introduce();                                    //引用对象成员方法
    }
}
```

程序运行结果如下。

no=050101, name=张三, sex=男, age=19, department=通信系

【例 4.6】编写一个程序，创建丁一、倪二、张三对象，测试例 4.3 的 Employee 类。

```
/*  此处省略 Employee 类的定义，详见例 4.3   */
public class TestEmployee {
    public static void main(String[] args) {
        Employee 丁一,倪二,张三;
        丁一=new Employee();
        倪二=new Employee();
        张三=new Employee();

        丁一.id=1;  丁一.name="丁一"; 丁一.post="部门经理";  丁一.salary=9000;
        倪二.id=2;  倪二.name="倪二"; 倪二.post="部门副经理"; 倪二.salary=6000;
        张三.id=3;  张三.name="张三"; 张三.post="职员";       张三.salary=3000;
        丁一.print();    倪二.print();    张三.print();

        丁一.changePost("副总经理");  丁一.changeSalary(3000);
        倪二.changePost("职员");      倪二.changeSalary(-3000);
        张三.changePost("部门副经理"); 张三.changeSalary(3000);
        System.out.print("调整岗位和月薪后: \n");
        丁一.print();    倪二.print();    张三.print();
    }
}
```

程序运行结果如下。

工号：1   姓名：丁一   职务：部门经理   月薪：9000
工号：2   姓名：倪二   职务：部门副经理   月薪：6000
工号：3   姓名：张三   职务：职员   月薪：3000
调整岗位和月薪后：
工号：1   姓名：丁一   职务：副总经理   月薪：12000
工号：2   姓名：倪二   职务：职员   月薪：3000
工号：3   姓名：张三   职务：部门副经理   月薪：6000

对象的清除是指当不存在对某一对象的引用时，就释放该对象所占用的内存空间。

在 Java 中，对象清除由运行系统自动完成，称为垃圾收集，程序员不需要做任何工作。垃圾收集工作通常由一个被称为"垃圾收集器"的线程来完成。

一个对象失去一个变量对其的引用，通常有下面 3 种情况。

（1）一个变量由引用某个对象变成引用另一个对象，这样原先那个对象就有可能成为垃圾对象。

（2）一个引用某个对象的变量被显式设置为 null。

（3）一个引用某个对象的变量超出了其作用域的范围而被释放。

总之，一个对象是有生命周期的，它包括创建、使用（引用）和清除。遵循"先创建后使用"的原则。

4.3　成员变量

在 Java 语言中，变量分为成员变量和局部变量两大类。成员变量是指在类体内但在方法体外定义的变量。局部变量是指在方法体内声明的变量。另外，方法中的形参、for 语句中定义的循环变量也都属于局部变量。

4.3.1　成员变量的声明

成员变量声明的一般格式是：

[可访问性修饰符][static][final][其他] 类型名变量名[=初始化表达式][,变量名[=初始化表达式]]…；

上述方括号括起来的部分，表示是可选项，其含义分别为以下几点。

（1）可访问性修饰符说明该变量的可访问属性，即定义可被访问的范围。这些修饰符是 public、protected、private 和默认（或缺省）。其用法将在 4.6 节访问权限中详细介绍。

（2）被 static 修饰的成员变量称为类变量（或静态变量），而没有被 static 修饰的成员变量称为实例变量。类变量属于类；实例变量属于对象（或实例）。

（3）被 final 修饰的变量（局部变量或成员变量）通常被称为有名常量。与普通变量不同，有名常量必须赋值且只能赋值一次。之后，有名常量的值就不能再被修改。

（4）其他是指 transient 和 volatile。transient：定义一个暂时变量，指示 Java 虚拟机该变量不是对象永久状态的一部分，在对象序列化时不需要考虑。volatile：定义一个共享变量，告诉 Java 编译器该变量的值可能会被当前线程之外的其他线程改变。

4.3.2　实例变量和类变量

实例变量：在类体内但在方法体外定义的变量，且变量名前没有 static 修饰符。

类变量：在类体内但在方法体外定义的变量，且变量名前有 static 修饰符。

局部变量：在方法体内或块内定义的变量，变量名前只能用 final 修饰或没有修饰符。

【例 4.7】编写一个程序，定义一个西安邮电大学学生类 XiyouStudent，它的成员变量有校名、学号、姓名，它的成员方法有统计经过几次考试通过该门课程。课程采用五分制，考试成绩用随机数产生。测试 XiyouStudent 类。

分析：西安邮电大学学生类的所有学生对象拥有相同的校名，校名是属于类的，因此校名应定义成类变量，而学号、姓名各个学生对象互不相同，是属于学生对象的，因此学号、姓名定义为实例变量，统计次数变量只在统计通过课程方法中使用，因此定义为局部变量。

```java
class XiyouStudent {
    static String collegeName="西安邮电大学";    //类变量
    String no,name;                              //实例变量
    void setStudent(String no,String name){
        this.no=no;         this.name=name;
    }
    void countPass(){
        int counter=0,score=0;                   //局部变量
        do{
```

```
                    score=(int)(Math.random()*5);          //产生 0-5 的随机数
                    counter++;
                }while(score<3);
                System.out.println("counter="+counter);
        }
    }
    class TestXiyouStudent {
        publicstaticvoid main(String[] args) {
                XiyouStudent zhangsan,lisi;
                zhangsan=new XiyouStudent();
                zhangsan.setStudent("050101","张三");
                lisi = new XiyouStudent();
                lisi.setStudent("050102","李四");
                System.out.println(zhangsan.collegeName+",  "+lisi.collegeName+",
"+XiyouStudent.collegeName);
                System.out.println(zhangsan.no+",  "+zhangsan.name);
                zhangsan.countPass();
                System.out.println(lisi.no+",  "+lisi.name);
                lisi.countPass();
        }
    }
```

程序可能运行结果如下。

西安邮电大学，   西安邮电大学，   西安邮电大学

050101，   张三

counter=6

050102，   李四

counter=2

可以看出，zhangsan.collegeName、lisi.collegeName、XiyouStudent.collegeName 的执行结果是一样的。因此，访问类变量有两种方式：一是通过类名访问，二是通过类的任何实例变量访问。

例 4.7 的变量在数据区的位置如图 4.3 所示。从图中可以看出，no、name 是实例变量，它是在对象创建时才分配空间（位于对象堆区中），并保存一个对象的学号、姓名数据，实例变量的生命周期与对象存在的时间相同。collegeName 是类变量，它们是在加载类时分配空间（位于类的方法区中），换句话说，类变量是所有对象的公用存储单元，可实现一个类中不同对象间的通信。因此，相同类的任何一个对象访问类变量时，取的是相同的数据；相同类的任何一个对象修改类变量时，也都是对同一个内存单元进行操作。局部变量 zhangsan、lisi 在 main()方法栈区中，同样，在 Java 栈区中可将局部变量 counter、score 画在 countPass()方法栈区中。

总之，类变量位于方法区，在内存中只有一个，被类所有实例共享。当类被加载时，类变量被创建并分配内存空间；当类被卸载时，类变量被销毁并收回所分配的内存空间。因此，类变量的生命周期与类的生命周期相同。类变量属于类，不属于任何一个类的具体对象。

实例变量位于堆区。当创建实例时，实例变量被创建并分配内存空间，当销毁实例时，实例变量被销毁并收回所分配的内存空间。因此，实例变量的生命周期与实例的生命周期相同。实例变量属于实例（即对象）。

局部变量位于栈区，当调用一个方法或方法中的语句块时，为该方法或语句块中的局部变量分配内存空间，当结束调用一个方法或语句块时，会结束该方法或语句块中的局部变量。

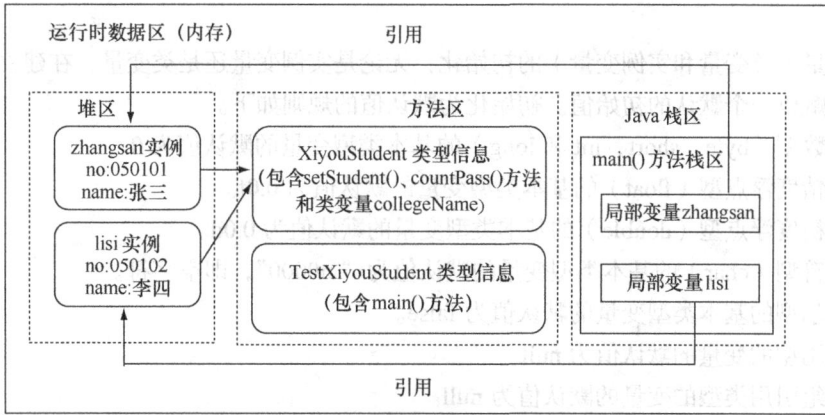

图 4.3　例 4.7 的变量在数据区的位置

4.3.3　变量的初始化

Java 语言要求变量遵循先定义，再初始化，然后使用的规则。变量初始化是指自变量定义以后，首次给它赋初始值的过程。

如果一个变量在定义时包含有初始化表达式，那么系统会随后计算该表达式并给变量重新赋值。这种情况也被称为显式初始化变量。

【例 4.8】定义职员类，包含公司名称、职员姓名、年龄、性别、婚否及工资等变量。打印变量的初始值。

```
public class Employee {
    static String corpName;              //公司名称
    String name;                         //职员姓名
    int age;                             //职员年龄
    char sex;                            //职员性别
    boolean isMarried;                   //婚否
    float salary;                        //工资
    public static void main(String[] ags){
        Employee o=new Employee();
        System.out.println("corpName="+corpName);        //打印 null
        System.out.println("name="+o.name);              //打印 null
        System.out.println("age="+o.age);                //打印 0
        System.out.println("isMarried="+o.isMarried);    //打印 false
        System.out.println("salary="+o.salary);          //打印 0.0
        System.out.println("sex="+o.sex);                //打印空字符
    }
}
```

程序运行结果如下。

corpName=null

name=null

age=0

isMarried=false

salary=0.0

sex=

成员变量（类变量和实例变量）的初始化：无论是实例变量还是类变量，在建立时，系统都会首先自动赋以一个默认的初始值。初始化为默认值的规则如下。

（1）整数型（byte、short、int 和 long）的基本类型变量的默认值为 0。

（2）单精度浮点型（float）的基本类型变量的默认值为 0.0f。

（3）双精度浮点型（double）的基本类型变量的默认值为 0.0d。

（4）字符型（char）的基本类型变量的默认值为 "\u0000"，即空字符。

（5）布尔型的基本类型变量的默认值为 false。

（6）引用型的变量的默认值为 null。

（7）数组引用类型的变量的默认值为 null。

局部变量的初始化：局部变量声明后，系统不会首先自动赋以一个默认的初始值。因此，局部变量必须先经过显式初始化，才能使用它。如果局部变量使用前没有被显式初始化，编译器将报错。

【例 4.9】局部变量的错误引用。

```
class ErrLocalVar {
    public static void main(String[] args) {
        int i;                          //局部变量 i
        System.out.println("i="+i);   //引用局部变量 i
    }
}
```

编译时出现错误。解决办法：局部变量在引用前赋值。将语句 int i;改为 int i=3;或在语句 System.out.println("i="+i); 前加赋值语句 i=3;。

对于成员变量（类变量和实例变量），Java 语言提供了多种初始化途径。既可在声明时初始化，也可以在动态初始化块中或构造方法中初始化（适用于实例变量），还可在静态初始化块中初始化（适用于类变量）。这样，类的结构为：

```
class className{
        成员变量(实例变量、类变量)
        成员方法(实例方法、类方法)
        构造方法
        静态初始化块
        动态初始化块
}
```

根据类的结构，成员变量只能在成员方法中、构造方法中、静态初始化块中或动态初始化块引用，否则，编译器会报错。

【例 4.10】成员变量的错误引用。

```
class ErrRefVar {
    static int total;
    double radius;
    total=0;          //成员变量的引用在成员方法外
    radius=10;        //成员变量的引用在成员方法外
    void printVar(){
       System.out.println("total="+total);
```

```
        System.out.println("radius="+radius);
    }
    public static void main(String[] args) {
        ErrRefVar obj=new ErrRefVar();
        obj.printVar();
    }
}
}
```

编译时出现错误。解决办法：将 total=0;和 radius=10;放在 printVar()方法中。

构造方法将在后面详细讨论。

类变量的初始化也可以通过静态初始化块来进行。静态初始化块是一个块语句，代码放置在一对大括号内，大括号前用关键字 static 修饰，即：

```
static { … }
```

一个类中可以定义一个或多个静态初始化块。静态初始化块在类装入时自动执行一次。静态初始化块内的代码和类变量定义语句中的初始化表达式按照它们在类定义正文中出现的先后次序依次计算和执行。

实例变量的初始化也可以通过动态初始化块来进行。动态初始化块是一个块语句，代码放置在一对大括号内，大括号前没有修饰符，即：

```
{ … }
```

一个类中可以定义一个或多个动态初始化块。动态初始化块在创建对象时自动执行一次。动态初始化块内的代码和实例变量定义语句中的初始化表达式按照它们在类定义正文中出现的先后次序依次计算和执行。

【例 4.11】定义职员类，包含公司名称、职员姓名、年龄、性别、婚否及工资等变量。使用静态初始化块和动态初始化块初始化变量，并打印变量的初始值。

```
class Employee {
    static String corpName="辉煌公司";      //公司名称
    //静态初始化块
    static {
        corpName="辉煌国际集团";
    }
    //动态初始化块
    {
        name="李四";
    }
    int age=20;                        //职员年龄
    char sex='m';                      //职员性别
    //动态初始化块
    {   age=30;     sex='f';   }
    //动态初始化块
    {   isMarried=true;     salary=2000.1f;   }
    Boolean isMarried=false;         //婚否
    float salary=1000.9f;            //工资
    String name="张三";              //职员姓名
    public static void main(String[] ags){
        Employee o=new Employee();
        System.out.println("corpName="+corpName);
        System.out.println("name="+o.name);
```

```
        System.out.println("age="+o.age);
        System.out.println("isMarried="+o.isMarried);
        System.out.println("salary="+o.salary);
        System.out.println("sex="+o.sex);
    }
}
```

程序运行结果如下。

corpName=辉煌国际集团

name=张三

age=30

isMarried=false

salary=1000.9

sex=f

【小结】局部变量在方法每次调用时重新初始化，与上次调用无关。局部变量在使用前，一定要显式初始化或赋值。实例变量的初始化发生在对象产生时。实例变量有默认值。可以通过构造方法进行初始化或通过动态初始化块进行初始化。类变量的初始化发生在类装入时。类变量有默认值。可以通过静态初始化块进行初始化。

4.3.4 常量

final 就是用来修饰常量的修饰符。一个变量不管它是类变量，实例变量，还是局部变量，只要被 final 修饰，那么就被称为有名常量。有名常量必须赋值且只能赋值一次。之后，它的值在程序的整个执行过程中保持不变。

【例 4.12】定义有名常量 PI，求圆的面积和周长。

```
class Circle {
    double radius;                    //成员变量：圆的半径
    //定义有名常量PI, STATIC_PI
    final double PI=3.1415926;
    static final double STATIC_PI=3.1415926;
}
class Test{
    public static void main(String[] args) {
    Circle obj=new Circle();
    obj.radius=10;
    System.out.println("Area="+obj.radius*obj.radius*obj.PI);
    System.out.println("Perimeter="+2*obj.radius*obj.PI);
    System.out.println("STATIC Area="+obj.radius*obj.radius*Circle.STATIC_PI);
    System.out.println("STATIC Perimeter="+2*obj.radius*Circle.STATIC_PI);
    }
}
```

程序运行结果如下。

Area=314.15926

Perimeter=62.831852

STATIC Area=314.15926

STATIC Perimeter=62.831852

用 final 修饰符说明常量时，应注意以下 3 点。

（1）需要说明常量的数据类型。

（2）final 常用于修饰类变量。

（3）如果一个 final 变量在定义时没有包含初始化表达式，那么应该在适当的地方为其显式赋值：对于 final 实例变量，必须在某个实例初始化块或者在每个构造方法内显式赋值；对于 final 类变量，必须在某个静态初始化块内显式赋值；对于 final 局部变量，必须在引用之前显式赋值。

4.3.5　变量的作用域和生存期

变量的作用域（scope）是指变量有效使用的范围。根据定义变量的位置不同，其作用域也不相同。当一个方法使用某个变量时，按以下的顺序查找变量定义：当前方法、当前类、一级一级向上经过各级父类、import 类和包，若都找不到所引用的变量定义，则产生编译错误。

在一个类中定义的变量分为 3 类：局部变量、实例变量和类变量。

局部变量是定义在块内、方法内的变量。其作用域是以块和方法为单位的，仅在定义该变量的块或方法内有效。

实例变量和类变量定义在类内、方法外的变量，它们的作用域是以类为单位的，其区别在于引用变量的方式不同，引用实例变量的方式是"对象变量名.实例变量名"，引用类变量的方式是"类名.类变量名"或"对象变量名.类变量名"。

局部变量可以与类变量、实例变量同名。因为局部变量在查找时首先被查找，因此若某一局部变量与类的实例变量名或类变量名相同时，则该实例变量或类变量在方法体内被暂时"屏蔽"起来，只有退出这个方法后，实例变量或类变量才起作用。

在局部变量的作用域中，当语句块有嵌套时，内层语句块定义的变量不能与外层语句块的变量同名。

变量的生存期（lifetime）是指变量被分配内存的时间期限。类变量的生存期与类相同；实例变量的生存期与实例（即对象）相同；局部变量当其所在方法被调用时，为该局部变量分配内存空间，当其所在方法调用结束时，收回该局部变量所占内存空间。

4.4　成员方法

4.4.1　成员方法的声明与调用

成员方法声明的一般格式是：

[可访问性修饰符] [abstract] [static] [final] [native] [synchronize] 返回类型方法名 (形参表) [throws 异常类名表] {…//方法体}

上述方括号括起来的部分，表示是可选项，其含义分别如下所示。

1. 修饰符

（1）可访问性修饰符的含义与成员变量可访问性修饰符的含义相同。

（2）用 abstract 修饰的方法称为抽象方法。抽象方法只提供方法名、形参表和返回类型，没有方法体的方法，或者说方法体只有一个分号（;）。

（3）被 static 修饰的方法称为类方法（或静态方法），而没有被 static 修饰的方法称为实例方法。

（4）用 final 修饰的方法称为最终方法。最终方法不能在子类中被覆盖。最终方法不能被 abstract

修饰。private 方法和 final 类中的所有方法都隐含 final 性质。

（5）用 native 修饰的方法称为本地方法。

（6）用 synchronized 修饰的方法称为同步方法，用于保证多线程之间的同步。

2．返回类型

返回类型是指方法返回值的类型，返回值类型可以是下列 3 种类型中的一种。

（1）基本类型。

（2）引用类型。

（3）void 指明该方法没有返回值。

如果返回类型不是 void，则方法体中必须包含带表达式的 return 语句，语句返回的数据类型要与方法的返回类型相容，即为以下两点。

（1）对基本类型，实际返回类型要与指定返回类型相同，或者能够赋值转换成指定返回类型。

（2）对引用类型（类），实际返回类型要与指定返回类型相同（同一个类），或者是指定返回类型的一个子类。

3．形参表

形参可有可无，需要注意的有以下几点。

（1）若有形参：各参数之间用逗号分隔。每个参数包括类型和名字。方法形参被看作是局部变量，其作用域是整个方法体。

（2）方法调用时，实参与形参的数目要相同，类型要相容。

（3）实参与形参之间的传递规则：基本类型，按值传递；引用类型，按引用传递。

4．方法体

对抽象方法和本地方法，方法体为分号。在其他情况下，方法体是块语句，即所有的方法代码放置在一对大括号里。方法代码决定了方法的具体行为。

Java 语言允许一个类中定义多个方法，方法定义形式为并列形式，先后顺序无关紧要。

4.4.2　实例方法和类方法

被 static 修饰的方法称为类方法（或静态方法），而没有被 static 修饰的方法称为实例方法。在使用类方法和实例方法时，应注意以下几点。

1．调用方式不同

● 实例方法属于实例，必须通过实例调用。

● 类方法属于类，一般通过类名调用，也可以通过实例调用。

具体方法调用格式如下。

● 实例方法或类方法调用代码与被调用方法在同一个类中：**方法名([实参表])**。

● 实例方法调用代码与被调用方法不在同一个类中：**对象引用.方法名([实参表])**。

● 类方法调用代码与被调用方法不在同一个类中：**类名.方法名([实参表])**。

2．访问的成员不同

● 实例方法可以直接访问该类的实例变量和实例方法，也可以访问类变量和类方法。

● 类方法只能访问该类的类变量和类方法，不能直接访问实例变量和实例方法。如：

```
class StaticError
{
    String mystring="hello";
    public static void main(String[] args) {
```

```
            System.out.println(mystring);
        }
    }
```

编译时出现错误信息：nonstatic variable mystring cannot be referenced from a static context "System.out.println(mystring);"。

编译错误原因是：类方法不能直接访问实例的变量。解决的办法：将实例变量 mystring 改成类变量，即改为 `static String mystring="hello";`

类方法要访问实例变量或调用实例方法，必须首先获得该实例，然后通过该实例访问其实例变量或调用实例方法。实例的获得可以由类方法代码自己创建，也可以通过参数传递获得。这样，可用此方法将上面的错误程序改为：

```
class NoStaticError
{
    String mystring="hello";
    public static void main(String[] args) {
        NoStaticError obj;
        obj=new NoStaticError();
        System.out.println(obj.mystring);
    }
}
```

先在 main() 类方法中创建 NoStaticError 类的实例 obj，然后通过 obj 的实例方法访问实例变量 mystring。

【例 4.13】编程模拟两个人物的一次对话，说明对象之间通过消息相互交流。两个人物分别是《红楼梦》中的宝玉和黛玉。

```
class Person {
    String message;
    void speakTo (Person sb, String shortMessage){
        sb.setMessage(shortMessage);
        System.out.println(sb.message);
    }
    void setMessage(String shortMessage){
        message = shortMessage;
    }
}
public class Ex4_13 {
    public static void main(String[] args) {
        Person 黛玉, 宝玉;
        黛玉=new Person();
        宝玉=new Person();
        宝玉.speakTo(黛玉, "林妹妹，我好喜欢你。");
        黛玉.speakTo(宝玉, "讨厌，再说这种混账话，我就不理你了。");
    }
}
```

程序运行结果如下。

林妹妹，我好喜欢你。

讨厌，再说这种混账话，我就不理你了。

【例 4.14】现实生活要求许多实例变量不能被类外代码直接访问。如张三的银行账户余额不能直接修改，只能通过取款或存款方法去改变。实现方法如下。

```
class AccountError {
    float balance;                              //余额
    void withdraw(float m){ balance-=m; }      //取款
}
class TestAccount {
    public static void main(String[] args) {
        AccountError 张三=new AccountError();
        System.out.println("old balance="+张三.balance);
        张三.balance=10000;                      //私自修改余额
        System.out.println("new balance="+张三.balance);
        张三.withdraw(10000);                    //取款 10 000 元
        System.out.println("张三取款后余额"+张三.balance+"元");
    }
}
```

程序运行结果如下。

old balance=0.0

new balance=10000.0

张三取款后余额 0.0 元

该程序有个很大的问题——张三可以私自修改账户余额。比如开始余额为 0，后来私自改为 10000，这样程序虽然能执行，但是完全不符合实际情况。造成这种情况的原因是：其他应用程序能直接访问对象的 balance，却不能保证 balance 的正确。解决办法是把 balance 声明为 private，这样，其他应用程序不能直接访问对象的 balance，只能通过 withdraw(float m)方法访问 balance，这就体现了"对象调用方法，方法访问变量"的原则。

一般来说，把实例变量声明为 private（只能被这个类的成员访问，在类外不可见），向外提供 get 方法及 set 方法访问该实例变量。通过这种策略，避免类外代码直接操作实例变量。即相对于类外代码而言，实例变量隐藏了起来（看不见），无法直接操作。

get 方法的功能是取得成员变量的值。为了便于记忆和阅读，get 方法名以"get"开头，后面是成员变量的名字。get 方法的格式如下：

```
public 类型 get 成员变量名(){
    return 成员变量;
}
```

set 方法的功能是修改成员变量的值。为了便于记忆和阅读，set 方法名以"set"开头，后面是成员变量的名字。set 方法的格式如下：

```
public void set 成员变量名(成员变量类型  参数名){
    成员变量=参数名;
}
```

【例 4.14 改正】使用 get 方法及 set 方法，完善例 4.14 的 AccountError 类。

```
class Account {
    private final String name="张三";              //户名,将来在构造函数中初始化
    private final String accountNumber="123456";   //账号,将来在构造函数中初始化
    private int password;                          //密码
    private float balance;                         //余额,默认值为 0.0
    public void save(float m){ balance+=m; }      //存款
    public boolean withdraw(float m){             //取款
```

```
                if(m<=balance){ balance-=m;    return true; }
                else return false;
        }
        public String getName(){ return name; }                //查询户名
        public String getAccountNumber(){ return accountNumber; }      //查询账号
        public void setPassword(int ps){ password=ps; }        //设置密码
        public int getPassword(){ return password; }          //查询密码
        public float getBalance(){ return  balance; }          //查询余额
    }
    class TestAccount {
        public static void main(String[] args) {
            boolean isSuccess;
            Account 张三=new Account();
            System.out.println("户名 = "+张三.getName());
            System.out.println("old balance="+张三.getBalance());
            //张三.balance=10000;                        //私自修改余额,非法语句
            System.out.println("new balance="+张三.getBalance());
            isSuccess=张三.withdraw(10000);                //取款 10000 元
         if(isSuccess==true) System.out.println("张三取款后余额"+张三.getBalance()
+"元");
            else System.out.println("取款额大于余额，取款操作失败。");
            张三.setPassword(111111);
            System.out.println("新密码 = "+张三.getPassword());
        }
    }
```

程序运行结果如下。

old balance =0.0

new balance =0.0

取款额大于余额，取款操作失败。

新密码 = 111111

【思考】将非法语句张三.balance=10000 用语句张三.save(10000)替换，结果会怎样？

【例 4.15】编程模拟武松打虎这一场景。武松能打死老虎，一是武功高，二是喝了景阳岗十八碗好酒。

```
    class Tiger {
        String name;
        int NumKilledMan=20;
        public void killMan(Person sb){
            NumKilledMan++;
            System.out.println(name+"吃掉了"+sb.name+"! 它已经伤害了"+NumKilledMan+"
条大汉的性命了!");
        }
        public void killedBy(Person sb){
            System.out.println(name+"被英雄"+sb.name+"打死了!");
        }
    }
    import java.util.*;
    class Person {
```

```java
        String name;
        int drinkWineNum(){
           int n;
           System.out.println("请输入共喝了几碗酒: ");
           Scanner r = new Scanner(System.in);
           n=r.nextInt();
           System.out.println(name+"喝了"+n+"碗酒。");
           return n;
        }
        void meetTiger(Tiger jyg){
            if(18==drinkWineNum()){
                jyg.killedBy(this);
            }
            else{
                jyg.killMan(this);
            }
        }
}
class WuSongHitTiger {
    public static void main(String[] args) {
        Person 武松=new Person();
        武松.name="武松";
        Tiger 吊晴白额大老虎= new Tiger();
        吊晴白额大老虎.name="吊晴白额大老虎";
        武松.meetTiger(吊晴白额大老虎);
    }
}
```

程序运行结果如下。

请输入共喝了几碗酒:

18

武松喝了 18 碗酒。

吊晴白额大老虎被英雄武松打死了!

4.4.3 构造方法

学习了前面的例题,我们可以看出:每创建一个对象需要调用一系列 set 方法来初始化类中的实例变量,这实在太烦琐。因此,在创建对象时就对对象进行初始化是一种简单而有效的方法。构造方法就能完成这个任务。其具体功能如下所示。

(1)为实例分配内存空间。

(2)初始化实例变量。

(3)返回对该实例的一个引用。

其中,实例变量的初始化按以下步骤进行。

(1)创建所有的实例变量并赋以默认的初始值。

数值型:0   逻辑型:false   引用型:null

(2)按照在程序正文中出现的先后次序,计算实例变量定义语句中的初始化表达式并赋值,或者执行实例初始化块中的语句。这部分可称为显式初始化。

（3）执行构造方法中的代码。

构造方法定义的格式如下。

[访问修饰符]类名 ([形参表]){构造方法体}

【例 4.16】使用构造方法，改写完善例 4.6 的 Employee 类。

```
class Employee {
    private static int nextId=1;
    private int id;
    private String name,post;
    private long salary;
    //构造方法
    public Employee(String myName,String myPost,long mySalary){
        setId();          setName(myName);
        setPost(myPost);          setSalary(mySalary);
    }
    private void setId(){ id=nextId;  nextId++;    }  //自动生成职工号
    /*  setId()等4个set方法可用private修饰,其余set方法省略  */
}
class TestEmployee {
    public static void main(String[] args) {
    Employee 丁一,倪二,张三;
    丁一=new Employee("丁一","部门经理",9000);
    倪二=new Employee("倪二","部门副经理",6000);
    张三=new Employee("张三","职员",3000);
    丁一.print();     倪二.print();    张三.print();
    }
}
```

如果一个类中没有定义构造方法，那么系统会提供一个默认的构造方法。该默认构造方法没有形参。但是，一个类一旦定义了构造方法，系统就不再提供这个默认的构造方法。

构造方法与实例方法的区别：构造方法主要用于初始化实例的状态，在创建对象时被隐含调用。实例方法用于定义对象的行为。在对象的生存期内，程序代码可以根据需要通过对象调用其实例方法。

构造方法是一种特殊的方法，其特殊性主要表现在以下几个方面。

（1）方法名与类名相同。

（2）无返回类型。

（3）构造方法不能被 static、final、abstract、synchronized 和 native 等修饰符修饰。

（4）构造方法不能像一般方法那样用"对象.构造方法"显式地直接调用，应该用 new 关键字调用构造方法，给新对象初始化。

（5）构造方法可被重载。

4.4.4 方法重载

在一个类中，如果出现多个方法名相同但形参表不同，这种情形称为方法重载。其中，形参表不同是指以下 3 种情况。

（1）参数的类型不同。

（2）参数的顺序不同。如：void method(int i, float f){…}与 void method(float f, int i){…}。

（3）参数的个数不同。

只要在同一个类中，方法名相同且形参表不同就是重载，而不管方法的返回类型是否相同、方法的修饰符是否相同。

【例 4.17】 定义一个类，并使用方法重载，计算平面和空间的点到原点的距离。

```
class Distance {
    public double distance(double x,double y){       return Math.sqrt(x*x+y*y);    }
    public double distance(double x,double y,double z){    //方法重载
        return Math.sqrt(x*x+y*y+z*z);
    }
    public static void main(String[] args){
        Distance obj=new Distance();
        System.out.println("space="+obj.distance(1,1));
        System.out.println("space="+obj.distance(1,2,2));
    }
}
```

程序运行结果如下。

place=1.4142135623730951

space=3.0

对于方法重载，在方法调用时，由方法名、实参的数目、顺序和各实参的类型来共同决定哪个方法被调用。

构造方法也能够重载。这样，一个类就可以定义多个具有不同形参的构造方法。使用者可以根据需要选择不同的构造方法创建和初始化实例。在有多个构造方法的情况下，一个构造方法可以调用同类中的另一个构造方法，其格式为：

this([实参表]**)**;

【例 4.18】 使用构造方法重载，完善 MyPoint2D 类。

```
class MyPoint2D {
    double x,y;              //x, y的坐标
    public MyPoint2D(double x,double y){    //构造方法
        this.x=x;         this.y=y;
    }
    public MyPoint2D(){ this(0.0,0.0); }                   //构造方法重载
    void setX(double x){ y=this.x; }         //设置y坐标
    double getX(){ return x; }                //获得x坐标
    void setY(double y){ y=this.y; }         //设置y坐标
    double getY(){ return y; }                //获得y坐标
    double distance(){                        //获得该点到原点的距离
        return Math.sqrt(x*x+y*y);
    }
    double distance(double a,double b){       //获得该点到点(a,b)的距离
        return Math.sqrt((x-a)*(x-a)+(y-b)*(y-b));
    }
}
class TestMyPoint2D {
    public static void main(String[] args) {
        MyPoint2D o1,o2;
```

```
        o1=new MyPoint2D(3,4);
        o2=new MyPoint2D();
        System.out.println("o1 到原点的距离="+ o1.distance());
        System.out.println("o1 到点(1,2)的距离="+ o1.distance(1,2));
        System.out.println("o2 到原点的距离="+ o2.distance());
        System.out.println("o2 到点(3,4)的距离="+ o2.distance(3,4));
    }
}
```

程序运行结果如下。

o1 到原点的距离=5.0

o1 到点(1,2)的距离=2.8284271247461903

o2 到原点的距离=0.0

o2 到点(3,4)的距离=5.0

> this([实参表])必须是第一条语句，而且它对另一个构造方法的调用在一个构造方法体内只能出现一次。一个构造方法不能通过 this([实参表])直接或间接地调用自己。

【例 4.19】在例 4.16 中，构造方法 Employee（String myName,String myPost，long mySalary）可以创建完整的职员对象。然而现实情况是复杂的。如人事部门在招聘人时，有时只知道招聘多少人，并不知道新聘人员的姓名；有时知道人的姓名，但还没有确定其职务和工资；处理这种情况就需要使用构造方法的重载。本例使用构造方法重载，完善 Employee 类。

```
class Employee {
    private static int nextId=1;
    private int id;
    private String name, post;
    private long salary;
    public Employee(String myName,String myPost,long mySalary){
      setId(); setName(myName);  setPost(myPost); setSalary(mySalary);
    }
    public Employee(){
        this(null,null,0);          //只知道新聘了一个职员
    }
    public Employee(String myName){
        this(myName,null,0);       //只知道新聘职员的姓名
    }
    public Employee(String myName,String myPost){
        this(myName,myPost,0);     //只知道新聘职员的姓名和职务
    }
    /* 与例 4.16 相同部分省略，setId()等 4 个 set 方法可用 private 修饰  */
}
class TestEmployee {
    public static void main(String[] args) {
        Employee 丁一,倪二,张三;
        //创建职员对象的不同方法
        丁一=new Employee();
        倪二=new Employee("倪二");
        张三=new Employee("张三","职员");
```

```
        丁一.print();      倪二.print();      张三.print();
    }
}
```

程序运行结果如下。

工号：1　　　姓名：null　　　职务：null　　　月薪：0

工号：2　　　姓名：倪二　　　职务：null　　　月薪：0

工号：3　　　姓名：张三　　　职务：职员　　　月薪：0

4.4.5　数据传递

在一个面向对象的软件系统中，通常会有许多相互作用的对象，这些对象之间需要传递数据。数据传递的方式有以下几种。

（1）参数传递：调用方法的对象（发送对象）向包含方法的对象（接收对象）传递数据。

（2）方法返回：包含方法的对象（接收对象）向调用方法的对象（发送对象）传递数据。

（3）实例变量：实例变量是作为一个对象中诸方法的共享变量来传送数据。

（4）类变量：类变量是作为同一类中所有对象诸方法的共享变量来传送数据。

1．参数传递

Java 的参数传递方式本质上是传递值，也称"值传递"。分为以下两种情况。

（1）参数是基本类型：按值传递。形参值可能会改变，但不能改变对应的实参值。其特点是"数据单向传送"。

（2）参数是引用类型：按引用值传递。形参引用值可能会改变，但不能改变对应的实参引用值。形参可使用引用值调用对象方法改变对象的状态。其特点是"引用值单向传送，数据双向传送"。

【例 4.20】参数是基本类型和引用类型的情况在参数传递中的区别。

```java
class MemberVar{
    int var=0;
}
class ParamTransfer {
//n 是值传递, o1、o2 是引用值传递
public void changeParameter(int n, MemberVar o1, MemberVar o2){
        n=10;
        o1.var=10;
        o2=new MemberVar();
        o2.var = 20;
    }
}
class Test{
    public static void main(String[] args) {
    int i=0;
    MemberVar obj1=new MemberVar();
    MemberVar obj2=new MemberVar();
    ParamTransfer o=new ParamTransfer();
    o.changeParameter(i,obj1,obj2);  //方法调用，传递参数

    System.out.println("i="+i);
    System.out.println("obj1.var="+obj1.var);
    System.out.println("obj2.var="+obj2.var);
    }
}
```

程序运行结果如下。

i=0

obj1.var=10

obj2.var=0

方法调用时，实参与形参的数目要相同，类型要相容。实参 i 是基本类型，按值传递，不改变实参 i 的值；实参 obj1 和 obj2 是引用类型，按引用传递。o1 调用了实参对象的方法，改变了 obj1 对象的成员变量 obj1.var 的值；o2 没有调用实参对象的方法，而是获得新对象的引用值，调用新对象的方法，改变新对象的成员变量值，并没有改变实参对象的成员变量 obj2.var 的值。

2. 方法返回

方法返回不是在形参和实参之间传送数据，而是方法调用后被调方法将求出的值返回到调用方法处。使用方法返回时，方法的返回值类型不能为 void，且方法体中必须有带表达式的 return 语句，其中表达式的值就是方法的返回值。返回值的类型可以是基本类型，也可以是引用类型。如果定义的返回类型是类，那么返回值应该是该类的一个实例，或者是该类子类的一个实例。

【例 4.21】定义复数类 Complex，在其中定义两个 double 变量 real 和 imag（分别表示一个复数的实部与虚部）、一个构造方法、一个用于完成两个复数相加的方法 add 和一个用于输出复数的方法 print。

```
class Complex {
    private double real,imag;
    public Complex(double r,double i) {
      real=r;        imag=i;
    }
    public Complex add(Complex c) {        //方法返回引用类型
        return new Complex(real+c.real, imag+c.imag);
    }
    public void print() {
        System.out.println(real+"+"+imag+"i");
    }
}
class Test Complex {
    public static void main(String[] args) {
        Complex c1=new Complex(5,2);
        Complex c2=new Complex(6,4);
        Complex c3=c1.add(c2);
        c3.print();
    }
}
```

程序运行结果如下。

11.0+6.0i

【思考】复数相加方法，返回值为复数类的实例（引用值）。模仿例 4.21 定义有理数类（其形式定义为 n/m，m 和 n 为整数），实现有理数的加、减、乘、除运算。

3. 实例变量和类变量

实例变量和类变量传送方式不是在形参和实参之间传送数据,而是利用共享变量来传送数据。实例变量是作为一个对象中诸方法的共享的变量；类变量是作为同一类中所有对象中诸方法的共享变量。或者说，作为共享变量的实例变量，其共享范围是一个对象中的诸方法；作为共享变量的类变量，其共享范围是同一类中所有对象中的诸方法。

【例 4.22】举例说明作为共享变量的实例变量和类变量，它们共享范围的区别。

```java
class Employee {
    static String corpName="辉煌公司";        //公司名称
    String name="张三";                        //职员姓名
    void selfIntroduction(){                   //职员自我介绍
        System.out.println("I'm "+name+",and work in "+corpName+".");
    }
}
public class TestEmployee {
    public static void main(String[] args) {
    Employee obj1,obj2;
    obj1=new Employee();
    obj2=new Employee();
    obj1.name="Tom";                      //对象 obj1 改名为"Tom"
    obj1.corpName="Disney";               //对象 obj1 改公司名为"Disney"
    obj2.name="李四";                      //对象 obj2 改名为"李四"
    obj1.selfIntroduction();
    obj2.selfIntroduction();
    }
}
```

程序运行结果如下。

I'm Tom,and work in Disney.

I'm 李四,and work in Disney.

corpName 是类变量，是 Employee 类所有对象 obj1、obj2 诸方法的共享变量；name 是实例变量，属于对象，obj1、obj2 都有自己的 name 变量，分别为各自对象诸方法的共享变量。

4.5　类的组织方式——包

4.5.1　包的概念

"包"是一组相关的类和接口以及子包的集合。包将 Java 语言的类和接口有机地组织成层次结构，使得 Java 程序的功能清楚，结构分明。它可以提供访问保护和名字空间管理。具体作用如下。

（1）包可以划分和组织类，使类和接口按功能、来源分为不同的集合。

（2）包是类名空间，一个包中的类不能重名，但不同包中的类可以重名。

（3）包提供了包一级的封装及存取权限。同一个包的类彼此可不加限制地访问，对其他包中的类提供了访问控制。

Java 利用包来组织和管理类。一个包可以包含围绕某个主题的类。和文件夹一样，包中还可以有包（子包），这样就形成了包的层次结构。

包是一种松散的类的集合，一般不要求处于同一个包的类有明确的相互关系，如包含、继承等。由于同一个包中的类在默认情况下可以相互访问，所以，为了方便编程和管理，通常把需要在一起工作的类放在一个包中。

不同包中的类可以有相同的名字，同一个包中的类不可以有相同的名字。因此，常常利用包来划分名字空间以避免类名冲突。

包提供了包一级的封装及存取权限。通过指定相应的访问控制修饰符，可以使一些类或者一些类的成员仅局限在包中使用。这部分内容将在访问权限中讨论。

4.5.2 包的创建

包由包语句 package 创建，其语法格式如下：

    package 包名；

功能：把源文件中定义的类、接口放到指定的包中，即指明源文件中定义的类和接口属于哪个包。包名由一组用点分隔的目录名组成，其形式是：[目录名 1[.目录名 2[.目录名 3[…]]]]。

【例 4.23】将例 4.4 的 MyPoint2D 类和 TestMyPoint2D 类放到指定包中。

```
package xiyou.zxl.javabook.chapter04;
class MyPoint2D {          double x=3;   double y=4;
    double getX(){       return x;    }
    double getY(){       return y;    }
    double distance(){       return Math.sqrt(x*x+y*y);    }
}
class TestMyPoint2D {
    public static void main(String[] args) {
        MyPoint2D obj=newMyPoint2D();
        System.out.println("x="+obj.x+",  "+"y="+obj.y);
        System.out.println("d="+obj.distance());
        obj.x=1;       obj.y=2;
        System.out.println("x="+obj.getX()+",  "+"y="+obj.getY());
        System.out.println("d="+obj.distance());
    }
}
```

在例 4.23 中，Java 编译器将在 classpath 指定的目录下，创建 xiyou 目录，在 xiyou 目录下创建 zxl 目录，在 zxl 目录下创建 javabook 目录，在 javabook 目录下创建 chapter04 目录，并把编译后产生的类文件 MyPoint2D.class 和 TestMyPoint2D.class 放到 chapter04 目录中。具体来说，包名 xiyou.zxl.javabook.chapter04 对应 Windows 上的 xiyou\zxl\javabook\chapter04 目录。

当一个类属于某个有名包时，其完整类名应该由包名和原来的简单类名组成。例如，假设 MyPoint2D 是包 xiyou.zxl.javabook.chapter04 中的一个类，那么其完整的类名就为：

xiyou.zxl.javabook.chapter04.MyPoint2D

如果一个 Java 源文件不包含 package 语句，那么就说源文件中的类和接口属于一个无名的默认包。无名默认包的类不能被其他包中的类引用。

4.5.3 包的引用

如果一个类访问来自另一个包（java.lang 包除外）中的类，那么，前者必须通过语句把这个类引入。否则必须引用这个类的完整类名。

【例 4.24】例 4.23 的 TestMyPoint2D 类在 chapter04 包中，重新测试 MyPoint2D 类。

```
package xiyou.zxl.javabook.chapter04;
public class MyPoint2D { /*MyPoint2D类和distance()方法为什么必须是public,将在访问
权限中讲解*/
    /*省略与例 4.4 的 MyPoint2D 类中相同的代码  */
Public double distance(){  return Math.sqrt(x*x+y*y);   }
```

```
    }
package chapter04;
    class TestMyPoint2D {
        public static void main(String[] args) {
            xiyou.zxl.javabook.chapter04.MyPoint2D obj;
            obj=newxiyou.zxl.javabook.chapter04.MyPoint2D();
            System.out.println("d="+obj.distance());
    }
```

Java 提供了 import 语句用来解决这个问题。import 语句有以下两种格式。

格式 1：**import** 包名.类名;

功能：引入指定包中需要使用的一个类或接口，类或接口只用它的简单类名即可（不需要加包的前缀）。例如：将 import xiyou.zxl.javabook.chapter04. MyPoint2D;放在 TestMyPoint2D 类的前面。这样，在类体中就可以引用其简单类名 MyPoint2D，而不用其完整的类名。

格式 2：**import** 包名.*;

功能：引入指定整个包。使得指定包中的任何类或接口只用它的简单类名即可（不需要加包的前缀）。例如：将 import xiyou.zxl.javabook.chapter04.*;放在 TestMyPoint2D 的前面。这样，该包中的任何类或接口，在类体中就可以引用其简单类名，而不用其完整的类名。当然简单类名 MyPoint2D 也不例外，直接使用即可。

由于 java.lang 包中包含了许多基本的语言功能，而这些功能又是绝大多数程序所必需的，所以编译系统在编译每个 Java 源文件时都自动引入 java.lang 包，即相当于在 package 语句（若有）的后面添加了如下一行：

```
import java.lang.*;
```

4.6　访问权限

成员变量、成员方法和类的访问级别由访问控制修饰符指定。Java 提供了 3 个访问控制修饰符：public、protected 和 private。**在 Java 语言中，类、包和访问修饰符共同构建了 Java 的访问控制机制。**

4.6.1　类的访问控制

类的访问权限有两种，用 public 修饰和缺省修饰。类声明为 public 时，该类可以被任何包的代码访问；缺省时，该类可被本包的代码访问。

例 4.23 的 MyPoint2D 类和 TestMyPoint2D 类在同一个包中,不管 MyPoint2D 类前有没有 public 修饰，TestMyPoint2D 类中都能访问 MyPoint2D 类（即引用该类非私有成员）。

例 4.24 的 MyPoint2D 类和 TestMyPoint2D 类不在同一个包中，但 MyPoint2D 类前有 public 修饰，所以，在 TestMyPoint2D 类中能访问 MyPoint2D 类；如果 MyPoint2D 类前没有 public 修饰，根据规则，MyPoint2D 类只能被本包中的代码访问，因此，与 MyPoint2D 类不在同一个包的 TestMyPoint2D 类无法访问 MyPoint2D 类。

4.6.2　类中成员的访问控制

Java 将类中成员（成员变量和成员方法）的访问权限（可见性）划分为 4 种情况，按照访问权限的范围大小从小到大列出如下。

- 私有（private）成员：仅在本类内中的代码可访问它。
- 默认（无修饰符）成员：在同一包内中的代码可访问它。
- 保护（protected）成员：在同一包内及其子类（不同包）中的代码可访问它。
- 公共（public）成员：在所有包内中的代码可访问它。

在例 4.23 中，MyPoint2D 类中的成员变量 x，y 和成员方法都没有修饰符，即默认成员。由于 MyPoint2D 类和 TestMyPoint2D 类在同一个包中，因此，在 TestMyPoint2D 类中可以使用 obj.x、obj.y 直接访问成员变量 x，y，使用成员方法 obj.getX()、obj. getY()和 obj.distance()间接访问 x，y。

如果 MyPoint2D 类和 TestMyPoint2D 类不在同一个包中，那么，使用成员方法 obj.getX()、obj.getY()和 obj.distance()也不能间接访问 x，y。此时，要想使用成员方法访问 x，y，必须将 MyPoint2D 类用 public 修饰，使 TestMyPoint2D 类能 "看见" MyPoint2D 类，并且用 public 修饰 obj.getX()、obj. getY()和 obj.distance()，使所有包都能 "看见" 这些方法。例 4.24 就是使用此方法间接访问了 x，y。

在例 4.23 中，如果 MyPoint2D 类中的 x，y 修饰为 private，那么，x，y 只能被 MyPoint2D 类中的方法访问，在 MyPoint2D 类外（如 TestMyPoint2D 类中）不能直接访问它，但可通过成员方法 obj.getX()、obj. getY()和 obj.distance()间接访问 x，y。

类中的实例变量一般修饰为 private，并通过 public 修饰的 set 方法和 get 方法设定或读取 private 实例变量的值。

类中的一些辅助方法，因为不属于该类向外界提供的服务，因此修饰为 private。

类中修饰为 protected 的成员可以被这个类本身、它的子类（包括同一个包中和不同包中的子类）以及同一个包中所有其他的类访问。

如果一个类有子类，而不管子类是否与自己在同一个包中，都想让子类能够访问自己的某些成员，就应该将这些成员修饰为 protected。

习　题

一、选择题

1. Java 类可以作为（　　　）。
   A. 类型定义机制　　　　　　　　　　B. 数据封装机制
   C. 类型定义机制和数据封装机制　　　D. 上述都不对

2. 对于构造方法，下列叙述不正确的是（　　　）。
   A. 构造方法的方法名必须与类名相同
   B. 构造方法的返回类型只能是 void 型
   C. 构造方法可以对该类对象的实例变量进行初始化工作
   D. 一般在创建新对象时，系统会自动调用构造方法

3. 对于实例的清除，下列叙述不正确的是（　　　）。
   A. 对象的清除是当不存在对某一对象的引用时，就释放该对象所占用的内存空间
   B. 在 Java 中，对象清除由垃圾回收器自动完成，程序员不需要做任何工作

C. 程序员不能控制垃圾回收器

D. System.gc()方法能够保证垃圾回收器一定执行垃圾回收操作

二、填空题

1. 面向对象的三大特征是_____、_____、_____。

2. 方法重载指的是_____。

3. 类中成员的访问权限分为_____、_____、_____和_____ 4 种。

三、编程题

1. 定义一个通信录类 Address。它包含姓名、电话以及 E-mail 地址，方法有显示所有成员变量。并定义测试类，用构造方法创建 3 个对象，显示通信录信息。

2. 定义日期类，包含年、月、日成员变量，构造方法，以及计算前天、昨天、明天和后天方法。

3. 定义北京时间类 BeijingTime，成员变量有时、分和秒，构造方法重载以及显示时间的方法。

4. 定义一个 Line 类。该类包含两个 Point 型的实例变量，用以表示一条线段的两个端点。还有以下方法：重载的构造方法；计算线段长度方法；判断线段是否水平方法；判断是否为垂直线段方法；计算线段的斜率方法；计算线段的中点方法；判断两条线段是否相等方法。最后，定义测试类测试该类。

5. 定义一个分数类，它包括分子、分母、构造方法、计算分数相乘方法。再定义测试类，创建两个分数对象，计算它们的乘积。

6. 定义 Rectangle 类，使其具有以下软件接口：

```
class Rectangle{
    public Rectangle();                //将矩形的宽和高都设为 1
    public Rectangle(int w,int h);
    public Rectangle(Rectangle r);
    public double getArea();            //计算矩形面积
    public double getPerimeter();       //计算矩形周长
    public int getWidth();              //返回矩形的宽
    public int getHeight();             //返回矩形的长
    public String toString(); //以格式"矩形(w,h)"返回当前矩形的字符串表示
public boolean equals(Rectangle r);  //测试矩形是否相等
}
```

定义测试类测试该类。

7. 设计一个表示用户的 User 类，类中的变量有用户名、口令和记录用户个数的变量，定义类的 3 个构造方法（无参、为用户名赋值、为用户名和口令赋值）、设置用户名和口令的方法。

第5章
继承与多态

继承和多态是面向对象的两个重要特征。本章首先介绍了继承的实现、方法的覆盖、构造方法在继承中的执行准则。然后讨论了抽象类、接口的使用。接下来讨论了多态的几种实现方法，以及一个适配器设计模式的使用。最后介绍了内部类的使用。

学习本章后，要能够透彻理解方法覆盖的原理，掌握使用继承、抽象类、接口编程的方法。

5.1 继承的实现

继承是指在已有类的基础上，添加新的变量和方法，从而产生一个新的类。它是实现程序代码复用的有力手段，是创建新类的主要方法，描述了现实世界中客观事物之间"是一个"（isa）的关系。如大学生是学生的一个种类，或者说，大学生一定是学生，学生未必一定是大学生。

Java 中的继承是通过 extends 关键字来实现的，在定义新类时使用 extends 关键字指明新类的父类，就在两个类之间建立了继承关系。子类的定义格式是：

[修饰符] class 子类名 **extends** 父类名 **{**

      成员变量定义

      构造方法定义

      静态或实例初始化块

      成员方法定义

   }

（1）在类声明中，extends 子句表明创建父类的子类。

（2）Java 仅支持单继承：extends 子句后只能指定一个父类名，而且它必须是一个非 final 的可访问类。因为一个 final 类不能够有子类。

（3）如果缺省 entends 子句，则类 Object 作为当前定义类的父类。所有的类都是 Object 类的子类。

【例 5.1】在 Java 语言中，定义一个表示圆的类，在此基础上扩展成圆柱体类。

```
class Circle{
    double radius=10;
    public double getArea(){
        return Math.PI*radius*radius;
    }
}
class Cylinder extends Circle{              //Cylinder 类继承 Circle 类
```

```
        double height=100;
        public double getVolume(){
            return getArea()*height;
        }
}
public class CylinderTest {                      //测试 Cylinder 类
    public static void main(String[] args) {
            Circle o=new Circle();
            Cylinder obj=new Cylinder();
            System.out.println("Cylinder obj radius="+ obj.radius);
            System.out.println("Cylinder obj Area="+ obj.getArea());
            System.out.println("Cylinder obj Volume="+ obj.getVolume());
//          obj=o;  //非法，类型不兼容。obj 是 Cylinder 类型, o 是 Circle 类型
            o=obj;
            System.out.println("after o=obj, radius="+ o.radius);
            System.out.println("after o=obj, Area="+ o.getArea());
//          System.out.println("after o=obj, Volume="+ o.getVolume()); //非法,
Circle 类型没有 getVolume()成员
        }
}
```

程序运行结果如下。

Cylinder obj radius=10.0

Cylinder obj Area=314.1592653589793

Cylinder obj Volume=31415.926535897932

after o=obj, radius=10.0

after o=obj, Area=314.1592653589793

从程序的运行结果可以看出：子类 Cylinder 拥有实例变量 radius、实例方法 getArea()。这是从父类或超类 Circle 继承过来的。

在父类或超类 Circle 的基础上，子类 Cylinder 扩展了实例变量 height、实例方法 getVolume()。子类一般比超类具有更多的成员。

继承体现了"是一种"关系：程序中"o=obj;"是合法的，这说明圆柱体可作为一种特殊的圆，此时 o 虽然指向圆柱体，但它的类型是圆 Circle；程序中"obj=o;"是非法的，说明圆不是圆柱体。

在执行语句 o=obj;后，因为 o 类型是圆 Circle，所以，通过 o 只能访问 Circle 类中具有的成员，不能引用子类 Cylinder 中派生的成员，如不能引用 o.getVolume()。这就如同一个孩子的爸爸回到他父母家里，虽然他是爸爸，但在父母面前，只能作为儿子孝敬父母，不能以父亲身份教育父母。因为他此时的身份是儿子，只能作儿子身份所要求的事情。

在 Java 语言中，只允许单继承。所谓单继承是指每个类只有一个父类，不允许有多个父类。但是一个父类可以有多个子类。

Java 的继承可以是多层继承的，即一个类可以有多个子类，子类又可以有多个子类。

【例 5.2】在例 5.1 中，将 Circle 类中实例变量 radius 的访问权限改为 private，实现私有属性及方法的继承。

```
class Circle{
    private double radius=10;
    public double getRadius(){ return radius;  }
    public void setRadius(double radius){ this.radius=radius;  }
    public double getArea(){  return Math.PI*radius*radius;  }
```

```
}
class Cylinder extends Circle{
    double height=100;
    public double getVolume(){
        return Math.PI*getRadius()*getRadius()*height;
    }
}
public class Ex5_2 {
    public static void main(String[] args) {
        Circle o=new Circle();
        Cylinder obj=new Cylinder();
        System.out.println("Circle o Area="+ o.getArea());
        System.out.println("Cylinder obj radius="+ obj.getRadius());
        System.out.println("Cylinder obj Area="+ obj.getArea());
        System.out.println("Cylinder obj Volume="+ obj.getVolume());
    }
}
```

程序运行结果如下。

Circle o Area=314.1592653589793

Cylinder obj radius=10.0

Cylinder obj Area=314.1592653589793

Cylinder obj Volume=31415.926535897932

比较例 5.1 和例 5.2，我们发现：实例变量 radius 的访问权限若为 private，则它不能被子类 Cylinder 继承，也就不能被子类直接引用，但可通过继承来的公有方法 get 和 set 间接引用。如子类 Cylinder 继承了超类 Circle 的公有方法 getRadius()和 setRadius(double)，用来处理私有成员。在子类 Cylinder 的 getVolume()中，通过 getRadius()方法间接引用私有变量 radius。

类的继承并不改变类中变量和方法的访问权限，如果父类中的变量和方法为 public、protected，那么其子类中的这些变量和方法仍然是 public、protected。

> 直接引用是指不通过引用变量或类名引用成员，而是直接使用变量名或方法名。

【小结】在一个类中，不可以被继承的内容有以下几项。

（1）私有成员。因为它们只在本类中可见，所以在类外就不能被访问，进而不能被继承。

（2）静态初始化块、实例初始化块和构造方法。因为它们都不是成员，因此也不会被继承。

（3）在父类或超类中用修饰符 final 或 static 修饰的方法，不能被子类继承。

（4）父类和子类不在同一个包内，父类中没有用 protected、public 修饰的成员。因为它们只在本包中可见，所以在包外就不能被访问，进而不能被继承。

5.2　变量隐藏和方法覆盖

5.2.1　变量的隐藏

在子类中定义了一个成员变量，它与父类中的某个成员变量同名，从而使父类中的那个成员不能被子类直接引用，这称为成员变量的隐藏。

注意 只要子类和父类中出现同名变量，而不管他们是否都为实例变量或者类变量，也不管他们的类型是否相同，都称为变量的隐藏。

【例 5.3】 在例 5.1 中，在圆类和直接子类圆柱体类中增加同名变量，实现变量的隐藏。

```java
class Circle{
    private double radius=10;
    String name="circle";
    public double getRadius(){   return radius;  }
    public void setRadius(double radius){   this.radius=radius;  }
    public double getArea(){     return Math.PI*radius*radius;     }
}
class Cylinder extends Circle{
    double height=100;
    String name="cylinder";
    public double getVolume(){    return getArea()*height;    }
    public void show(){
        System.out.println("Base name is "+super.name);
        System.out.println("subclass name is "+name);
    }
}
public class Ex5_3 {
    public static void main(String[] args) {
        Cylinder obj=new Cylinder();
        obj.show();
        System.out.println("subclass name is "+ obj.name+",Base name is "+
((Circle)obj).name);
    }
}
```

程序运行结果如下。

Base name is circle

subclass name is cylinder

subclass name is cylinder,Base name is circle

从程序运行结果可以看出，Circle 类定义一个 name 变量，其直接子类也定义一个同名 name 变量。这样，在子类中，父类的 name 变量不能被引用，被隐藏起来了。

当出现变量隐藏时，如果要在子类中直接引用直接超类中被隐藏的变量，可以使用包含关键字 super 的方法访问表达式，即：

super.变量名

例如在本例的 Cylinder 子类中使用 **super.name** 来引用父类的 name 变量。

父类的私有变量 radius 不能被子类继承下来。这样，子类类型 Cylinder 的成员变量只有 height（子类自己定义的变量）和 name（子类自己定义的并隐藏了父类的 name 变量）。

在一个引用类型的成员方法中只能直接引用该类型具有的成员变量和成员方法。在父类类型 Circle 的成员方法中只能直接引用 radius 和 name 成员变量。在子类类型 Cylinder 的成员方法中只能直接引用 height（子类自己定义的变量）和 name（子类自己定义的并隐藏了父类的 name 变量）成员变量。这样，不能被继承的父类私有成员，可在子类中被间接引用。例如，在子类类型 Cylinder 的成员方法 getArea() 中，由于它是从父类继承下来的方法，所以方法中引用的 radius 是父类的私有成员变量。进而，在子类的成员方法 getVolume() 中，通过 getArea() 方法间接引用父类的私有成员变量 radius，计算出圆柱体的体积。

　　一个引用类型的引用变量只能引用该类型具有的成员变量和成员方法。在本例中，父类和子类可访问的成员如表 5.1 所示。

表 5.1　　　　　　　父类 Circle 的引用变量和子类 Cylinder 的引用变量可引用的成员

父类 Circle 的引用变量可引用的成员	子类 Cylinder 的引用变量 obj 可引用的成员
name　父类中定义并被子类隐藏的实例变量	height　　　　　子类扩展的实例变量
getRadius()　　　父类中定义的实例方法	name　子类中定义并隐藏了父类的实例变量
setRadius(double)　父类中定义的实例方法	getRadius()　　　从父类继承的实例方法
getArea()　　　父类中定义的实例方法	setRadius(double)　从父类继承的实例方法
	getArea()　　　从父类继承的实例方法
	getVolume()　　　子类扩展的实例方法
	show()　　　　子类扩展的实例方法

　　引用变量 obj 的类型是 Cylinder 子类类型，所以，**obj.name** 只能引用子类 Cylinder 的 name，即"cylinder"。若将 obj 的类型转换为 Circle 父类类型，即**(Circle)obj**，那么，**((Circle)obj).name** 就是引用父类 Circle 的 name，即"circle"。

5.2.2　方法的覆盖

　　在子类中定义了一个实例方法，该方法与直接超类中的某个实例方法具有相同的方法名、返回类型和完全一致的参数，从而使直接子类中的那个方法不能被子类直接引用，这称为方法覆盖。

　　一个正确的方法覆盖需要满足以下要求。

　　（1）覆盖方法与被覆盖方法的返回类型、方法名、参数要完全一致。

　　（2）覆盖方法的访问级别不能低于被覆盖方法的访问级别。

　　（3）覆盖方法不能比被覆盖方法抛出更多的"受检查异常"（checked Exception）的类型。

　　【例 5.4】在例 5.1 中，在圆类和直接子类圆柱体类中增加同名方法，实现方法覆盖。

```
class Circle{
    double radius=10;
    String name="circle";
    public double getArea(){ return Math.PI*radius*radius;    }
}
class Cylinder extends Circle{
    double height=100;
    String name="cylinder";
    public double getArea(){
        return 2*super.getArea()+2*Math.PI*radius*height;
    }
    public double getVolume(){    return super.getArea()*height;    }
}
public class Ex5_4 {
    public static void main(String[] args) {
        Circle o=new Circle();
        Cylinder obj=new Cylinder();
        System.out.println("Circle o name="+o.name);
        System.out.println("Circle o Area="+o.getArea());
        System.out.println("Cylinder obj name="+obj.name);
```

```
            System.out.println("Cylinder obj Area="+obj.getArea());
            System.out.println("Cylinder obj Volume="+ obj.getVolume());
            o=obj;
            System.out.println("after o=obj,name="+o.name);
            System.out.println("after o=obj,Area="+o.getArea());
        }
    }
```

程序运行结果如下。

Circle o name=circle

Circle o Area=314.1592653589793

Cylinder obj name=cylinder

Cylinder obj Area=6911.503837897544

Cylinder obj Volume=31415.926535897932

after o=obj, name=circle

after o=obj, Area=6911.503837897544

从程序运行结果可以看出，方法 double getArea()在 Circle 直接超类和 Cylinder 子类中具有相同的方法名、返回类型和完全一致的参数，所以是方法覆盖。

当出现方法覆盖时，如果要在子类中访问直接超类中被覆盖的方法，可以使用包含关键字 super 的方法访问表达式，即：

super.方法名(［实参表］)

例如，在本例中，在 Cylinder 子类中，通过 super.getArea()引用 Circle 直接超类中被覆盖的方法。

变量隐藏和方法覆盖的意义：在不改变变量名和方法名的基础上，即对外统一名字和接口，通过变量隐藏和方法覆盖可以把父类的状态和行为改变成自身的状态和行为，又不失其继承性。例如，Cylinder 子类中的 name 变量和 getArea()方法，没有改变父类的变量名和方法名，即对外统一以引用变量.name 和引用变量.getArea()的形式引用，通过变量隐藏和方法覆盖可以把父类的状态（name="circle"）和行为（计算圆的面积）改变成 Cylinder 子类自身的状态（name="cylinder"）和行为（计算圆柱体的表面积），同时又继承了父类其他非私有成员。

若将 Cylinder 子类中 getArea()方法的访问权限由 public 改为其他修饰符，会出现编译错误，这是因为覆盖方法的访问级别低于被覆盖方法的访问级别。

o=obj 语句执行后，引用变量的类型变为父类类型 Circle。o.name 的值是父类的"circle"。而 o.getArea()执行的却是子类的计算圆柱体表面积。为什么？这是因为通过引用类型变量来访问所引用对象的方法和变量时，Java 虚拟机采取了不同的绑定规则，如下所示。

● 实例方法与引用变量实际引用的对象的方法绑定，属于动态绑定。

● 成员变量（包括实例变量和静态变量）与引用变量所声明的类型的成员变量绑定，属于静态绑定。

● 静态方法与引用变量所声明的类型的方法绑定，属于静态绑定。

o=obj 语句执行后，引用变量 o 实际引用的对象是圆柱体对象，因此，根据绑定规则，实例方法 getArea()与圆柱体对象的 getArea()方法绑定，这样，o.getArea()是计算圆柱体表面积。

虽然执行了 o=obj 语句，但是引用变量 o 所声明的类型是 Circle，所以，根据绑定规则，成员变量 name 只能与 Circle 类型的成员变量 name 绑定，这样，o.name 的值是父类的"circle"。

5.3　子类的构造方法

构造方法的功能是在创建类的对象时进行初始化工作。构造方法不但可以为对象的实例变量赋初值，还可以在对象初始化过程中进行必要的检查和处理。每当创建类的一个对象时，类中至少会有一个构造方法被隐含调用。如果一个类没有定义构造方法，那么系统会自动提供一个默认的构造方法；反之，如果一个类定义了构造方法，系统就不再提供默认的构造方法。

在创建一个对象时，不仅会建立在该类中定义的实例变量，而且也会建立在该类的所有超类中定义的实例变量（不管是否被继承）。如何对它们初始化呢？办法是：子类的构造方法初始化子类中定义的实例变量，超类的构造方法初始化超类中定义的实例变量。

5.3.1　有继承时的构造方法

子类不能继承父类的构造方法，但子类的构造方法与父类的构造方法存在着一定的关系，并遵守下列原则。

（1）如果子类没有定义任何构造方法，那么在创建子类对象时，调用父类无参构造方法（即默认的构造方法），即执行 super( );。

（2）如果子类定义了构造方法，并且在子类构造方法中没有显式调用父类的构造方法，那么在创建子类对象时，首先调用父类无参构造方法（即默认的构造方法），然后再执行子类自己的构造方法。

（3）如果子类定义构造方法，并且在子类构造方法中利用 super 关键字显式调用父类的构造方法，那么在创建子类对象时，首先执行显式调用父类的构造方法，然后再执行子类构造方法体的其余部分。不再调用父类无参构造方法（即默认的构造方法）。

> **注意**　super 显式调用语句必须放在子类构造方法的第一个可执行语句中。

【例 5.5】有继承时，子类中构造方法的举例。

```
class Circle {
    double radius=10;
    public Circle(){   this(0);
        System.out.println("default Circle constructor. r="+radius);   }
    public Circle(double r){   radius = r;
        System.out.println("Circle(double r) constructor. r="+radius);   }
}
class Cylinder extends Circle{
    double height=100;
    public Cylinder(){
        this(0.0, 0.0);
        System.out.println("default Cylinder constructor. r="+radius+" h="+
height);
    }
    public Cylinder(double r){
        this(r, 0.0);
        System.out.println("Cylinder(double r) constructor. r="+radius+" h="+
```

```
height);
        }
        public Cylinder(double r, double h){
            super(r);
            height=h;
            System.out.println("Cylinder(double r,double h)constructor.r="+radius
+" h="+height);
        }
        public Cylinder(Circle obj){
            this(obj, 0.0);
            System.out.println("Cylinder(Circle obj) constructor. r="+radius+"
h="+height);
        }
        public Cylinder(Circle obj, double h){
            super(obj.radius);
            height=h;
            System.out.println("Cylinder(Circle obj,double h)constructor.r="+radius
+" h="+height);
        }
    }
    public class Ex5_5 {
        public static void main(String[] args) {
            Circle obj1,obj2;
            Cylinder o1,o2,o3,o4,o5;
            System.out.println("create Circle obj1:");
            obj1=new Circle();
            System.out.println("create Circle obj2:");
            obj2=new Circle(1);
            System.out.println("create Cylinder o1:");
            o1=new Cylinder();
            System.out.println("create Cylinder o2:");
            o2=new Cylinder(2);
            System.out.println("create Cylinder o3:");
            o3=new Cylinder(3,4);
            System.out.println("create Cylinder o4:");
            o4=new Cylinder(obj2);
            obj2.radius=50;
            System.out.println("create Cylinder o5:");
            o5=new Cylinder(obj2,5);
        }
    }
```

程序运行结果如下。

create Circle obj1:

Circle(double r) constructor. r=0.0

default Circle constructor. r=0.0

create Circle obj2:

Circle(double r) constructor. r=1.0

create Cylinder o1:

Circle(double r) constructor. r=0.0

Cylinder(double r, double h) constructor. r=0.0 h=0.0

default Cylinder constructor. r=0.0 h=0.0

create Cylinder o2:

Circle(double r) constructor. r=2.0

Cylinder(double r, double h) constructor. r=2.0 h=0.0

Cylinder(double r) constructor. r=2.0 h=0.0

create Cylinder o3:

Circle(double r) constructor. r=3.0

Cylinder(double r, double h) constructor. r=3.0 h=4.0

create Cylinder o4:

Circle(double r) constructor. r=1.0

Cylinder(Circle obj, double h) constructor. r=1.0 h=0.0

Cylinder(Circle obj) constructor. r=1.0 h=0.0

create Cylinder o5:

Circle(double r) constructor. r=50.0

Cylinder(Circle obj, double h) constructor. r=50.0 h=5.0

在子类中，构造方法体中的第一条语句可以是对直接超类中的一个构造方法的显式调用，格式为：

`super([实参表]);`

例如本例中的 `super(r);` 和 `super(obj.radius);`。

在子类中，构造方法体中的第一条语句也可以是调用同类中的另一个构造方法，其格式为：

`this([实参表]);`

例如本例中的 `this(0)`、`this(0.0, 0.0);`、`this(r, 0.0);` 和 `this(obj, 0.0);`。

在子类中，如果构造方法体中的第一条语句既不是 super 语句又不是 this 语句，那么隐含执行父类无参构造方法，即执行 `super();`。

在类中可以定义多个构造方法。构造方法越多，说明创建对象的手段就越多。因此，在创建这个类对象时，就可以根据不同情况选择不同的构造方法。如 o1 选择 Cylinder()构造方法，o3 选择 Cylinder(3,4)构造方法，o5 选择 Cylinder(obj2,5)构造方法。

当创建一个类的对象时，该类及其所有超类，每个类都至少有一个构造方法被调用。而且调用构造方法的次序是超类的构造方法执行完后，才能执行子类的构造方法。如 o1、o2、o3、o4、o5 这 5 个对象的创建，都是先调用 Circle 构造方法，再调用 Cylinder 构造方法。

【小结】下面是对象初始化一般过程的描述。

（1）创建所有的实例变量（包括超类中定义的）并设置为默认的初值。

（2）选择构造方法、创建参数变量并赋值。

（3）如果该构造方法以对同一类另一个构造方法的显式调用开始，则重复第（2）步～第（6）步递归处理那个构造方法调用。之后继续第（6）步。

（4）如果该构造方法不是 Object 类的构造方法，则以对直接超类的一个构造方法的调用开始，此时重复第（2）步～第（6）步递归处理超类中那个构造方法调用。之后继续第（5）步。

（5）按照在程序正文中出现的先后次序，计算实例变量定义语句中的初始化表达式并赋值，或者执行实例初始化块中的语句。

（6）执行构造方法体的其余部分。

根据这一过程，可以得出以下结论。

- 当创建一个类的对象时，该类及其所有超类，每个类都至少有一个构造方法被调用。

- Object 类的构造方法首先被执行,一个类的构造方法仅在它的超类中的构造方法被执行后才被执行。

- 每个实例变量初始化表达式被严格计算一次,在计算一个初始化表达式时,其超类中的所有实例变量初始化表达式已被计算,超类中的构造方法也已被执行,而其所在类的构造方法的具体代码还没有被执行。

【例 5.6】有继承时,对象初始化举例。

```java
class Circle {
    double radius=10;
    public Circle(double r){
        System.out.println("Before Circle(double r) constructor. r="+radius);
        radius=r;
        System.out.println("After Circle(double r) constructor. r="+radius);
    }
}
class Cylinder extends Circle{
    double height=50;
    public Cylinder(double r, double h){
        super(r);
        System.out.println("Before Cylinder(r, h) constructor. r="+radius+"
h="+height);
        height=h;
        System.out.println("After Cylinder(r, h) constructor. r="+radius+"
h="+height);
    }
}
public class Ex5_6 {
    public static void main(String[] args) {    Cylinder obj=new Cylinder(3,4);    }
}
```

程序运行结果如下。

Before Circle(double r) constructor. r=10.0

After Circle(double r) constructor. r=3.0

Before Cylinder(r,h) constructor. r=3.0 h=50.0

After Cylinder(r,h) constructor. r=3.0 h=4.0

程序运行结果充分体现了创建对象时对象初始化的完整过程。在创建 obj 对象时,首先创建所有的实例变量,并设置为默认值,即 radius=0.0,height=0.0,然后计算父类初始化表达式 radius=10,执行父类构造方法,再计算子类初始化表达式 height=50,执行子类构造方法。如图 5.1 所示。

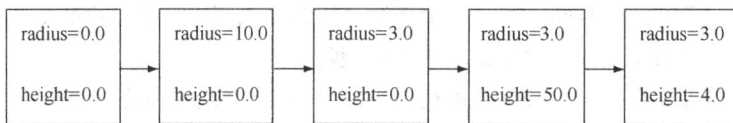

图 5.1　实例变量初始化的过程

5.3.2　关键字 null、this 和 super

前面我们已经使用过这 3 个关键字,现在对它们的用法作一个小结。

Java 系统默认每个类都缺省具有 null、this 和 super 这 3 个关键字,所以,在任意类中都可以不加说明地直接引用它们。

1. null

表示空对象，即代表尚不存在的对象。当定义一个引用型变量，但还没有创建任何对象时，可将 null 赋值该引用型变量；或者，当不打算让引用型变量代表任何对象时，可以将 null 赋值给该引用型变量。

2. this

表示当前对象，更准确地说，this 代表了当前对象的一个引用。通过它可以访问对象的成员和方法。常在下列场合中使用。

（1）用 this 代表当前对象本身。

（2）在非 static 方法中，当局部变量或参数与类的成员变量同名，或者局部变量或参数与超类的成员变量同名时，按照变量作用域的规则，只能引用局部变量或参数，不能引用成员变量，但可通过 this 语句引用本类或超类的成员变量，即：

this.变量名

（3）在类的构造方法中，通过 this 语句调用本类的另一个构造方法。其格式为：

this(［实参表］**);** 　（构造方法体中的第一条语句）

> ⚠️ **注意**　this 应该在非 static 方法中使用。

3. super

常在下列场合中使用。

（1）当子类定义了和直接超类同名的成员变量时，在子类范围内，直接超类的成员变量被隐藏，不能引用。子类通过 super 访问直接超类的被隐藏成员变量。不使用 super 表明引用的是子类中定义的成员变量。格式为：

super.变量名

（2）当子类定义了和直接超类相同声明的成员方法时，在子类范围内，直接超类的成员方法被覆盖，不能引用。子类通过 super 访问直接超类的被覆盖成员方法。不使用 super 表明引用的是子类中定义的成员方法。格式为：

super.方法名

（3）在子类的构造方法中，通过 super 语句调用直接超类的构造方法。其格式为：

super(［实参表］**);** 　（构造方法体中的第一条语句）

> ⚠️ **注意**　super 应该在非 static 方法中使用，而且不能把 super 赋给一个引用型变量。

【**例 5.7**】改写例 4.3 的职员类 Employee，增加经理类 Manager，实现继承，并实现用构造方法创建对象。

```
Employee {
    private int id;
    private String name;
    private float salary;
    public void setId(int id){ this.id = id; }
```

```
public void setName(String name){    this.name = name;    }
public void setSalary(float salary){    this.salary = salary;    }
public int getId( ){    return id;    }
public String getName( ){    return name;    }
public float getSalary( ){    return salary;    }

public Employee(){    this(0, null, 0.0f);    }
public Employee(int id){    this(id, null, 0.0f);    }
public Employee(int id, String name){    this(id, name, 0.0f);    }
public Employee(int id, String name, float salary){
    setId(id);  setName(name);  setSalary(salary);
}
void print() {
    System.out.println("工号: " + id + "\t 姓名: " + name+ "\t 月薪: " + salary);
}
}
class Manager extends Employee{
    private float bonus;    //年终奖
    public Manager(){    this(0, null, 0.0f, 0.0f);    }
    public Manager(int id){    this(id, null, 0.0f, 0.0f);    }
    public Manager(int id, String name){    this(id, name, 0.0f, 0.0f);    }
    public Manager(int id, String name, float salary){
        super(id, name, salary);    setBonus(0.0f);
    }
    public Manager(int id, String name, float salary, float bonus){
        super(id, name, salary);    setBonus(bonus);
    }
    public void setBonus(float bonus){ this.bonus = bonus;    }
    public float getBonus( ){    return bonus;    }
    void print() {    //方法覆盖
        super.print();    System.out.println("年终奖: " +bonus);
        System.out.println("工号: " + getId() + "\t 姓名: " + getName()+ "\t 月
薪: " + getSalary()+"\t 年终奖: " +bonus);
    }
}
public class Ex5_7 {
    public static void main(String[] args) {
        Manager o1,o2;
        o1=new Manager(1);   o1.print();
        o2=new Manager(2,"王建国",8000);   o2.print();
    }
}
```

程序运行结果如下。

工号: 1　　姓名: null　　月薪: 0.0

年终奖: 0.0

工号: 1　　姓名: null　　月薪: 0.0　　年终奖: 0.0

工号: 2　　姓名: 王建国　　月薪: 8000.0

年终奖: 0.0

工号: 2　　姓名: 王建国　　月薪: 8000.0　　年终奖: 0.0

从程序运行结果可以看出，o1 对象构造方法的调用次序是：this(id, null, 0.0f, 0.0f)，super(id, name, salary); (即 setId(id); setName(name); setSalary(salary);)，setBonus(bonus);。

o2 对象构造方法的调用次序是：super(id, name, salary);（即 setId(id); setName(name); setSalary (salary); ），setBonus(**0.0f**);。

【**例 5.8**】this 代表当前对象举例。职员骑自行车上班。职员与自行车的关系是：职员拥有自行车，自行车属于某个职员。编写职员类 Employee 和自行车类 Bike 实现上述关系。

```
class Employee {
    private Bike bike;
    String name;
    public Employee(String name){        this.name = name;        }
    public Bike getBike(){        return bike;        }
    public void setBike(Bike bike){this.bike = bike;        }
}
class Bike {
    private Employee clerk;
    String name;
    public Bike(String name){  this.name = name;        }
    public Employee getEmployee(){  return clerk;        }
    public void setEmployee(Employee clerk){
        this.clerk=clerk;
        clerk.setBike(this);            //建立职员 clerk 和自行车 this 的联系
    }
}
public class Ex5_8 {
    public static void main(String[] args) {
        Employee man=new Employee("zhangSan");
        Bike bike1=new Bike("yj");
        bike1.setEmployee(man);            //建立 bike1 和 man 的联系
        System.out.println(man.name+" has "+man.getBike().name+", "+bike1.name+"
is belong to "+bike1.getEmployee().name);
    }
}
```

程序运行结果如下。

zhangSan has yj, yj is belong to zhangSan

从运行结果可以看出，man.name 是 zhangSan，man.getBike().name 是 yj，即对象 man 中成员变量 bike 的名字是 yj。bike1.name 是 yj，bike1.getEmployee().name 是 zhangSan，即对象 bike1 中成员变量 clerk 的名字是 zhangSan。

5.4 抽象类和最终类

我们知道，客观世界中存在许多层次关系，类的继承反映了这种层次关系。而且层次越高越抽象，层次越低越具体、越丰富。如图 5.2 所示，货车类、客车类在底层，它们的内容丰富具体；将货车、客车的"在陆地运输"共性抽象出来，形成更为抽象的汽车类；同理，将汽车、轮船和飞机的"运输"共性抽象出来，形成运输工具类。它是如此抽象，以至于不能实例化为一个对象，在现实世界中只有货车、客车这样具体的对象，没有运输工具类所对应的对象。但运输工具类可以作为货车类、客车类的父类。这种只作为其下层类的父类，服务由子类来实现的类叫抽象类。

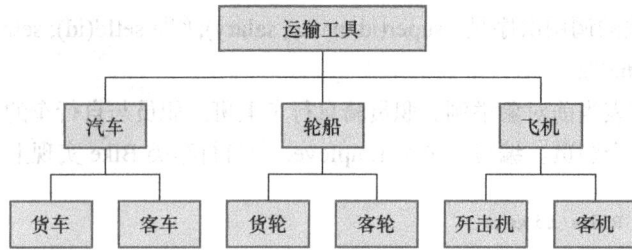

图 5.2　运输工具类的层次结构

5.4.1　抽象方法与抽象类

抽象方法是 abstract 修饰的方法，是只有返回值类型、方法名、方法参数而不定义方法体的一种方法。抽象方法的定义格式是：

abstract 返回类型 方法名（形参表）；

用一个分号代替方法体的定义。

抽象类是 abstract 修饰的类，是不能生成对象（即不能用 new 实例化一个对象）的类。抽象类一般含有抽象方法，它的意义在于继承。抽象类的定义格式是：

abstract class 类名称 [extends 父类名称] [implements 接口名称列表]

{

　　　成员变量的定义及初始化

　　　成员方法的定义及初始化

}

（1）抽象类可以没有抽象方法，但抽象方法必须定义在抽象类中。

（2）抽象类一般含有抽象方法，需要子类继承。一个抽象类的子类，如果不是抽象类，则它必须覆盖实现其父类（抽象类）中的**所有抽象方法**。否则，该子类只能是抽象类。

（3）抽象类不仅可以含有抽象方法，而且可以含有非抽象方法和成员变量，以及构造方法（可让子类初始化父类的成员变量）。

（4）抽象类不能定义为 private、final 和 static 类型。

（5）没有抽象的构造方法。

【例 5.9】使用抽象方法和抽象类，编程实现图 5.3 所示的类层次结构图。

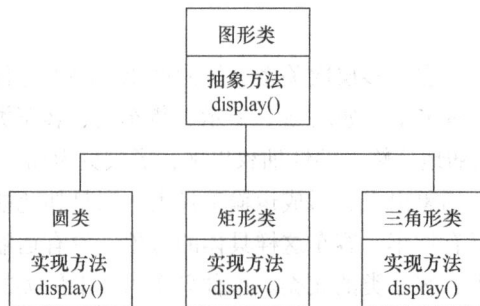

图 5.3　类的层次结构图

```
abstract class Shape {                        //定义抽象类 Shape
        abstract void display();              //抽象方法 display
}
class Circle extends Shape {
        void display() {                      //覆盖实现抽象类的抽象方法
                System.out.println("Circle");
        }
}
class Rectangle extends Shape {
        void display() {                      //覆盖实现抽象类的抽象方法
                System.out.println("Rectangle");
        }
}
class Triangle extends Shape {
        void display() {                      //覆盖实现抽象类的抽象方法
                System.out.println("Triangle");
        }
}
public class Ex5_9 {
        public static void main(String[] args) {
                (new Circle()).display();         //创建圆类对象并执行覆盖实现的方法
                (new Rectangle()).display();      //创建矩形类对象并执行覆盖实现的方法
                (new Triangle()).display();       //创建三角形类对象并执行覆盖实现的方法
        }
}
```

程序运行结果如下。

Circle

Rectangle

Triangle

由于抽象类 Shape 不能用 new 实例化一个对象，所以，它必须被继承。Circle 类、Rectangle 类和 Triangle 类继承了 Shape 类，并且覆盖实现其父类中的所有抽象方法。这样，抽象方法 display() 分别有 3 个不同的实现，存在于这 3 个类中。因此，分别创建这 3 个类对象，通过对象执行各自的 display()方法。

5.4.2　最终类

final 具有 "不可改变的" 含义，它可以修饰非抽象类、非抽象成员方法和变量。

用 **final** 修饰的非抽象类不能被继承，没有子类，称为最终类。

用 **final** 修饰的非抽象方法不能被子类的方法覆盖，称为最终方法。

用 **final** 修饰的变量表示常量，只能被赋一次值。

由于安全的原因或者是面向对象设计上的考虑，有时候希望一些类不能被继承，那么就将该类声明为 final 类型，称为最终类。其定义格式如下：

final class 类名称 [extends 父类名称] [implements 接口名称列表]

{ …… }

顾名思义，最终类就表明该类不能被继承。

黑客破坏系统的一种手段就是：创建一个类的子类，然后利用子类代替父类，做破坏性的事情。要防止这种破坏，可以将类声明为最终类。

JDK 中的很多类都是最终类，例如，Java 中的 String 类，它对编译器和解释器的正常运行有很重要的作用，不能轻易改变它，因此，把它声明为最终类，使它不被继承，这就保证了 String 类型的唯一性。类似的例子如 Java 中的 System 类、Math 类、基本类型的包装类等。

由于安全的原因，有时候希望一些方法的行为在继承期间保持不变，那么就将方法声明为 final 类型，称为最终方法。其定义格式如下：

[可访问性修饰符] final 返回类型 方法名（形参表）{…//方法体}

类内的私有方法都自动地成为最终方法。因为其他类不能访问一个私有方法，所以它不会被覆盖。

被 final 修饰的方法不能被覆盖，保证程序的安全性和正确性。在 Java 语言中，也有一些最终方法，例如，在 Object 类中，getClass()方法是最终方法。

在 4.3.4 常量小节中已经讨论过，用 **final** 修饰的变量表示常量，且只能被赋一次值，在此不再重复。

5.5 接口

在 Java 中，接口是一种引用类型，是若干完成某一特定功能的没有方法体的方法（抽象方法）和有名常量的集合。接口的作用主要如下。

- 接口是用来实现类间多重继承功能的结构。
- 接口仅是提供功能定义，即对外调用方法的接口和规范，而功能的实现是由实现这个接口的各个类来完成的。而接口功能的使用，可在其他类中调用接口中的方法来实现。

多继承是指一个子类可以有一个以上的直接父类，该子类可以继承它所有直接父类的成员。现实世界中存在大量多继承的例子。如图 5.4 所示，在职研究生有研究生和教师两个直接父类。

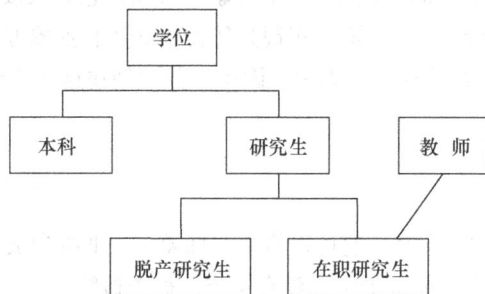

图 5.4　在职研究生的多重继承

接口是 Java 语言实现多重继承的唯一途径。Java 语言中的类层次结构是树状结构，而且只支持类间单重继承。有时候，这种树状结构在处理某些复杂问题时会显得力不从心。接口的引入，使 Java 程序在保持单继承优点的前提下，类层次结构更加合理，更符合实际情况。

接口是抽象方法（没有方法体）说明的集合，它描述了"应该做什么"，但不涉及"怎么做"。例如，一台电视机应该具有选择频道、调节音量和开关的功能。这些功能定义就相当于接口。为了满足消费者的需要，电视机厂家必须实现以上功能，即生产厂家相当于功能的实现者（功能实现）。那么，购买电视机的消费者便是功能的使用者（功能使用者）。功能定义、功能实现和功能使用者这三者之间的这种的关系，可以帮助我们理解接口的含义和作用。

总之，接口的定义相当于功能定义，接口的实现相当于功能实现，接口的使用相当于客户或用户在使用接口功能。

5.5.1 接口的定义

接口中只能包含有名常量和没有实现的抽象方法，而不能有变量、初始化块、构造方法和方法的实现。接口定义的一般格式如下：

public interface 接口名 [extends 直接父接口名列表] {

　　[public static final] 类型 有名常量名=常量值;

　　[public abstract] 返回值类型 方法名(参数列表);

}

（1）接口定义与类定义的格式非常相似，不同的是把关键字 class 换成了 interface。

（2）由 public 修饰的接口能被任何包中的接口或类访问；没用 public 修饰的接口只能在所在包内被访问。

（3）接口中定义的所有常量具有 public、static 和 final 属性。这些修饰符可以写出，也可以不写，即默认具有 public、static 和 final 属性。并且在定义有名常量时必须包含初始化表达式（因为接口中没有静态初始化块）。

（4）接口中的所有方法具有 public、abstract 属性。这些修饰符可以写出，也可以不写，即默认具有 public、abstract 属性。

【例 5.10】狗的叫声是"汪汪"，猫的叫声是"喵喵"，羊的叫声是"咩咩"。将动物中"叫"这种行为定义为对外接口。

```
interface Shout{
    void shoutSound();    //和 public abstract void shoutSound(); 等价
}
```

【例 5.11】根据图 5.5，将计算图形面积和周长的功能定义为对外接口。

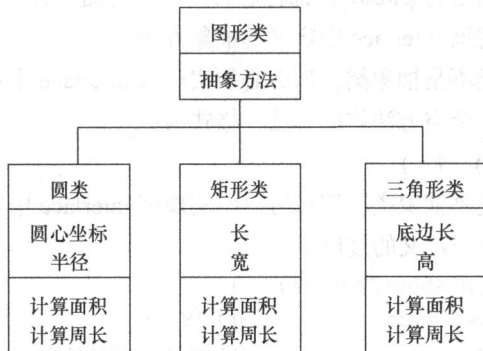

图 5.5 类的层次结构图

```
interface IShape {
    double PI=3.1415926;  //和 public static final double PI=3.1415926; 等价
    abstract double getArea();
    abstract double getPerimeter();
}
```

【例 5.12】下面哪些是正确的接口定义？（假设 X、Y 和 Z 都是接口。）

（A）public interface A extends X { void aMethod(); }

（B）interface B implements Y { void aMethod(); }

（C）interface C extends X,Y,Z { void aMethod(); }

（D）interface D extends X { protected void aMethod(); }

分析与思考：（A）和（C）正确。一个接口可以有一个或多个直接超接口。

（B）不正确。接口的扩展关键字是 extends，不是 implements。关键字 implements 在类实现接口时使用。

（D）不正确。接口中声明的所有方法都应该是 public，不能指定为 protected。

【小结】类与接口的区别如下所示。

（1）一个类只能有一个直接超类，而一个接口可以有多个直接超接口（也可以没有）。

（2）所有的类有一个共同的根类，而接口没有这样一个共同的超接口。

（3）类只能使用单继承，而接口实现了多重继承。

（4）类有变量、初始化块、构造方法和实现的方法，而接口没有变量、初始化块、构造方法和实现的方法。

（5）类（不含抽象类）可以直接创建对象，而接口不能直接创建对象。

5.5.2 接口的实现

接口定义的仅仅是实现某一特定功能的一组方法的对外接口和规范，而并没有真正地实现这个功能。这个功能的真正实现是在"继承"了这个接口的各个类中完成的，由这些类来具体定义接口中所有抽象方法的方法体。因此，通常把对接口的"继承"称为"实现"。一个类可以实现一个或多个接口，这些接口在类定义中的 implements 子句中列出：

```
［修饰符］ class 类名 ［extends 直接超类名］ implements 直接超接口名列表 {
    ......
}
```

（1）在类定义中，用 implements 声明该类将要实现哪些接口。

（2）实现的方法必须指定为 **public** 修饰符。否则，认为缩小方法访问权限范围。

（3）类中必须具体实现该 interface 中定义的抽象方法。

（4）如果实现接口的类不是抽象类，那么必须实现该 interface 中定义的全部方法。如果不需要某个方法，也要定义成一个空方法体的方法，格式为：

```
public 方法名() { }
```

（5）如果实现接口的类是抽象类，那么可以不实现该 interface 中定义的全部方法。

【例 5.13】实现例 5.10 中定义的接口。

```
interface Shout{ void shoutSound();  }
class Dog implements Shout{            //接口的实现
    public void shoutSound(){    //接口中抽象方法的具体实现，必须指定 public
        System.out.println("狗的叫声是：汪汪。");
    }
}
class Cat implements Shout{
    public void shoutSound(){  System.out.println("猫的叫声是：喵喵。");   }
}
class Sheep implements Shout{
    public void shoutSound(){  System.out.println("羊的叫声是：咩咩。");   }
```

```
    }
    public class Ex5_13 {
        public static void main(String[] args) {
            new Dog().shoutSound();
            new Cat().shoutSound();
            new Sheep().shoutSound();
        }
    }
```

程序运行结果如下。

狗的叫声是：汪汪。

猫的叫声是：喵喵。

羊的叫声是：咩咩。

接口 Shout 定义了对外提供 shoutSound ()的功能，但没有具体实现。狗类、猫类和羊类是功能的实现者，因为它们分别实现了 shoutSound ()的功能且具体实现各不相同。Ex5_13 类执行了狗类、猫类和羊类的 shoutSound ()方法，即是功能的使用者。

【例 5.14】实现例 5.11 中定义的接口。

```
    interface IShape {
        double PI=3.1415926;
        abstract double getArea();
        abstract double getPerimeter();
    }
    class Circle implements IShape {              //接口的实现
        double radius;
        Circle (double radius){          this.radius=radius; }
        public double getArea(){ return PI*radius*radius;       } // 抽象方法的具体实现
        public double getPerimeter(){    return PI*2*radius;    } // 必须指定 public
    }
    class Rectangle implements IShape {
        double width,height;
        Rectangle (double width,double height){ this.width=width;    this.height
=height; }
        public double getArea(){    return width*height; }
        public double getPerimeter(){   return (width+height)*2;    }
    }
    class Triangle implements IShape {
        double a,b,c;
        Triangle (double a,double b,double c){     this.a=a; this.b=b; this.c=
c;   }
        public double getArea(){
            double s=0.5*(a+b+c);     return Math.sqrt(s*(s-a)*(s-b)*(s-c));
        }
        public double getPerimeter(){    return a+b+c;    }
    }
    public class Ex5_14 {
        public static void main(String[] args) {
            Circle o1=new Circle(10);
        System.out.println("Circle Area="+o1.getArea()+", Perimeter="+o1.
getPerimeter());
            Rectangle o2=new Rectangle(10,20);
        System.out.println("Rectangle Area="+o2.getArea()+", Perimeter="+o2.
getPerimeter());
            Triangle o3=new Triangle(3,4,5);
```

```
            System.out.println("Triangle Area="+o3.getArea()+", Perimeter="+o3.
getPerimeter());
        }
    }
```

程序运行结果如下。

Circle Area=314.15926, Perimeter=62.831852

Rectangle Area=200.0, Perimeter=60.0

Triangle Area=6.0, Perimeter=12.0

【小结】抽象类与接口的关系如下所示。

（1）抽象类可以含有非抽象方法，提高代码可重用性；接口只能含有抽象方法。

（2）抽象类只能使用单继承，extends 后只有一个直接超类名；接口实现了多重继承，extends 后是直接超接口名列表。

（3）抽象类用 extends 来派生子类；接口还需用 implements 来实现（派生子类）。

（4）一个类只能继承一个直接超类（可以是抽象类）；但一个类可同时实现多个接口。

（5）相同之处：都是通过对抽象方法的覆盖来定义方法体；都不能直接创建对象。

5.5.3 接口的继承与组合

接口可以通过关键字 extends 继承其他接口。子接口将继承父接口中所有的常量和抽象方法。此时，子接口的派生类，如果不是抽象类的话，不仅需实现子接口的抽象方法，而且需实现继承来的抽象方法。不允许存在未被实现的接口方法。

接口继承不允许循环继承或继承自己。接口可以同时继承多个接口，还可以通过 extends 将多个接口组合成一个接口。

【例 5.15】接口的继承举例。

```
interface IArea{
    abstract double getArea();
}
interface ISolid extends IArea {          // 继承接口 IArea
    abstract double getVolume();
}
interface IShape extends IArea {          // 继承接口 IArea
    abstract double getPerimeter();
}
class Circle implements IShape {
    double radius;
    Circle (double radius){   this.radius = radius;      }
    public double getArea(){    return Math.PI*radius*radius;     }
    public double getPerimeter(){       return Math.PI*2*radius;     }
}
class Rectangle implements IShape {
    double width,height;
    Rectangle (double width,double height){ this.width = width;  this.height =
height; }
    public double getArea(){    return width*height; }
    public double getPerimeter(){         return (width+height)*2;     }
}
class Sphere implements ISolid {
    double radius;
    Sphere (double radius){      this.radius = radius;      }
```

```
        public double getArea(){  return 4*Math.PI*radius*radius;  }
        public double getVolume(){   return Math.PI*radius*radius*radius*4.0/3.0;   }
    }
    class Cube implements ISolid {
        double length,width,height;
        Cube (double length,double width,double height){
            this.length = length;  this.width = width;  this.height = height;
        }
        public double getArea(){   return 2*(length*width+width*height+height*
length);   }
        public double getVolume(){    return length*width*height;        }
    }
    public class Ex5_15 {
        public static void main(String[] args) {
            Circle o1=new Circle(10);
        System.out.println("Circle Area="+o1.getArea()+", Perimeter="+o1.
getPerimeter());
            Rectangle o2=new Rectangle(10,20);
        System.out.println("Rectangle Area="+o2.getArea()+", Perimeter="+o2.
getPerimeter());
            Sphere o3=new Sphere(10);
            System.out.println("Sphere Area="+o3.getArea()+", Volume="+o3.getVolume());
            Cube o4=new Cube(1,2,3);
            System.out.println("Cube Area="+o4.getArea()+", Volume="+o4.getVolume());
        }
    }
```

程序运行结果如下。

Circle Area=314.1592653589793, Perimeter=62.83185307179586

Rectangle Area=200.0, Perimeter=60.0

Sphere Area=1256.6370614359173, Volume=4188.790204786391

Cube Area=22.0, Volume=6.0

接口 ISolid 继承了接口 IArea，这样，接口 ISolid 有 2 个抽象方法：getArea()和 getVolume()。或者说，接口 ISolid 是对立体几何图形中求表面积和求体积的抽象。球类 Sphere 和立方体类 Cube 分别实现了接口 ISolid，球类对象 o3 和立方体类对象 o4 分别完成了表面积和体积的计算。同理，接口 IShape 也有 2 个抽象方法：getArea()和 getPerimeter()。Circle 类和 Rectangle 类分别实现了接口 IShape，圆类对象 o1 和矩形类对象 o2 分别完成了面积和周长的计算。

5.6　多态

封装、继承和多态是面向对象程序设计的三大特征，其中的多态性是由封装和继承所引出来的。

多态是指一个程序中同名的不同方法共存的情况。即为同一个方法定义几个实现方式，调用者只需使用同一个方法名，系统在运行时，会根据不同的情况执行不同实现方式（即不同方法）。多态又被称为"一个名字，多种方法"。

在 Java 语言中，常见的两种多态形式为：方法重载实现的多态；方法覆盖实现的多态。这两种多态实现方法在 4.4.4 小节和 5.2.2 小节介绍过了。下面通过一个实例，具体介绍在方法覆盖中，通过引用类型变量实现多态的几种方式。

5.6.1　引用类型赋值转换实现多态

我们知道，继承是描述现实世界中客观事物之间"是一个（is-a）"的关系。那么，在父子类之间，一个子类对象是一个父类对象。如一个大学生（对象）也是一个学生（对象），反之，则不成立。这在程序中表现为：一个大学生的对象引用可将其引用类型转换为学生类型，如通过赋值语句实现，学生类型引用变量=大学生对象引用变量。

引用类型的转换是有规则的，不是任意的。一个对象引用类型可被转换为以下几类。

- 任何一个父类型。即一个子类的引用型变量可转换当作父类类型。
- 对象所属类实现的接口。即实现了此接口的类对象将其引用类型转换为接口类型。
- 回到它自己最初的类型。一个对象引用变量被转换为父类或接口类型后，可再将其引用类型转换回去。

同样，一个接口引用可被转换为以下两类。

- 任何一个父类型接口。
- 回到它自己最初的接口类型。

【例 5.16】定义一个接口，实现加、减、乘和除运算。编写程序，通过引用类型赋值转换实现多态。

```
interface Arithmetic{
      double calculate(double a, double b);
}
class Addition implements Arithmetic{
      public double calculate(double a, double b){          return a+b;  }
}
class Subtraction implements Arithmetic{
      public double calculate(double a, double b){          return a-b;  }
}
class Multiplication implements Arithmetic{
      public double calculate(double a, double b){          return a*b;  }
}
class Division implements Arithmetic{
      public double calculate(double a, double b){          return a/b;  }
}
public class Ex5_16 {
    public static void main(String[] args) {
          double a=100, b=15;
          Arithmetic refVar;
          Addition o1=new Addition();
          refVar=o1;
          System.out.println("a+b="+refVar.calculate(a,b));
          Subtraction o2=new Subtraction();
          refVar=o2;
          System.out.println("a-b="+refVar.calculate(a,b));
          Multiplication o3=new Multiplication();
          refVar=o3;
          System.out.println("a*b="+refVar.calculate(a,b));
          Division o4=new Division();
          refVar=o4;
          System.out.println("a/b="+refVar.calculate(10,2));
    }
}
```

程序运行结果如下。

a+b=115.0

a−b=85.0

a*b=1500.0

a/b=5.0

从程序运行结果可以看出，refVar=o1 实现了将 o1 的 Addition 类型转换为 Arithmetic 类型，再调用 Arithmetic 类型的抽象方法 refVar.calculate()，通过动态绑定实现加法运算；同样，先执行 refVar=o2，再执行 refVar.calculate()，通过动态绑定实现减法运算，这样就实现了多态。

【小结】通过引用类型变量实现多态，应完成下列工作。

（1）存在父类变量和子类对象，或者存在父类接口的变量和实现了接口的子类对象。

（2）将子类对象的引用类型转换成父类类型。

（3）通过父类引用类型变量，调用父类的抽象方法，进行动态绑定，实现多态。

5.6.2 引用类型作参数实现多态

【例 5.17】定义一个接口，实现加、减、乘和除运算。编写程序，通过引用类型作方法参数实现多态。

```
/* 接口及加、减、乘和除类的代码与例 5.16 相同，省略  */
class AriShow{
    public double showAri(Arithmetic ref, double a, double b){
        return ref.calculate(a,b);
    }
}
public class Ex5_17 {
    public static void main(String[] args) {
        double a=100, b=15;
        AriShow refVar=new AriShow();
        Addition o1=new Addition();
        System.out.println("a+b="+refVar.showAri(o1,a,b));
        Subtraction o2=new Subtraction();
        System.out.println("a-b="+refVar.showAri(o2,a,b));
        Multiplication o3=new Multiplication();
        System.out.println("a*b="+refVar.showAri(o3,a,b));
        Division o4=new Division();
        System.out.println("a/b="+refVar.showAri(o4,10,2));
    }
}
```

程序运行结果：与例 5.16 完全一样，省略。

5.6.3 用类型作成员变量实现多态

【例 5.18】定义一个接口，实现加、减、乘和除运算。编写程序，通过引用类型作类的成员变量实现多态。

```
/* 接口及加、减、乘和除类的代码与例 5.16 相同，省略  */
class AriShow{
    Arithmetic object;
}
public class Ex5_18 {
```

```
    public static void main(String[] args) {
        double a=100, b=15;
        AriShow refVar=new AriShow();
        Addition o1=new Addition();
        refVar.object=o1;
        System.out.println("a+b="+refVar.object.calculate(a,b));
        Subtraction o2=new Subtraction();
        refVar.object=o2;
        System.out.println("a-b="+refVar.object.calculate(a,b));
        Multiplication o3=new Multiplication();
        refVar.object=o3;
        System.out.println("a*b="+refVar.object.calculate(a,b));
        Division o4=new Division();
        refVar.object=o4;
        System.out.println("a/b="+refVar.object.calculate(10,2));
    }
}
```

程序运行结果：与例 5.16 完全一样，省略。

5.7　适配器设计模式

设计模式是从许多优秀的软件系统中总结出的成功的、可复用的设计方案。一个设计模式是针对某一类问题的最佳解决方案，而且已经被成功应用于许多系统的设计中。毫无疑问，学习使用设计模式将有助于程序员开发出易维护、易扩展、易复用的代码。

设计模式有很多，最有影响力的是著作《Design Patterns: Elements of Reusable Object-Oriented Software》所提出的 23 个设计模式。下面介绍一个与接口相关的适配器设计模式。

在日常生活中，我们会经常遇到一些适配器，例如笔记本电脑的变压器就是一个典型的电源适配器。笔记本电脑只接受 15V 的电压，不能直接和 220V 的电源插座连接，电源适配器就是把 220V 的电压转换成为 15V，它是连接笔记本电脑和电源插座的桥梁。这可用 Java 语言来表达：电源适配器就是把 220V 的接口转换成为 15V 的接口，以供笔记本电脑使用。

适配器模式（或称包装模式）是将一个类的接口转换成用户希望的另外一个接口，使原来因为接口不兼容而不能在一起工作的那些类可以在一起工作。简而言之，适配器模式就是用来实现接口转换的。

【例 5.19】使用适配器模式完成将 220V 的电压接口转换成 15V 的电压接口的 Java 编程。

分析：适配器模式中有以下 3 种角色。

● 目标：目标是一个接口，该接口是用户想使用的接口。在本例中，目标接口是 15V 的电压接口。

● 被适配者：被适配者是已经存在的接口或抽象类，这个接口或抽象类需要适配，在本例中，被适配者接口是 220V 的电压接口。

● 适配器：适配器是一个类，该类实现了目标接口，并包含被适配者的引用，即适配器是用来将被适配者接口与目标接口进行适配（转换），或者说将被适配者接口用来包装成目标接口。在本例中，适配器就是电脑的变压器。

```
public interface Outlet15V {                    //目标：15V 的电压接口
    public abstract void connectPort15V();
```

```
}
public interface Inlet220V {                               //被适配者：220V 的电压接口
    public abstract void connectSocket220V();
}
public class Adaptor220Vto15V implements Outlet15V{  //适配器：电脑变压器类
    Inlet220V  source;
    public Adaptor220Vto15V(Inlet220V source){
        this.source=source;
    }
    public void connectPort15V() {
        source.connectSocket220V();                //接通 source 接口的 220V 电流
        System.out.println("这个位置是实现将 220V 电流降低到 15V 电流的代码。");
    }
}
public class Socket implements Inlet220V{    //电源插座类，实现了被适配者接口
    String name;
    public Socket(String name){
        this.name=name;
    }
    public void connectSocket220V(){
        System.out.println(name+"插座接通 220V 电源电流了。");
    }
}
public class Laptop implements Outlet15V{          //笔记本电脑类，实现了目标接口
    String name;
    public Laptop(String name){
        this.name=name;
    }
    public void connectPort15V(){
        turnOn();
    }
    public void turnOn(){
        System.out.println(name+"开机了，就要开始工作了。");
    }
}
public class Test {
    public static void main(String[] args) {
        Inlet220V socket=new Socket("鸿雁");
        //变压器插在插座上
        Adaptor220Vto15V transformer=new Adaptor220Vto15V(socket);
        Outlet15V  outlet15V = transformer;          //变压器插在 15V 接口上
        outlet15V.connectPort15V();                     //接通插座电流，开始降压
        Laptop notebook=new Laptop("联想电脑");
        outlet15V=notebook;                             //笔记本电脑插在 15V 接口上
        outlet15V.connectPort15V();      //打开笔记本电脑电源开关，笔记本电脑开始工作
    }
}
```

程序运行结果如下。

鸿雁插座接通 220V 电源电流了。

这个位置是实现将 220V 电流降低到 15V 电流的代码。

联想电脑开机了，就要开始工作了。

【例 5.20】使用适配器模式完成"孙悟空三打白骨精"的 Java 编程。

分析：白骨精适配器模式中的 3 种角色如下。

- 目标：在本例中，有 3 个目标，分别是村姑接口（包含 walkto()方法和 giveFood()方法）、老妇人接口（包含 walkto()方法和 lookforDaughter()方法）、老公公接口（包含 walkto()方法和 reciteScripture()方法）。

- 被适配者：在本例中，被适配者接口是妖精接口。包含 walkto()方法和 kill()方法。

- 适配器：在本例中，有 3 个适配器。白骨精接口与村姑接口是不同的，白骨精要变成村姑，就必须进行接口转换。这样，适配器 VillageGirlActor 类要实现将妖精接口转换（包装或扮演）为村姑接口；同样，适配器 OldWomanActor 要实现将妖精接口转换（包装或扮演）为老妇人接口；适配器 OldManActor 要实现将妖精接口转换（包装或扮演）为老公公接口。

```java
public class Person {                  //人类，用来创建唐僧、孙悟空、猪八戒、沙和尚
    String name;
    int n=0;                           //计数器，用来计算打妖精的次数
    Person(String name){
        this.name=name;
    }
    public void say(String s){
        System.out.println(name+"说: \""+s+"\"");
    }
    public void hit(EvilSpirit es){
        n++;
        System.out.println(name+"痛打了"+es.getName()+"妖精"+n+"次。");
    }
}
public interface VillageGirlIFC {                       //村姑接口
    public abstract void walkto(Person sb);            //走近某人
    public abstract void giveFood(Person sb);          //给某人送斋饭
}
public interface OldWomanIFC {                          //老妇人接口
    public abstract void walkto(Person sb);
    public abstract void lookforDaughter(Person sb);  //向某人要女儿
}
public interface OldManIFC {                            //老公公接口
    public abstract void walkto(Person sb);
    public abstract void reciteScriptures(Person sb); //向某人念佛经
}
public interface EvilSpiritIFC {                        //妖精接口
    public abstract void walkto(Person sb);
    public abstract void kill(Person sb);              //吃某人的肉
}
public class VillageGirlActor implements VillageGirlIFC { //村姑适配器
    private EvilSpiritIFC evilSpirit;
    public VillageGirlActor(EvilSpirit evilSpirit){
        this.evilSpirit=evilSpirit;
    }
    public void walkto(Person sb) {                                  //村姑走近某人
```

```
            evilSpirit.walkto(sb);                              //妖精走近某人
        }
        public void giveFood(Person sb) {                       //村姑给某人送斋饭
            evilSpirit.kill(sb);                                //妖精吃某人
        }
        public void appear() {                                  //村姑现身
            System.out.println("山野里出现一个美貌的村姑,拎了一罐斋饭,径直向唐僧走来,送斋饭。");
        }
        public EvilSpirit getEvilSpirit(){
            return (EvilSpirit)evilSpirit;
        }
    }
    public class OldWomanActor implements OldWomanIFC {         //老妇人适配器
        //与村姑适配器 VillageGirlActor 类似的代码,省略
        public void lookforDaughter(Person sb) {                //老妇向某人要女儿
            evilSpirit.kill(sb);                                //妖精吃某人
        }
        public void appear() {                                  //老妇人现身
            System.out.println("山坡上出现一个年逾八旬的老妇人,手拄着一根弯头竹杖,一步一声
地哭着找寻女儿。");
        }
    }
    public class OldManActor implements OldManIFC {             //老公公适配器
        //与村姑适配器 VillageGirlActor 类似的代码,省略。
        public void reciteScriptures(Person sb) {               //老公公向某人念佛经
            evilSpirit.kill(sb);                                //妖精吃某人
        }
        public void appear() {                                  //老公公现身
            System.out.println("出现了一个白发老公公,手拄龙头拐,口诵南无经,找他的妻子和女
儿。");
        }
    }
    public class EvilSpirit implements EvilSpiritIFC {          //妖精类
        private String name;
        public EvilSpirit(String name){
            this.name=name;
        }
        public void walkto(Person sb) {
            System.out.println(name+"正在走近"+sb.name+"。");
        }
        public void kill(Person sb) {
            System.out.println(name+"就要吃上"+sb.name+"的肉了!");
        }
        public String getName(){
            return name;
        }
    }
    public class Test {
        public static void main(String[] args) {
            Person 唐僧,孙悟空,猪八戒,沙和尚;
```

```
        EvilSpirit  白骨精;
        唐僧=new Person("唐僧");
        孙悟空=new Person("孙悟空");
        猪八戒=new Person("猪八戒");
        沙和尚=new Person("沙和尚");
        白骨精=new EvilSpirit("白骨精");
        System.out.println("唐僧师徒四人为取真经，行至白虎岭前。在白虎岭内，住着一个尸魔
白骨精。");

        VillageGirlActor 村姑=new VillageGirlActor(白骨精);//白骨精扮演村姑
        村姑.appear();
        村姑.walkto(唐僧);
        唐僧.say("一个善良的女子。");
        猪八戒.say("一个漂亮的姑娘。");
        沙和尚.say("我没感觉。");
        村姑.giveFood(唐僧);                        //村姑给唐僧送斋饭
        孙悟空.say("它是个妖精，是来骗你的!");
        孙悟空.hit(村姑.getEvilSpirit());          //孙悟空痛打扮演村姑的妖精

        OldWomanActor 老妇人=new OldWomanActor(白骨精);   //白骨精扮演老妇人
        老妇人.appear();
        老妇人.walkto(唐僧);
        老妇人.lookforDaughter(唐僧);               //老妇人向唐僧要女儿
        孙悟空.hit(老妇人.getEvilSpirit());        //孙悟空痛打扮演老妇人的妖精

        OldManActor 老公公=new OldManActor(白骨精);        //白骨精扮演老公公
        老公公.appear();
        老公公.walkto(唐僧);
        老公公.reciteScriptures(唐僧);              //老公公在唐僧面前念佛经
        孙悟空.say("你瞒得了别人，瞒不过我! 我认得你这个妖精!");
        孙悟空.hit(老公公.getEvilSpirit());         //孙悟空痛打扮演老公公的妖精
        白骨精=null;                              //白骨精死了
    }
}
```

程序运行结果如下。

唐僧师徒四人为取真经，行至白虎岭前。在白虎岭内，住着一个尸魔白骨精。

山野里出现一个美貌的村姑，拎了一罐斋饭，径直向唐僧走来，送斋饭。

白骨精正在走近唐僧。

唐僧说："一个善良的女子。"

猪八戒说："一个漂亮的姑娘。"

沙和尚说："我没感觉。"

白骨精就要吃上唐僧的肉了。

孙悟空说："它是个妖精，是来骗你的!"

孙悟空痛打了白骨精妖精1次。

山坡上出现一个年逾八旬的老妇人，手拄着一根弯头竹杖，一步一声地哭着找寻女儿。

白骨精正在走近唐僧。

白骨精就要吃上唐僧的肉了！

孙悟空痛打了白骨精妖精 2 次。

出现了一个白发老公公，手拄龙头拐，口诵南无经，找他的妻子和女儿。

白骨精正在走近唐僧。

白骨精就要吃上唐僧的肉了！

孙悟空说："你瞒得了别人，瞒不过我！我认得你这个妖精！"

孙悟空痛打了白骨精妖精 3 次。

细心的读者会发现，本例中没有定义村姑类，那是因为本例中没有村姑这个人，只有披着村姑这张皮的白骨精，或者说白骨精扮演（包装）成村姑，因此，需定义这个包装类 VillageGirlActor。老妇人和老公公也是这种情况。

5.8 内部类

在一个类内部定义的类称为内部类（或称嵌套类）。把内部类所在的类称为外部类。最外层的类称为顶层类。

变量按照作用域可进行如图 5.6 所示的分类。同样，内部类按照作用域可进行如图 5.7 所示的分类。顶层类只能处于 public 和没有修饰符的访问级别，而成员内部类可以处于 public、protected、private 和没有修饰符这 4 种访问级别。

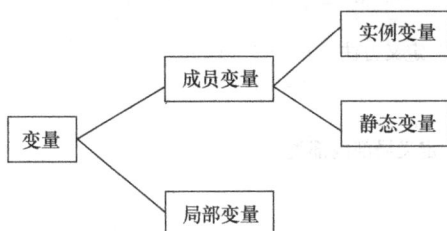

图 5.6 变量的分类

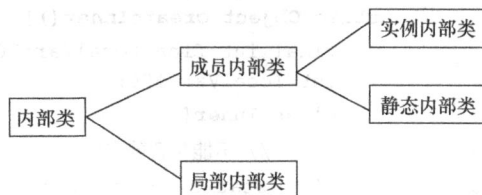

图 5.7 内部类的分类

5.8.1 成员内部类

当内部类被声明为一个类的成员时，称之为成员内部类。像其他成员一样，成员内部类可以用 static 修饰，称之为静态内部类；没有用 static 修饰的成员内部类，称之为实例内部类。注意，不管是何种类型的内部类，都应该保证内部类与外部类不重名。

【例 5.21】实例内部类的定义与使用。

```java
class Outer1 {
    private int outVar=0;
    Inner inner=new Inner();         // 在 Outer1 中，可直接引用 Inner 类
    public class Inner{              // 定义一个内部类
        public void showOutVar(){
            outVar++;                // 引用外部类的私有成员 outVar
            System.out.println("outVar="+outVar);
        }
    }                // 定义一个内部类的结束处
```

```
        }
class Ex5_21{
        public static void main(String[] args){
        // 首先创建外部类实例，其次通过外部类实例创建内部类实例
                Outer1 object=new Outer1();
                Outer1.Inner obj=object.new Inner();
                obj.showOutVar();
                Outer1.Inner o=new Outer1().new Inner();
                o.showOutVar();
                object.inner.showOutVar();
        }
}
```

程序运行结果如下。

outVar=1

outVar=1

outVar=2

5.8.2 局部内部类

当内部类被定义在一个类的方法中或代码块中时，称之为局部内部类。它的可见范围是当前方法或当前代码块。和局部变量一样，局部内部类不能用访问控制符（public、private 和 protected）及 static 修饰符来修饰，并且只能在当前方法或当前代码块中引用。

【例 5.22】局部内部类的定义与使用。

```
class Outer4 {
        private int outVar=0;
        public Object createInner(){          // 定义方法
                final int finalLocalVar=10;
                int localVar=100;
                class Inner{                   // 定义局部内部类
                        // 不能包含静态成员
                /*      static int staVar;
                        static class Inner2{    …      }
                */
                        public String toString(){
                          // 可以引用所在方法的常量
                          System.out.println("finalLocalVar="+finalLocalVar);
                          System.out.println("outVar="+outVar);     // 引用外部类的成员
                          // 不能引用所在方法的局部变量
                //        System.out.println("localVar="+localVar);
                          return ("finalLocalVar="+finalLocalVar+", outVar="+outVar);
                        }
                }    // 局部内部类的结束处
                return new Inner();
        }        // createInner()方法的结束处
}
class Ex5_22{
        public static void main(String[] args){
                Outer4 obj=new Outer4();
                Object inner=obj.createInner();
                System.out.println("inner object is "+inner);
```

```
        }
    }
```

程序运行结果如下。

finalLocalVar=10

outVar=0

inner object is finalLocalVar=10,outVar=0

5.8.3　匿名内部类

匿名内部类是定义在方法体或块语句中的内部类，这种内部类没有类名。匿名内部类主要用在当需要定义一个新的类、而这个类又只被使用一次时的场合。由于匿名内部类没有自己的类名，因此，类的定义及其对象的创建（实例化）是同时完成的。

匿名内部类通过扩展某个类或实现某个接口（只能选一种，不能同时发生）来定义，其一般格式为：

new 超类名或接口名(参数列表) {

　　类定义

}

（1）根据格式可知：匿名内部类一定是在 new 后面，要么继承一个类，要么实现一个接口，没有类名。

（2）匿名内部类是唯一一个没有构造方法的类。系统会自动调用超类的构造方法。

（3）匿名内部类的定义代码可以访问它所在类的所有成员变量和方法，但只能访问它所在方法体内的 final 局部变量。

（4）匿名内部类是局部内部类，因此，必须符合局部内部类的有关规定，如不能定义静态变量和静态方法。

1．继承类的匿名内部类

本小节主要讨论继承了一个类或抽象类的匿名内部类。这种匿名内部类的主要用法如下。

（1）匿名内部类对象的引用作为方法的参数。

（2）匿名内部类对象的引用转化为父类的类型，进而引用匿名内部类的方法。

【例 5.23】匿名内部类对象的引用转化为父类类型的举例。

```
class Circle{
    double radius;
    Circle(){
    }
    Circle(double radius){
        this.radius=radius;
    }
    public double getArea(){
        return radius*radius*Math.PI;
    }
}
abstract class AbstCircle{
    abstract double getArea();
    abstract double getArea(double radius);
}
public class Ex5_23 {
    public static void main(String[] args) {
        Circle object=new Circle(100){
```

```
                        double r=radius;
                        public double getArea(){
                            return 4*Math.PI*r*r;    // 方法覆盖，改为计算球表面积
                        }
                    };
                    System.out.println("r=100 的表面积："+object.getArea());
                    AbstCircle o=new AbstCircle(){
                        double r;                // 扩充的成员变量
                        {                        // 动态初始化块
                            r=10;
                        }
                        public double getArea(){    // 方法覆盖，改为计算球表面积
                            return 4*Math.PI*r*r;
                        }
                        public double getArea(double radius){
                            return 4*Math.PI*radius*radius;
                        }
                    };
                    System.out.println("r=10 的表面积："+o.getArea());
                    System.out.println("r=1 的表面积："+o.getArea(1));
                }
            }
```

程序运行结果如下。

r=100 的表面积：125663.70614359173

r=10 的表面积：1256.6370614359173

r=1 的表面积：12.566370614359172

【例 5.24】匿名内部类对象的引用作为方法参数的举例。

/* Circle 类和抽象类 AbstCircle 的代码与例 5.23 相同，省略 */

```
class Area{
    public void showArea(Circle o){
        System.out.println("r=100 的表面积："+o.getArea());
    }
    public void showArea(AbstCircle o){
        System.out.println("r=10 的表面积："+o.getArea());
        System.out.println("r=1 的表面积："+o.getArea(1));
    }
}
public class Ex5_24 {
    public static void main(String[] args) {
        Area obj=new Area();
        obj.showArea(new Circle(100){
            public double getArea(){
                return 4*Math.PI*radius*radius;
            }
        });
        obj.showArea(new AbstCircle(){
            double r;
            {   r=10;
            }
            public double getArea(){
                return 4*Math.PI*r*r;
            }
```

```
        public double getArea(double radius){
            return 4*Math.PI*radius*radius;
        }
    });
    }
}
```

程序运行结果：与例 5.23 相同，省略。

2. 实现接口的匿名内部类

本小节主要讨论实现接口的匿名内部类。这种匿名内部类的主要用法如下。

（1）匿名内部类对象的引用作为方法的参数。

（2）匿名内部类对象的引用转化为接口的类型。

【例 5.25】匿名内部类对象的引用作为方法参数的举例。

```
interface InterCircle{
    abstract double getArea();
    abstract double getArea(double radius);
}
class Area{
    public void showArea(InterCircle o){
        System.out.println("r=10 的表面积: "+o.getArea());
        System.out.println("r=1 的表面积: "+o.getArea(1));
    }
}
public class Ex5_25{
    public static void main(String[] args) {
            Area obj=new Area();
            obj.showArea(new InterCircle(){
            double r;
            {   r=10;
            }
            public double getArea(){
                return 4*Math.PI*r*r;
            }
            public double getArea(double radius){
                return 4*Math.PI*radius*radius;
            }
        });
    }
}
```

程序运行结果如下。

r=10 的表面积：1256.6370614359173

r=1 的表面积：12.566370614359172

习　题

一、选择题

1. 下列关于父类对象和子类对象说法不正确的是（　　）。

　　A. 子类对象可自动转换为父类对象

B. 父类对象可自动转换为子类对象

C. 子类对象可以调用父类中定义的非 private 方法

D. 父类对象不可以调用子类中定义的方法

2. 下列关于继承的描述，错误的是（　　）。

A. 一个非最终类可以有多个子类

B. 一个类可以同时继承多个父类

C. 一个非抽象子类在继承时必须覆盖从父类中继承的抽象方法

D. 一个最终类不可以有子类

3. 下列关于抽象类的描述，错误的是（　　）。

A. 抽象类定义时用 abstract 修饰

B. 抽象类没有自身对象，其对象都是子类的对象

C. 抽象类没有构造方法

D. 抽象类通常有子类

4. 以下关于接口的叙述中，正确的是（　　）。

A. 所有的接口都是公共接口，可被所有的类和接口使用

B. 一个类通过使用关键字 interface 声明自己使用一个或多个接口

C. 接口中所有的变量都默认为 public abstract 属性

D. 接口体中不提供方法的实现

二、简答题

1. "子类的域和方法的数目一定大于等于父类的域和方法的数目"，这种说法是否正确，为什么？

2. 简述方法覆盖与方法重载的异同。

三、编程题

1. 设计一个 Circle 类，成员有半径 r，求面积和周长的方法。再设计一个继承 Circle 类的 Sphere 球类，增加求球体表面积和体积的方法。编写测试类测试该球体。

2. 设计一个学生类 Student，类有姓名、年龄，学习方法。Student 类派生出本科生类，本科生类派生出研究生类，本科生类增加专业和学位属性，覆盖学习方法。研究生类增加研究方向属性，覆盖学习方法。每个类都有显示方法，用于输出属性信息。编写测试类测试这两个派生类。

3. 设计 Point 类，类有 x，y，构造方法，求两点间的距离的方法。再设计一个继承 Point 类的 Point3D 类，增加 z、构造方法、求空间两点间的距离的方法，并体现方法重载的情况。编写测试类测试该 Point3D 类。

4. 定义员工类，具有姓名、年龄、性别属性，并具有构造方法和显示数据方法。定义管理层类，继承员工类，并有自己的属性职务和年薪。

5. 定义一个接口，其中包含一个计算面积的抽象方法，然后设计圆和矩形两个类实现这个接口的计算面积方法，分别计算圆和矩形的面积。

6. 定义一个 ClassName 接口，接口中只有一个抽象方法 getClassName()；设计一个类 Company，该类实现接口 ClassName 中的方法 getClassName()，功能是获取该类的名称。编写应用程序使用 Company 类。

7. 接口的作用是制定标准。例如 U 盘和打印机都可以在计算机上使用，因为它们都实现了 USB 接口的标准。对于计算机来说，只要是符合 USB 接口标准的设备都可以通过 USB 接口插进

去使用。现定义接口 USB，含有开始、工作、停止方法。设计实现 USB 接口的 Flash 类和 print 类。最后设计 Computer 类，并模拟 U 盘和打印机插入计算机 USB 接口进行工作。

四、读程序，写出结果

1.
```java
class B{
    int b;
    B(int x){
        b=x;
        System.out.println("b="+b);
    }
}
class A extends B{
    int a;
    A(int x,int y){
        super(x);
        a=y;
        System.out.println("b="+b+",a="+a);
    }
}
public class Test{
    public static void main(String[]args){
        A obj=new A(1,2);
    }
}
```

2.
```java
interface OneToN{
    int disp(int n);
}
class Sum implements OneToN{    // 继承接口
    public int disp(int n){        // 实现接口中的 disp 方法
        int s=0,i;
        for(i=1;i<=n;i++)s+=i;
        return s;
    }
}
class Pro implements OneToN{    // 继承接口
    public int disp(int n){        // 实现接口中的 disp 方法
        int m=1,i;
        for(i=1;i<=n;i++)m*=i;
        return m;
    }
}
public class UseInterface{
    public static void main(String args[]){
        int n=10;
        Sum s=new Sum();
        Pro p=new Pro();
        System.out.println("1 至 n 的和= " + s.disp(n));
        System.out.println("1 至 n 的积= " + p.disp(n));
    }
}
```

第6章
数组与字符串

数组是一种常用的数据结构，不同于 int、float 等基本类型；数组是引用类型，同时数组也分为一维数组和多维数组。同样，字符串也是使用最为频繁的数据类型，Java 语言针对不同的应用场合，设计了 String、StrinBuilder、StringBuffer 三种字符串类型，提供了丰富的方法便于用户进行操作。本章中将对数组和字符串的创建和使用进行详细的介绍。

6.1 数组

Java 语言中，数组是一种简单的引用类型，用来保存有序数据的集合，数组中的每个元素具有相同的数据类型，可以用统一的数组名和下标来唯一地确定数组中的元素。数组可以被定义为任何类型，包括基本类型和引用类型。数组可分为一维数组和多维数组。

6.1.1 数组的创建和初始化

数组实际上是相同类型的变量列表，要在程序中声明一个数组就是要确定数组名、数组的维数和数组元素的数据类型。数组的声明格式如下：

```
type[] arrayName;
```

或：

```
type arrayName[];
```

其中 type 表示 Java 中的数据类型，数据类型可以是基本类型，如 int、long、float 和 double，也可以是类或接口，arrayName 是数组类型的变量。类似 C 语言，第二种声明方式是合法的，但是不推荐使用。

以下代码声明了两个数组变量。

```
int[] studentNo;
String[] studentName;
```

分别定义了一个类型为 int[]的数组变量 studentNo 和一个类型为 String[]的数组变量 studentName。

在 Java 语言中，声明数组时并不为其分配内存空间，所以声明数组时不能为数组指明长度。同时，声明数组后并不能立即对其进行访问，必须使用 new 操作符为其分配内存空间，并为数组中的每个元素赋予其数据类型的初始值。格式如下：

```
arrayName=new type[size];
```

其中 size 表示数组长度，即数组中容纳元素的个数，可以是整型常量、有值的整型变量或整型表达式。数组一经创建，其长度将不能改变。

以下代码创建了长度为 5 的整型数组，数组中各项初值为 0，以及创建了长度为 10 的字符串数组，数组中各项初值为 null。

```
studentNo=new int[5];
studentName=new String[10];
```

同样可以建立其他类型数组，代码如下：

```
int count=20;
Teacher[] stuArray=new Teacher[count];
Date[] dates=new Date[count+10];
Object[] objects=new Point[5];
```

如上建立长度为 20 的 Teacher 类型数组和长度为 30 的 Date 日期类型数组以及长度为 5 的 Object 类型数组。根据"上溯造型"概念，Point 类型作为 Object 类型的子类，允许将创建的 Point[] 类型的引用赋值给 Object[] 类型的变量。

数组本身就是对象的一种特殊形式，通过 new 操作将在堆中创建对象空间存储数组各项数据，对 studentNo 数组分配内存的方式如图 6.1 所示，studentNo 变量中保存开辟数据空间的引用（即地址）。

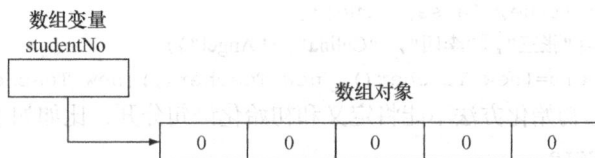

图 6.1 studentNo 数组空间分配示意图

数组的初始化工作可以通过 new 操作符完成，数组中每个元素初始化为其数据类型的默认值，即 int 类型默认值为 0，char 类型默认值为 unicode 编码为 0 的值，boolean 类型默认值为 false，引用类型默认值为 null，各数据类型的默认值如表 6.1 所示。

表 6.1　　　　　　　　　　　　　　　数组元素的默认初始值

数据类型	初始值	数据类型	初始值
byte	0	float	0.0F
short	0	double	0.0
int	0	boolean	false
long	0L	引用类型	null
char	'\u0000'		

也可以在声明数组的同时给数组元素赋初值，所赋初值的个数决定数组元素的数目。

1. 动态初始化

使用 new 关键字和{}符号相结合的方式进行，其中[]中不需要指定数组长度，语法格式如下：

```
type[] arrayName=new type[]{v1,v2,v3,…,vn};
```

以下代码声明并初始化成绩数组：

```
int[] studentScore=new int[]{87, 91, 84};
```

相当于：

```
int[] studentScore=new int[3];
studentScore[0]=87;
studentScore[1]=91;
```

```
studentScore[2]=84;
```

同样可以初始化其他类型数组，代码如下：

```
char[] chars=new char[]{'0', '1', '2', 'a', 'b', 'c', '中', '文'};
boolean[] bools=new boolean[]{true, false, true};
String[] names=new String[]{"张三", "李四", "Celina", "Angel"};
Teacher[] teachers=new Teacher[]{new Teacher(), new Teacher(), new Teacher()};
```

2. 静态初始化

静态初始化在创建数组的同时，能用花括号{}将一组表达式括起来，各表达式之间用逗号分隔。静态初始化只能用在数组变量定义语句中，其格式如下：

```
type[] arrayName={v1, v2, v3, …, vn};
```

该语句将数组变量定义、数组创建以及数组元素初始化合并成一步完成。每个表达式按其次序从左到右依次被计算，计算结果作为对应数组元素的初值。

以下代码同样声明并初始化成绩数组：

```
int[] studentScore={87, 91, 84};
```

同样可以初始化其他类型数组，代码如下：

```
char[] chars={'0', '1', '2', 'a', 'b', 'c', '中', '文'};
boolean[] bools={true, false, true};
String[] names={"张三", "李四", "Celina", "Angel"};
Teacher[] teachers={new Teacher(), new Teacher(), new Teacher()};
```

需要注意的是静态初始化方法不能将定义和初始化语句分开，比如如下代码是错误的：

```
int[] studentScore;
studentScore={87, 91, 84};
```

数组中存储元素为引用类型时，必须对其实例化才能使用，否则各元素值仅为初值 null，对 teachers 数组分配内存的方式如图 6.2 所示。

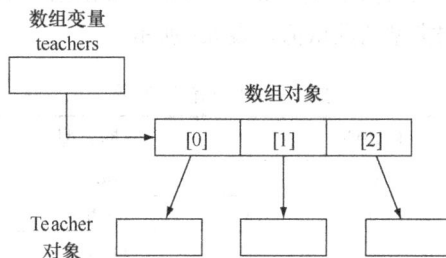

图 6.2　teachers 数组空间分配示意图

动态初始化和静态初始化适合对于少量元素构成的数组进行初始化，如果数组元素较多，则可通过使用数组访问的方式对其中各元素进行显式赋值。

6.1.2　数组的访问

数组作为一个对象，也有自己的成员变量和方法。一旦创建，就可通过数组对象的引用访问数组中各个元素，或者引用数组成员变量和方法。数组的引用方式为：

```
arrayName[index]
```

其中下标 index 是一个表达式，其类型可以是 byte、char、short 或 int 型，但最终都会自动进行单目运算提升为 int 型，注意 index 的类型不能是 long 型。

下标 index 的取值从 0 开始，一直到数组的长度减 1。Java 运行系统会检查数组下标以确保其在正确的范围内（C、C++系统并不提供边界检查），如果下标值超出了允许的取值范围，将引发运行时异常 ArrayIndexOutOfBoundsException。

如下语句，利用数组访问的方式通过循环对其各个元素进行赋值。

```
Teacher[] teachers=new Teacher[5];
for(int i=0; i<5; i++)
    teachers[i]=new Teacher();
```

数组中提供了 length 成员表示数组的长度，因此上例中的循环赋值可修改为如下语句：

```
for(int i=0; i<teachers.length; i++)
    teachers[i]=new Teacher();
```

另外数组中提供了 equals(Object obj)方法，用于比较数组引用是否相同，注意不是比较数组中各项元素是否相同，如下代码所示：

```
int[] a={ 1, 2, 3 }, b={ 1, 2, 3 };
int[] c=a;
System.out.println("a==b : " + a.equals(b));
System.out.println("a==c : " + a.equals(c));
```

运行结果如下。

```
a==b : false
a==c : true
```

【例 6.1】输出数组 a 中各元素的最大值、最小值和平均值。

```
public class Ex6_1
{
    public static void main(String args[]) {
        double a[]={ 1.2, 3.4, -9.8, 12.3 };
        double b[]=max_min_ave(a);
        for(int i=0; i<b.length; i++)
            System.out.println("b[" + i + "]= " +b[i]);
    }
    public static double[] max_min_ave(double a[]) {
        double res[]=new double[3];
        double max=a[0], min=a[0], sum=a[0];
        for(int i=1; i<a.length; i++) {
            if(max<a[i])
                max=a[i];
            if(min>a[i])
                min=a[i];
            sum+=a[i];
        }
        res[0]=max;
        res[1]=min;
        res[2]=sum/a.length;
        return res;
    }
}
```

【例 6.2】数组一旦建立，其长度是不能改变的。定义一个 IntArray 类，作为可变长 int[]型数组的一种实现。

```
public class IntArray {
    private static final int INCREMENT=10;    //增量大小
    private int[] data;
    private int next;                         //标记
    public IntArray() {
```

```
            data=new int[INCREMENT];
            next=0;
    }
    public void setElement(int n, int value) {
            data[n]=value;
    }
    public int getElement(int n) {
            return data[n];
    }
    public int getLength() {
            return next;
    }
    public void addElement(int value) {
            if(next==data.length) {                    //当数组满时
                int[] newData=new int[data.length+INCREMENT];
                for(int i=0; i<data.length; i++)
                    newData[i]=data[i];                //将原数组复制过来
                data=newData;                          //使原数组名指向新数组
            }
            data[next]=value;                          //增加新元素
            next=next+1;
    }
}
```

以上代码中存在不完善处，请读者予以补充修改。

6.1.3 多维数组

在 Java 语言中，所谓多维数组是指数组的嵌套，即数组的数组。一个数组的数组元素类型既可以是基本类型，也可以是引用类型。其中引用类型就包括数组类型。当一个数组的数组元素类型本身是数组类型时，就形成了二维数组，甚至三维数组、四维数组等，以下以二维数组为例进行介绍。

```
type[][]
```

如上代码声明了一个 type 型的二维数组。其中第 1 个方括号可以理解为第一维（外层）数组，形象地看作是二维矩阵的行，其元素类型为 type[]型；第 2 个方括号可以理解为第二维（被嵌套的内层）数组，形象地看作是二维矩阵的列，其元素类型为 type 型。

下面语句定义了一个 type 型二维数组的数组变量。

```
type[][] arrayName;
type arrayName[][];
type[] arrayName[];
```

这里，方括号既可以写在元素类型名后也可以写在数组变量名后，或者分别写。以上 3 条语句效果相同，推荐使用第一种，它将类型和变量分离开来，符合一贯的定义方式。

数组的初始化可以通过 new 操作符完成，也可以通过给元素赋初值进行。

1．用 new 初始化二维数组

用 new 关键字初始化二维数组，指定数组行数和列数，为数组分配存储空间。通过 new 关键字初始化数组有两种方式：先声明数组再初始化和在声明的同时进行初始化。

（1）先声明数组再初始化

先声明数组再初始化是通过两条语句来实现的，第一条语句声明数组，第二条语句用 new 关键字初始化数组，对上例用 new 关键字初始化数组的格式如下：

```
arrayName=new type[rowSize][colSize];
```

行数和列数同样可以使用整型常量、有值的整型变量或整型表达式，元素的个数等于行数与列数的乘积。

如果要表示一个三行、四列的矩阵，代码如下所示：

```
int[][] a;
a=new int[3][4];
```

数组中各元素通过两个下标来区分，每个下标的范围从 0 到行数减 1 或列数减 1。数组 a 中的 12 个元素分别为 a[0][0]、a[0][1]、a[0][2]、a[0][3]、a[1][0]、a[1][1]、…、a[2][3]。系统为该数组的 12 个元素分配存储空间，如图 6.3 所示。

图 6.3　二维数组空间分配示意图

初始化数组后，行数和列数可以通过属性 length 获得。如数组 a 的行数可通过如下代码获得：

```
a.length
```

获取数组 a 第 index 行的列数的代码为：

```
a[index].length
```

（2）声明数组的同时初始化

可以在声明的同时初始化二维数组，即将上面的两条语句合并为一条语句。其格式如下：

```
type[][] arrayName=new type[rowSize][colSize];
```

例如，要声明并初始化前面的数组 a，可将代码改为：

```
int[][] a=new int[3][4];
```

2．赋初值初始化数组

同一维数组，可以在声明二维数组的同时给数组元素赋初值。通过赋初值所指定的下标决定二维数组的行数和每行元素的个数。其格式如下：

```
type[][] arrayName={{list1}, { list2},…, { list n}};
```

list1 到 list n 是用逗号隔开的初始值，例如：

```
int[][] matrix={{1,1,1}, {2,2,2}, {3,3,3}, {4,4,4}};
```

该语句声明了一个 3 行 4 列的二维数组 matrix，其元素类型为 int。

3．不规则数组

由于 Java 将二维数组当做一维数组来处理，所以在进行初始化的时候可以各行单独进行，允许各行的元素个数不同。

如表示一个第 1 行有 2 列，第 2 行有 3 列，第 3 行有 4 列的整型二维数组，可如下定义：

```
int[][] a={{1, 2}, {1, 2, 3}, {1, 2, 3, 4}};
```

该二维数组空间分配如图 6.4 所示。

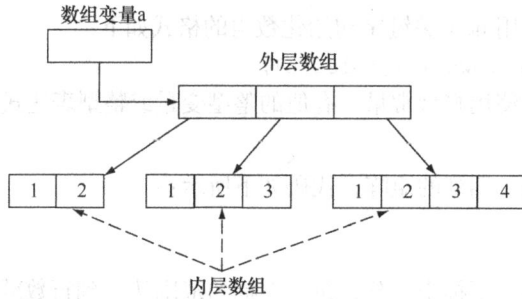

图 6.4　不规则二维数组空间分配示意图

【例 6.3】对二维数组进行排序，对每一行元素按从小到大的顺序输出。

```java
public class Ex6_3
{
    public static void sort(int[] a) {
        int t;
        for(int i=0; i<a.length-1; i++)
            for(int j=i+1; j<a.length; j++)
                if(a[i]>a[j]) {
                    t=a[i];
                    a[i]=a[j];
                    a[j]=t;
                }
    }
    public static void main(String args[]) {
        int[][] data={ {10, 42, 27, 86}, {31, 25}, {51, 22, 34} };
        sort(data[0]);
        sort(data[1]);
        sort(data[2]);
        for(int i=0; i<data.length; i++) {
            for(int j=0; j<data[i].length; j++)
                System.out.print(data[i][j]+" ");
            System.out.println();
        }
    }
}
```

运行结果如下。

10 27 42 86

25 31

22 34 51

6.1.4　数组操作的常用方法

为了方便对数组的相关操作，Java 系统中提供了很多工具类，下面为读者介绍使用频率较高工具类和方法。

1. 数组复制

类 java.lang.System 提供了静态方法 arraycopy()用于数组的复制，API 说明如下：

```java
public static void arraycopy(Object src, int src_position, Object dst, int dst_position, int length)
```

其中 src 表示源数组，dst 表示目标数组，实现从 src 的 src_position 处开始，复制到 dst 的

dst_position 处，复制长度为 length。

【例 6.4】用方法 arraycopy()复制数组。

```java
public class Ex6_4 {
    public static void main(String args[]) {
        int array1[]={ 0, 1, 2, 3, 4, 5, 6, 7, 8, 9 };
        int array2[]={ 0, 0, 0, 0, 0, 0, 0, 0, 0, 0 };
        System.arraycopy(array1, 0, array2, 0, 5);
        System.out.print("array2 值为: ");
        for(int i=0; i<array2.length; i++)
            System.out.print(array2[i]+" ");
    }
}
```

运行结果如下。

array2 值: 0 1 2 3 4 0 0 0 0 0

2. 工具类 java.util.Arrays 中提供的静态方法

（1）排序方法

```java
public void sort(Object[] a)
```

该方法用来对传递过来的参数数组进行排序。

【例 6.5】使用 sort 方法对一整型数组递增排序。

```java
import java.util.Arrays;
public class Ex6_5 {
    public static void main(String args[]) {
        int arr[]={ 8, 6, 7, 3, 5, 4 };
        Arrays.sort(arr);
        for (int result : arr)
            System.out.print(" " + result);
    }
}
```

运行结果如下。

3 4 5 6 7 8

（2）数组查找方法

```java
public int binarySearch(Object[] a, Object key)
```

该方法要求数组 a 是有序数组（由小到大），返回 key 元素在数组中的位置。

【例 6.6】使用 binarySearch 方法进行数组元素查找。

```java
import java.util.Arrays;
public class Ex6_6 {
    public static void main(String args[]) {
        int a[]={ 3, 4, 5, 6, 7, 8 }, pos; //数组必须是有序数组
        pos=Arrays.binarySearch(a, 6);      //在数组中查找数据 6
        System.out.println("查找元素所在位置是: " + pos);
    }
}
```

运行结果如下。

查找元素所在位置是：3

（3）数组的比较方法

```java
public boolean equals(type[] a, type[] b)
public boolean deepEquals(Object[] a, Object[] b)
```

数组使用==和 equals 方法来比较进行的都是引用的比较，一维数组内容的比较可通过 Arrays 提供的 equals 方法进行，二维及以上数组内容的比较可通过 deepEquals 方法进行。

【例 6.7】使用 equals 和 deepEquals 方法进行数组的比较。

```java
import java.util.Arrays;
public class Ex6_7 {
    public static void main(String[] args) {
        int[] arr1={ 1, 2, 3 }, arr2={ 1, 2, 3 }, arr3={ 4, 5, 6 };
        int[][] arr4={ { 1, 2, 3 }, { 4, 5, 6 }, { 7, 8, 9 } };
        int[][] arr5={ { 1, 2, 3 }, { 4, 5, 6 }, { 7, 8, 9 } };
        int[][] arr6={ { 0, 1, 3 }, { 4, 6, 4 }, { 7, 8, 9 } };
        System.out.print("arr1 内容等于 arr2 ? ");
        System.out.println(Arrays.equals(arr1, arr2));
        System.out.print("arr1 内容等于 arr3 ? ");
        System.out.println(Arrays.equals(arr1, arr3));
        System.out.print("arr4 内容等于 arr5 ? ");
        System.out.println(Arrays.deepEquals(arr4, arr5));
        System.out.print("arr4 内容等于 arr6 ? ");
        System.out.println(Arrays.deepEquals(arr4, arr6));
        System.out.print("arr4 deepToString():\n");
        System.out.println(Arrays.deepToString(arr4));
    }
}
```

运行结果如下。

arr1 内容等于 arr2 ? true

arr1 内容等于 arr3 ? false

arr4 内容等于 arr5 ? true

arr4 内容等于 arr6 ? false

arr4 deepToString():

[[1, 2, 3], [4, 5, 6], [7, 8, 9]]

6.2 字符串

在 Java 语言中，字符串是最为常用的一种数据类型。字符串就是一个 Unicode 字符的序列，当作对象来处理。Java 中提供了 String、StringBuilder、StringBuffer 等类来创建和操作字符串对象。

6.2.1 String 类

String 类是不可更改的，即该 String 对象所对应的字符串的内容是不能被修改的。String 类中的有些方法也会对字符串进行更改操作，但这些方法的调用都会产生一个新的字符串作为处理结果，而不会对原来字符串作任何修改。String 类中的方法侧重于字符串的比较、字符定位、子串提取等查询操作。

1. String 类的构造方法

类 String 中提供了以下一些构造方法。

- public String();

- public String(String value);
- public String(char[] value);
- public String(byte[] bytes);
- public String(byte[] bytes, String enc) throws UnsupportedEncodingException;

例如使用无参数的缺省的构造方法用来创建一个空串，如下：

```
String s1=new String();
```

利用已经存在的字符串常量创建一个新的 String 对象，该对象的内容与给出的字符串常量一致，如下：

```
String s2=new String("Hello");
```

通过给构造方法传递一个字符数组可以创建一个非空串，如下：

```
char chars[]={'a', 'b', 'c'};
String s3=new String(chars);
```

也可以通过字符串常量赋值，如下：

```
String s4="中文";
```

需要注意的是，字符串常量在 Java 中也是以对象的形式存储的，Java 编译时会将字符串常量创建为对象。因此，将字符串常量传递给字符串变量时，Java 编译器自动将常量对应的对象传递给字符串变量。

2. String 类的常用方法

（1）获得字符串长度的方法

字符串长度是指字符串内包含的字符个数，各种类型的字符占用空间大小一致。

- public int length()：获取该字符串长度。

例如：

```
String s="Java 语言";
int len=s.length();              //len 为 6
```

（2）数据提取方法

数据提取方法是从字符串中取得某个字符或者某个子串。

- public char charAt(int index)：返回字符串中指定位置上的字符。
- public String substring(int beginIndex, int endIndex)：返回字符串中从 beginIndex 至 endIndex-1 上的子串。
- public String substring(int beginIndex)：返回字符串中从 beginIndex 至字符串结尾的子串。

例如：

```
String s="Java 语言";
char c=s.charAt(2);              //c 为字符'v'
String s1=s.substring(3, 5);    //s1 为字符串"a 语"
String s2=s.substring(3);       //s2 为字符串"a 语言"
```

（3）查找方法

查找方法是指从字符串中搜索某个字符或者某个子串的位置。

- public int indexOf(int ch)：返回指定字符 ch 在字符串中第一次出现的位置。
- public int indexOf(String str)：返回指定子串 str 在字符串中第一次出现的位置，如果找不到指定子串，方法将返回-1。
- public int lastIndexOf(int ch)与 int lastIndexOf(String str)：返回指定字符 ch 或子串 str 在字

符串中最后一次出现的位置。

例如：

```
String s="Java 语言";
int pos1=s.indexOf('a');          //pos1 为 1
int pos2=s.indexOf("a语");         //pos2 为 3
int pos3=s.lastIndexOf ("a");     //pos3 为 3
```

（4）字符串的比较方法

• public boolean equals(Object obj)：判断当前字符串与参数中指定字符串内容是否相同，该方法与运算符"=="实现的比较是不同的。运算符"=="比较两个对象是否引用同一个实例，而该方法则比较两个字符串中对应的每个字符值是否相同。

• public booean equalsIgnoreCase(Object obj)：忽略大小写字符串内容比较方法，即该方法与参数中指定的字符串比较时不考虑大小写。

• public int compareTo(String str)：按字典顺序比较两个字符串，比较时基于字符串中各字符的 Unicode 值。如果比较时当前字符串位于参数字符串之前，则比较结果为一个负整数；如果当前字符串位于参数字符串之后，则比较结果为一个正整数；如果两个字符串相等，则结果为 0。

• public int compareToIgnoreCase(String str)：忽略大小写，按字典顺序比较两个字符串。

例如：

```
String s1="abc";
String s2="ABC";
String s3=new String(s1);
String s4=s1;
System.out.println("s1 equals s2 : " + s1.equals(s2));
System.out.println("s1 equalsIgnoreCase s2 : " + s1.equalsIgnoreCase(s2));
System.out.println("s1 equals s3 : " + s1.equals(s3));
System.out.println("s1 == s3 : " + (s1 == s3));
System.out.println("s1 == s4 : " + (s1 == s4));
System.out.println("s1 compareTo s4 : " + s1.compareTo(s4));
System.out.println("s1 compareTo s2 : " + s1.compareTo(s2));
System.out.println("s1 compareTo IgnoreCase s2 : " + s1.compareToIgnoreCase(s2));
```

运行结果如下。

s1 equals s2 : false

s1 equalsIgnoreCase s2 : true

s1 equals s3 : true

s1 == s3 : false

s1 == s4 : true

s1 compareTo s4 : 0

s1 compareTo s2 : 32

s1 compareToIgnoreCase s2 : 0

（5）字符串的修改方法

• public String replace(char oldChar, char newChar)：将字符串中所有 oldChar 字符替换为 newChar 字符。

• public String replaceAll(String regex, String newStr)：将字符串中所有 regex 子串替换为 newStr 字符串；regex 也可以为正则表达式，即将字符串中符合该正则表达式的子串替换为 newStr 字符串。

- public String trim()：去除字符串首尾空格。
- public String concat(String str)：字符串拼接，也可以通过+号进行拼接。
- public String toLowerCase()：将字符串转换为小写。
- public String toUpperCase()：将字符串转换为大写。

例如：

```
String s1="aBC123";
System.out.println(s1.replace('C', '0'));            //用字符'0'替换所有字符'C'
System.out.println(s1.replaceAll("aBC", "0"));       //用字符串"0"替换字符串"aBC"
System.out.println(s1.replaceAll("[a-zA-Z]", "#"));  //将符合正则表达式描述的字母替换
                                                     //为字符串"#"
System.out.println(s1.concat("456"));                //当前字符串后拼接字符串"456"
System.out.println(s1.toLowerCase());                //将当前字符串转换为小写
System.out.println(s1.toUpperCase());                //将当前字符串转换为大写
String s2="a b c";
System.out.println(s2.trim());                       //取出字符串首部和尾部空格
```

运行结果如下。

aB0123

0123

###123

aBC123456

abc123

ABC123

a b c

（6）字符串的分割方法

- public String[] split(String regex)：根据指定的字符串或正则表达式分割该字符串到字符串数组。如果该字符串不匹配输入的任何部分，结果数组只有原字符串。
- public String[] split(String regex, int limit)：实现功能同上，limit 为限制分割字串个数。

例如：

```
String s="I will be back!";
String[] results=s.split(" ");            //以空格分割该字符串
for(String a : results)
    System.out.println(a);                //输出分割后的各子串
```

运行结果如下。

I

will

be

back!

（7）字符串的转换方法

- public static String valueOf(Object obj)：将其他数据类型转换为 String 类型，支持若干种重载方式，如 valueOf(boolean b)、valueOf(char c)、valueOf(double d)、valueOf(int i)等。
- public char[] toCharArray()：返回一个字符数组，数组中的每个元素为该字符串的字符。

例如：
```
Date date=new Date();
String s1=String.valueOf(date);        //s1为"Fri Aug 28 19:15:14 CST 2015"
int i=10;
String s2=String.valueOf(i);           //将整数转化为字符串
double d=99.9;
String s3=String.valueOf(d);           //将浮点型转化为字符串
String str="Java";
char[] chs=str.toCharArray();          //将字符串转化为字符数组
```
（8）其他方法

• public boolean startsWith(String str)：判断该字符串是否是以字符串 str 开头。

• public boolean startsWith(String str, int startIndex)：判断该字符串是否是以字符串 str 开头，其中 startIndex 为搜索的起点。

• public boolean endsWith(String str)：判断该字符串是否是以字符串 str 结尾。

• public boolean isEmpty()：字符串长度为 0 时，返回 true，否则返回 false。

例如：
```
String s="I will be back!";
System.out.println(s.startsWith("I"));
System.out.println(s.startsWith("will", 1));  //结果为false，子串"will"的起点是2
System.out.println(s.endsWith("back!"));
System.out.println(s.isEmpty());
```
运行结果如下。

true

false

true

false

6.2.2　StringBuffer 类

StringBuffer 类、StringBuilder 类和 String 类一样，也用来表示字符串。由于 StringBuffer 和 StringBuilder 类的内部实现方式与 String 不同，当它们在进行字符串处理时，不会生成新的对象，在内存使用上要优于 String 类。在实际使用时，如果经常需要对一个字符串进行修改，如插入、删除等操作时，使用 StringBuffer 和 StringBuilder 要更加适合一些。

StringBuffer 和 StringBuilder 语法一致，区别仅在于 StringBuffer 是线程安全的，用于多线程环境，StringBuilder 用于单线程环境。下面以 StringBuffer 为例来介绍其用法，StringBuilder 不再赘述。

1. StringBuffer 类的构造方法

• public StringBuffer()：创建初始容量为 16，不含任何字符（长度为 0）的字符串缓冲区。

• public StringBuffer(int length)：创建初始容量为 length，不含任何字符的字符串缓冲区。

• public StringBuffer(String str)：由 str 对象的内容创建一个字符串缓冲区，初始容量为字符串 str 长度+16。

例如：
```
StringBuffer strb1=new StringBuffer();
StringBuffer strb2=new StringBuffer(20);
```

```
StringBuffer strb3=new StringBuffer("I love Java!");
```

需要注意的是，StringBuffer 对象的容量和长度是不同的概念。容量为 StringBuffer 对象对应的缓冲区的大小，而长度是 StringBuffer 中保存字符个数。如 srtb1 对象存储的字符个数为 0，而缓冲区容量为 16；srtb2 对象存储的字符个数为 0，容量为 20；strb3 对象存储的字符个数为 12，而容量为 12+16=28。

2．StringBuffer 类的常用方法

（1）容量和长度方法

• public void setLength(int newLength)：重新设置缓冲区中字符串的长度，如果 newLength 小于当前的字符串长度，将截去多余的字符。

• public void ensureCapacity(int newCapacity)：重新设置字符串缓冲区的容量。如果 newCapacity 大于当前的容量，则新的容量被设置为以下两种情况的最大值：参数 newCapacity 的值；原容量大小乘 2 加 2。

• public int length()：返回当前缓冲区中字符串的长度。

• public int capacity()：返回当前缓冲区的容量。

（2）数据提取方法

• public char charAt(int index)：返回 index 位置的字符。

• public String substring(int start)：返回从 start 位置开始到结尾的子串。

• public String substring(int start, int end)：返回从 start 位置开始到 end-1 位置的子串。

• public String toString()：将当前 StringBuffer 对象转换成 String 对象。

例如：
```
StringBuffer strb=new StringBuffer("0123456789");
System.out.println("pos=0 char : " + strb.charAt(0));
System.out.println("substring : " + strb.substring(5, 7));
System.out.println("substring : " + strb.substring(5));
```
运行结果如下。

pos=0 char: 0

substring : 56

substring : 56789

（3）字符串的查找方法

• public int indexOf(String str)：返回字符串 str 第一次出现的位置。

• public int indexOf(String str, int fromIndex)：从 fromIndex 位置开始查找，返回字符串 str 第一次出现的位置。

• public int lastIndexOf(String str)：返回指定字符串 str 最后一次出现的位置。

• public int lastIndexOf(String str, int fromIndex)：从 fromIndex 位置开始查找，返回最后一次出现的位置。

例如：
```
StringBuffer strb=new StringBuffer("Hello everyone!");
System.out.println("one pos : " + strb.indexOf("one"));
System.out.println("String e pos : " + strb.indexOf("e", 4));
System.out.println("String o pos : " + strb.lastIndexOf("o"));
```
运行结果如下。

one pos : 11

String e pos：6

String o pos：11

（4）字符串的修改方法

- public StringBuffer append(Object obj)：向字符串缓冲区"追加"元素。StringBuffer 类提供了重载方法，参数还可以是布尔型、字符、字符数组、双精度数、浮点数、整型数、长整型数、字符串类等。如果添加的数据超出了字符串缓冲区的长度，StringBuffer 将自动进行扩充。

- public StringBuffer insert(int offset, Object obj)：在当前字符串缓冲区的位置 offset 处插入相应的值，同样 StringBuffer 类提供了重载方法，支持插入多种数据类型。

- public StringBuffer delete(int start, int end)：删除当前字符串缓冲区中从位置 start 开始，到 end-1 结束的子串。

- public StringBuffer deleteCharAt(int index)：删除当前字符串缓冲区中位置为 index 的字符。

- public StringBuffer replace(int start, int end, String str)：将当前字符串缓冲区中从 start 开始，到 end-1 结束的处的字符串替换成 str。

- public StringBuffer reverse()：将字符串缓冲区的字符翻转。

- public void trimToSize()：将字符串缓冲区中存储空间缩小到和字符串长度一样的长度，减少空间的浪费。

【例 6.8】StringBuffer 应用举例。

```java
public class Ex6_8 {
    public static void main(String[] args) {
        char[] chs={ 'J', 'a', 'v', 'a' };
        String str="is";
        StringBuffer strb=new StringBuffer();
        strb.append("程序");
        strb.append("程序设计");
        strb.append("语言");
        strb.delete(2, 4);
        strb.insert(0, "的");
        strb.insert(0, "面向对象");
        strb.insert(0, chs);
        strb.insert(4, str);
        strb.replace(4, 6, "是");
        System.out.println(strb.toString());
    }
}
```

运行结果如下。

Java 是面向对象的程序设计语言

6.2.3　StringTokenizor 类

日常在对文本进行处理时，经常需要将字符串按照指定的分隔符分成若干片段（也称为标记或令牌），以便进一步处理。在 Java 中，java.util.StringTokenizer 类就是一个专门用来分隔字符串的工具类。StringTokenizer 类实现了枚举（Enumeration）接口，因此，对给定的字符串，使用 StringTokenizer 可对包含在其中的单独片段进行枚举输出。

使用 StringTokenizer 时，需要指定一个输入字符串和一个包含了分隔符的字符串。分隔符就是用来分隔片段的字符，默认建立的分隔符包括空白符、空格、Tab 键、换行符以及回车。用户也可以指定分隔符，例如 "，:#" 表示使用逗号、冒号和#号作为分隔符。

1．StringTokenizor 类的构造方法

- public StringTokenizer(String str)：创建一个用来分隔输入字符串 str 的对象，使用默认的分隔符，即 "\t\n\r\f"。
- public StringTokenizer(String str, String delim)：同上，但使用 delim 作为分隔符。
- public StringTokenizer(String str, String delim, boolean returnDelims)：同上，其中第 3 个参数表示分隔符号是否作为分隔片段返回（即是否返回分隔符）。

2．StringTokenizor 类的常用方法

- public int countTokens()：返回还没分隔的片段的个数。
- public boolean hasMoreTokens()：返回是否还有分隔片段。
- public boolean hasMoreElements()：同上。
- public String nextToken()：返回从当前位置到下一个分隔符的片段。
- public Object nextElement()：同上，返回 Object 类型。

【例 6.9】StringTokenizor 应用举例。

```java
import java.util.StringTokenizer;
public class Ex6_9 {
    public static void main(String[] args) {
        StringTokenizer st1, st2, st3;
        //使用默认分隔符分隔
        st1=new StringTokenizer("I will be back!");
        //使用"()-"分隔符分隔
        st2=new StringTokenizer("(86)029-88166712", "()-");
        //使用"#"为分隔符，#号也输出
        st3=new StringTokenizer("111#222", "#", true);
        System.out.println("st1 中单词数: " + st1.countTokens());
        System.out.println("st2 电话号码由以下部分构成: ");
        while(st2.hasMoreTokens())
            System.out.println(st2.nextToken());
        System.out.println("st3 数字和分隔符#均输出: ");
        while(st3.hasMoreElements())
            System.out.println(st3.nextElement().toString());
    }
}
```

运行结果如下。

st1 中单词数：4

st2 电话号码由以下部分构成：

86

029

88166712

st3 数字和分隔符#均输出：

111

#

222

String 类型中也提供了分割字符串的函数 split，与 StringTokenizer 的区别是支持按照正则表达式进行分割，应用范围更广；StringTokenizer 已经不再推荐使用，但它有个优点，就是执行效率更高。

习　题

一、选择题

1. 设数组 age 由以下语句定义：int age=new int[10];，则数组的最后一个元素的正确引用方法为（　　　）。

    A．age[10]　　　　　B．age[9]　　　　　　C．age[]　　　　　　D．age[0]

2. 下面的哪个语句是正确的？（　　　）

    A．String temp []=new String {"j" "a" "z"};　　B．char temp []={ "j" "b" "c"};

    C．String temp={"a", "b", "c"};　　　　　　　D．String temp []={"a", "b", "c"};

二、填空题

以下程序段执行后生成_____个对象、_____个引用。

```
String s1="123";
String s2=new String("123");
String s3=new String("abc");
```

三、简答题

String 类和 StringBuffer 类的主要区别是什么？

四、编程题

1. 现在有如下的一个数组：int oldArr[]={1,3,4,5,0,0,6,6,0,5,4,7,6,7,0,5}，要求将以上数组中值为 0 的项去掉，将不为 0 的值存入一个新的数组，生成的新数组为：int newArr[]={1,3,4,5,6,6,5,4,7,6,7,5}。

2. 现在有以下两个数组：

数组 a：1，7，9，11，13，15，17，19

数组 b：2，4，6，8，10

将两个数组合并为数组 c，并按升序排列。

3. 从键盘上输入一个字符串，统计这个字符串中字母、空格、数字和其他字符的个数。

五、读程序，写出结果

```
public class Test {
    public static void changeStr(String str) {
        str="welcome";
    }
    public static void main(String[] args) {
        String str="1234";
        changeStr(str);
        System.out.println(str);
    }
}
```

第7章
异常处理

程序在编译和运行时都有可能出现错误，编译器可以给出编译时的错误提示，而运行时的错误往往难以预料。假如程序在运行期间出现了错误，却又置之不理，程序会终止运行甚至导致系统崩溃，显然这不是预期的结果。因此，如何处理运行期间可能出现的错误显得至关重要。在 Java 中引进了异常处理机制来解决上述问题，异常机制是指当程序出现错误后，程序进行处理的方式。具体来说，异常机制提供了程序退出的安全通道。当出现错误后，程序执行的流程发生改变，程序的控制权转移到异常处理器。本章将对异常的概念、抛出和捕获异常以及自定义异常进行介绍。

7.1 异常概述

7.1.1 异常的概念

一个程序出现问题主要是由三类原因引起的：语法问题、运行时问题和逻辑问题。语法问题是指代码的格式错了，或者缺少了某个括号；运行时问题是指在程序运行的时候出现的问题，如：空指针异常、数组越界、除数为零等；逻辑问题是指运行结果与预想的结果不一样，这种问题最难解决。

异常，是指在程序运行时出现的问题。如文件找不到、网络连接失败、参数非法等。异常是一个事件，它发生在程序运行期间，干扰了正常的指令流程。先看例 7.1 中存在的异常。

【例 7.1】除数为零问题。

```java
public class Exam7_1 {
    public static void main(String[] args) {
        division(30,3);          //语句 1
        division(30,0);          //语句 2
        System.out.println("程序结束");
    }
    public static void division(int sum, int number) {
        System.out.println("计算除法");
        int average=sum/number;
        System.out.println("结果: "+ average);
    }
}
```

运行结果如下。

计算除法

结果：10

计算除法

```
Exception in thread "main" java.lang.ArithmeticException: / by zero
    at Exam7_1.division(Exam7_1.java:9)
    at Exam7_1.main(Exam7_1.java:4)
```

程序编译时虽然没有错误提示，但在运行时，会有异常产生导致程序中断。提示的算数异常（java.lang.ArithmeticException: / by zero）很清晰地反映出是何种问题，调试程序的时候这个作用很大。

7.1.2 异常类

传统的处理程序中异常的办法是，用函数或方法返回一个特殊的结果来表示出现的问题（通常这个特殊结果是大家约定过的），调用该函数或方法的程序负责检查并分析函数或方法返回的结果。这样做有如下的弊端：例如函数或方法返回-1 代表出现异常，但是如果函数或方法确实要返回-1 这个正确的值时就会出现混淆；可读性降低，将程序代码与处理问题的代码混淆在一起；由调用函数或方法的程序来分析错误，这就要求用户程序员对库函数有很深的了解。

同时，在许多语言中，编写检查和处理错误的程序代码很乏味，并使应用程序代码变得冗长。原因之一就是它们的错误处理方式不是语言的一部分。尽管如此，错误检测和处理仍然是任何健壮应用程序最重要的组成部分。

在 Java 中是按照面向对象思想对异常进行描述的，其被封装成了一个个的异常对象（针对不同类型异常的特点各自封装）。此举优秀之处在于不用编写特殊代码检测返回值就能很容易地检测错误。而且它让程序员把异常处理代码明确地与异常产生代码分开，代码变得更有条理。

所有的异常都直接或间接地继承 Throwable（可抛出）类。Throwable 类的继承层次结构如图7.1 所示。

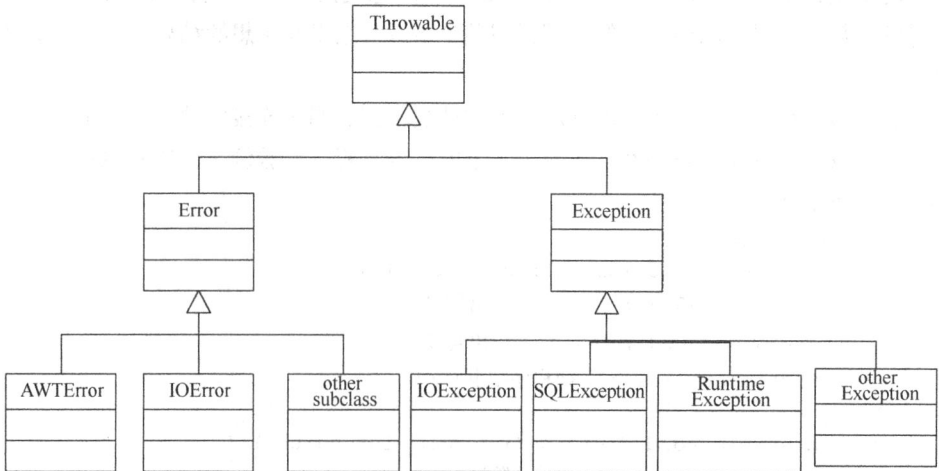

图 7.1 Throwable 类的继承层次结构图

Throwable 类有两个重要的子类——Exception（异常）和 Error（错误），二者都是 Java 异常处理的重要子类，各自都包含大量子类。

Throwable 类有两个构造方法：

```
public Throwable()
public Throwable(String message)
```

第一种构造方法以 null 作为错误信息串内容创建 Throwable 对象，同时调用该对象的另一方法 fillInStackTrace()记录异常发生的位置。第二种构造方法以 message 的内容作为错误信息串创建 Throwable 对象，同时调用该对象的另一方法 fillInStackTrace()。

表 7.1 列出了 Throwable 类的 4 个常用方法。

表 7.1　　　　　　　　　　　　　　　Throwable 类常用方法及说明

常用方法	说明
void String getMessage()	如果创建当前对象时以 message 的内容作为错误信息串，本方法返回串变量 message 的内容；若创建当前对象时未使用参数则返回 null
void String toString()	若当前对象包含错误信息，本方法返回的字符串由 3 部分组成：当前对象的类名、一个冒号和一个空格、错误信息的字符串；若当前对象未包含错误信息则仅返回当前对象的类名
void printStackTrace()	将跟踪栈中的信息输出，输出的第一行是当前对象 toString()的返回值，其余各行是跟踪栈中的信息
Throwable fillInStackTrace()	将当前异常对象的发生位置（类、方法和所在文件的行号）记录到跟踪栈对象中

Error（错误）：是程序无法处理的错误，表示运行应用程序中较严重的问题。大多数错误与代码编写者执行的操作无关，这些错误表示故障发生于虚拟机自身，或者发生在虚拟机试图执行应用时，如将字节码装入内存的过程中和对字节码进行检查的过程中遇到的问题、java 的内部错误、资源耗尽的情况。这些错误是不可查的，因为它们在应用程序的控制和处理能力之外，而且绝大多数是程序运行时不允许出现的状况。对于设计合理的应用程序来说，即使确实发生了错误，本质上也不应该试图去处理它所引起的异常状况。在 Java 中，错误通过 Error 的子类描述。

Exception（异常）：是应用程序中可预测、可恢复问题。一般大多数异常表示中度到轻度的问题。异常一般是在特定环境下产生的，通常出现在代码的特定方法和操作中。

Exception 类不仅继承了 Throwable 类的方法，同时定义了以下两个构造方法：

```
public Exception()
public Exception(String s)
```

其中，第二种构造方法中的参数字符串 s 用来接收传入的字符串信息，该信息通常是对错误的描述。

7.1.3　受检查的异常和不受检查的异常

通常，Java 的异常（包括 Exception 和 Error）分为受检查的异常（checked exceptions）和不受检查的异常（unchecked exceptions）。这两类异常区别很明显——编译器在编译时是否对异常捕获和异常抛出进行语法检测。

受检查的异常（编译器要求必须处置的异常）：正确的程序在运行中，很容易出现的、可以处理的异常状况。受检查的异常虽然是异常状况，但在一定程度上它的发生是可以预计的，而且一旦发生这种异常状况，就必须采取某种方式进行处理。如果不处理，程序就不能编译通过。受检查的异常是 Java 首创的，在编译期对异常的处理有强制性的要求。在 JDK 代码中大量的异常属于此类异常，包括 IOException、SQLException 等。

不受检查的异常（编译器不要求强制处置的异常）：包括运行时异常（RuntimeException 与其子类）和错误（Error）。不受检查的异常反映了程序中的逻辑错误，不能从运行中合理恢复。在产生此类异常时，不一定非要采取任何适当操作，编译器不会检查是否已解决了这样一个异常。如果没有捕获和抛出声明也一样能通过编译器的语法检测正常编译。例如：一个数组长度为 3，当使用下标为 3 时，就会产生数组下标越界异常，编译器不会检查是否已解决了该异常。

运行时异常表示无法让程序恢复运行的异常，导致这种异常的原因通常是由于执行了错误操作。一旦出现了错误操作，建议终止程序，因为 Java 编译器不检查这种异常。应该尽量避免运行时异常，在程序调试阶段，遇到这种异常时，正确的做法是改进程序的设计和实现方式，修改程序中的错误，从而避免此类异常。捕获它并且使程序恢复运行并不是明智的办法，因为即使程序恢复运行，也可能会导致程序的业务逻辑错乱，从而导致更严重的异常，或者得到错误的运行结果。

为何 Error 子类也属于不受检查的异常呢？这是因为无法预知它们的产生时间。如 Java 应用程序内存不足，则随时可能出现 OutOfMemoryError，起因一般不是应用程序中的特殊调用，而是 JVM 自身的问题。另外，Error 类一般表示应用程序无法解决的严重问题，故将这些类视为不受检查的异常。

常见的运行时异常类，非运行时异常类及错误类如表 7.2、表 7.3 和表 7.4 所示。

表 7.2　　　　　　　　　　　　　　　常见运行时异常类及说明

异常	说明
ArithmeticException	数学运算异常，比如除数为零的异常
IndexOutOfBoundsException	下标越界异常，比如集合、数组等
ArrayIndexOutOfBoundsException	访问数组元素的下标越界异常
StringIndexOutOfBoundsException	字符串下标越界异常
ClassCaseException	类强制转换异常
NullPointerException	程序试图访问一个空数组中的元素，或访问一个空对象中的方法或变量时产生的异常

表 7.3　　　　　　　　　　　　　　　常见非运行时异常类及说明

异常	说明
ClassNotFoundException	指定类或接口不存在的异常
IllegalAccessException	非法访问异常
Ioexception	输入输出异常
FileNotFoundException	找不到指定文件的异常
ProtocolException	网络协议异常
SocketException	Socket 操作异常

表7.4	常见错误类及说明
错误	说明
LinkageError	动态链接失败
VirtualMachineError	虚拟机错误
AWTError	AWT 错误

7.2　异常抛出和捕获

Java 异常处理机制是 Java 语言的一大特色，也是个难点，掌握异常处理机制及相关知识可以让程序员写的代码更健壮和易于维护。

Java 中异常处理机制为：抛出异常，捕捉异常。具体为，若一个方法在运行过程中发生了异常，则这个方法（或者是 Java 虚拟机）生成一个代表该异常的对象（它包含了异常的详细信息），并把它交给运行时系统，运行时系统寻找相应的代码来处理这一异常。把生成异常对象并将它提交给运行时系统的过程称为抛出（throw）一个异常。运行时系统寻找相应的代码来处理这一异常，系统在方法的调用栈中查找，从产生异常的方法开始进行回溯，沿着被调用的顺序往前寻找，直到找到包含相应异常处理的方法为止。这一过程称为捕捉（catch）异常。如该异常未进行成功捕获，则程序将终止运行。

能够捕捉异常的方法，需要提供相符类型的异常处理。所捕捉的异常，可能是由于自身语句所引发并抛出的异常，也可能是由某个调用的方法或者 Java 运行时系统等抛出的异常。也就是说，一个方法所能捕捉的异常，一定是 Java 代码在某处所抛出的异常。简单地说，异常总是先被抛出，后被捕捉的。

Java 异常处理机制通过 5 个关键字 try、catch、finally、throw、throws 进行管理。

7.2.1　try-catch-finally 语句

捕捉异常通过 try-catch-finally 语句实现。一般格式如下：

```
try{
......
}
catch(XXXException e){
......
}
finally{
......
}
```

try 块：将有可能存在问题并抛出异常的一条或多条语句放在该块中。

catch 块：捕捉由参数 xxxException 指定的异常对象，并定义代码块来处理问题。若 try 块中的语句不发生异常，则 catch 块中的语句被忽略不执行。并且要注意，try 和 catch 是一起使用的，一个 try 块必然有一个 catch 块，当然也可以有多个 catch 块。

finally 块：finally 块不是必须的，一般使用 finally 块进行对象内部状态的维护，并可以清理非内存资源。无论 try 块是否运行完，无论是否产生异常，也无论是否在 catch 块中得到处理，

finally 块都将执行。除非调用 System.exit()让程序退出或断电等因素致使程序中止，否则，无论任何因素，finally 块都一定会执行。

1．try、catch、finally 语句块的执行顺序

（1）当 try 没有捕获到异常时：try 语句块中的语句逐一被执行，程序将跳过 catch 语句块，执行 finally 语句块和其后的语句。

（2）当 try 捕获到异常，catch 语句块里没有处理此异常的语句块的情况：当 try 语句块里的某条语句出现异常时，而没有处理此异常的 catch 语句块时，此异常将会抛给 JVM 处理，finally 语句块里的语句还是会被执行，但 finally 语句块后的语句不会被执行。

（3）当 try 捕获到异常，catch 语句块里有处理此异常的语句块的情况：在 try 语句块中是按照顺序来执行的，当执行到某一条语句出现异常时，程序将跳到 catch 语句块，并与 catch 语句块逐一匹配，找到与之对应的处理程序，其他的 catch 语句块将不会被执行，而 try 语句块中，出现异常之后的语句也不会被执行，catch 语句块执行完后，执行 finally 语句块里的语句，最后执行 finally 语句块后的语句。

有无 finally 块的异常处理的差别可参看例 7.2 和例 7.3。

【例 7.2】无 finally 块的异常处理。

```
import java.util.Scanner;
public class Exam7_2{
    public static void main(String[] args) {
        Scanner in=new Scanner(System.in);
        System.out.println("除法运算，请输入两个整数：");
        int first=in.nextInt();
        int second=in.nextInt();
        int result;
        try{
            result=first / second;
        }
        catch(Exception e){
            e.printStackTrace();
            System.out.println(first +"不可以除以"+second);
            result=0;
        }
        System.out.println("结束");
    }
}
```

运行结果如下。

除法运算，请输入两个整数：

10

0

java.lang.ArithmeticException: / by zero at Exam7_2.main(Exam1.java:10)

10 不可以除以 0

结束

从例 7.2 可以看出，如果没有 try-catch，出现异常会导致程序崩溃。而 try-catch 则可以保证程序正常运行下去。

【例 7.3】有 finally 块的异常处理。

```
import java.util.Scanner;
```

```java
public class Exam7_3 {
    public static void main(String[] args) {
        Scanner in=new Scanner(System.in);
        System.out.println("除法运算，请输入两个整数");
        int first=in.nextInt();
        int second=in.nextInt();
        int result;
        try{
            result=first / second;
        }
        catch(Exception e){
            e.printStackTrace();
            System.out.println(first +"不可以除以"+second);
            result=0;
        }
        finally{
            System.out.println("默认处理");
        }
        System.out.println("结束");
    }
}
```

运行结果如下。

除法运算，请输入两个整数：

10

5

默认处理

结束

从例 7.3 中可以看出不管 try 块中的语句是否抛出异常，finally 语句一般都会得到执行。

2.　使用 try–catch–finally 结构时应遵循的规则

（1）一个 try-catch-finally 块之间不能插入任何其他代码。

例如在例 7.3 程序的 catch 块前插入一行语句，则在编译时会有以下提示：

```
Exam7_3.java:9: 错误: 'try' 不带有 'catch', 'finally' 或资源声明
                try{
                ^
Exam7_3.java:13: 错误: 有 'catch', 但是没有 'try'
                catch(NullPointerException e){
                ^
Exam7_3.java:17: 错误: 有 'finally', 但是没有 'try'
                finally{
                ^
```

3 个错误

（2）try、catch、finally 三个语句块均不能单独使用，三者可以组成 try-catch-finally、try-catch、try-finally 三种结构，catch 语句可以有一个或多个，finally 语句最多有一个。

【例 7.4】try 块后省略 catch 块。

```java
import java.util.Scanner;
public class Exam7_4 {
    public static void main(String[] args) {
        Scanner in=new Scanner(System.in);
```

```
        System.out.println("除法运算，请输入两个整数:");
        int first=in.nextInt();
        int second=in.nextInt();
        int result;
        try{
            result=first / second;
        }
        finally{
                System.out.println("默认处理");
        }
        System.out.println("结束");
    }
}
```

运行结果如下。

除法运算，请输入两个整数：

10

0

默认处理

```
java.lang.ArithmeticException: / by zero at Exam7_4.main(Exam1.java:10)
```

可以看出，省略了 catch 块后，finally 块始终得到执行，但 finally 后的语句不会得到执行。

（3）必须遵循块顺序：若代码同时使用 catch 和 finally 块，则必须将 catch 块放在 try 块之后。

（4）如果异常对象不属于 catch 中所定义的异常类，则进入 finally 块继续运行程序，且 finally 语句块后的语句不会被执行。

【例 7.5】catch 块的异常对象与 try 中抛出的异常类型不相关。

```
import java.util.Scanner;
public class Exam7_5 {
    public static void main(String[] args) {
        Scanner in=new Scanner(System.in);
        System.out.println("除法运算，请输入两个整数: ");
        int first=in.nextInt();
        int second=in.nextInt();
        int result;
        try{
             result=first / second;
        }
        catch(NullPointerException e){
            e.printStackTrace();
            System.out.println(first +"不可以除以"+second);
            result=0;
        }
        finally{
                System.out.println("默认处理");
        }
        System.out.println("结束");
    }
}
```

运算结果如下。

除法运算，请输入两个整数：

10

0

默认处理

```
java.lang.ArithmeticException: / by zero at Exam7_5.main(Exam1.java:10)
```

（5）一个 try 块可能有多个 catch 块。若如此，则执行第一个匹配块。具体请参看 7.2.4 小节。

（6）可以在 try、catch 和 finally 块中嵌套使用 try-catch-finally 结构。任意嵌套运行时的先后顺序为先内后外。只要不是外层发生异常，内层的异常即使发生也不太可能使程序终止，一般在 try 块中嵌套使用的情况较常见。

【例 7.6】嵌套的 try-catch-finally 结构。

```java
import java.util.Scanner;
public class Exam7_6{
    static int first, second, result;
    public static void main(String args[]){
        Scanner in=new Scanner(System.in);
        System.out.println("除法运算，请输入两个整数：");
        try{
            first=in.nextInt();
            second=in.nextInt();
            try {
                result=first / second;
                System.out.println("first / second=" + result);
            }
            catch(IndexOutOfBoundsException E){
                System.out.println("捕捉越界异常…");
            }
            finally{
                System.out.println("嵌套内层的 finally 块");          }
        }
        catch(ArithmeticException E){
            System.out.println("捕捉数学运算异常: second ="+ second);
        }
        finally{
            System.out.println("嵌套外层的 finally 块");
            if(second == 0)
                System.out.println("程序执行发生异常！");
            else
                System.out.println("程序正常执行完毕！");
        }
    }
}
```

运算结果如下。

除法运算，请输入两个整数：

10

0

嵌套内层的 finally 块

捕捉数学运算异常：second=0

嵌套外层的 finally 块

程序执行发生异常！

（7）在 try-catch-finally 结构中，可重新抛出异常。可参考 7.2.3 小节内容。

（8）当在 try 块或 catch 块中遇到 return 语句时，并不会立即结束该方法，而是去寻找该异常处理流程中是否包含 finally 块，若没有 finally 块，则方法终止，返回相应的返回值。若有 finally 块，则立即开始执行 finally 块，此时若 finally 块中没有 return 语句，则系统才会再次跳回来根据 try 块或 catch 块中的 return 语句结束方法；若 finally 块中有 return 语句，则 finally 块已经结束了方法，系统不会跳回去执行 try 块或 catch 块里的任何代码。

【例 7.7】包含 return 语句的 try-catch-finally 结构。

```java
public class Exam7_7 {
    public static final int test() {
        int t=0;
        try {
            t=1;
            Integer.parseInt(null);
            return t;
        }
        catch (Exception e) {
            t=2;
            return t;
        }
        finally {
            t=3;
            //注释 A  String.valueOf(null);
            //注释 B  return t;
        }
    }
    public static void main(String[] args) {
        System.out.println(Exam1.test());
    }
}
```

运行结果如下。

2

本实例中，try 语句里面会抛出 java.lang.NumberFormatException，所以程序会先执行 catch 语句中的逻辑，t 赋值为 2，在执行 return 之前，会把返回值保存到一个临时变量 t'里面，执行 finally 的逻辑，t 赋值为 3，但是返回值为 t'，所以变量 t 的值和返回值已经没有关系了，返回的是 2。但是，如果将注释 B 后的 return t 语句变为有效语句，运行结果会变为 3。同时，让注释 A 和 B 后的语句都为有效语句时，运行结果会抛出 NullPointerException 异常。请读者自行分析原因。

所以使用 try、catch、finally 语句块中需要注意以下几点。

• 尽量在 try 或者 catch 中使用 return 语句。通过在 finally 块中达到对 try 或者 catch 返回值的修改是不可行的。

• 在 finally 块中避免使用 return 语句，因为 finally 块中如果使用 return 语句，会显式地覆盖掉 try、catch 块中的异常信息，屏蔽了错误的发生。

• 在 finally 块中避免再次抛出异常，否则整个包含 try 语句块的方法会抛出异常，并且会覆盖掉 try、catch 块中的异常。

（9）在以下 4 种特殊情况下，finally 块不会被执行。

- 在 finally 语句块中发生了异常。
- 在前面的代码中用了 System.exit()退出程序。
- 程序所在的线程死亡。
- 关闭 CPU。

7.2.2 系统自动抛出的异常

由于运行时异常的不可查性，为了更合理、更容易地实现应用程序，Java 规定，运行时异常将由 Java 运行时系统自动抛出，允许应用程序忽略运行时异常。

【例 7.8】系统自动抛出异常。

```java
import java.util.Scanner;
public class Exam7_8 {
    public static void main(String[] args) {
        Scanner in=new Scanner(System.in);
        System.out.println("除法运算，请输入两个整数：");
        int first=in.nextInt();
        int second=in.nextInt();
        int result=first/second;
    }
}
```

运行结果如下。

除法运算，请输入两个整数：

10

0

```
java.lang.ArithmeticException: / by zero at Exam7_8.main(Exam1.java:8)
```

7.2.3 throw 和 throws 语句抛出的异常

有一些异常必须由程序员来决定是否抛出，系统无法抛出这种异常。这种需要在程序中自行抛出的异常有两种方式：第一种是在方法头写出需要抛出的异常（利用 throws 语句）；第二种方法是在方法体内抛出异常（利用 throw 语句）。

1. throw 语句

throw 语句可以单独使用，该语句抛出的不是异常类，而是一个异常实例，而且每次只能抛出一个异常实例。

throw 语句的语法格式如下：

throw new 异常类名();

throw 异常类对象名;

执行 throw 语句时，程序终止执行后面的语句，在程序中寻找处理异常的代码；如果程序中没有给出处理代码，则把异常交给 Java 运行系统处理。

【例 7.9】使用 throw 语句抛出异常。

```java
public class Exam7_9 {
    public static void main(String[] args) {
        try {
            int[] data=new int[]{10,11,12,13};
            System.out.println(getDataByIndex(5,data));
```

```
        }
        catch (Exception e) {
            System.out.println(e.getMessage());
        }
    }
    public static int getDataByIndex(int index,int[] data) {
        if(index<0||index>=data.length)
            throw new ArrayIndexOutOfBoundsException("数组下标越界");
        return data[index];
    }
}
```

运行结果如下。

数组下标越界

用 throw 手动抛出一个异常对象，如果抛出的异常对象是非运行时异常，此方法的调用者必须显示地用 try-catch-finally 进行捕获或者继续向上层抛出异常；如果抛出的异常对象是运行时异常，此方法的调用者可以有选择地进行异常捕获处理。

2. throws 语句

throws 出现在方法的声明中，表示该方法可能会抛出的异常，然后交给上层调用它的方法程序处理。如果抛出的是 Exception 异常类型，则该方法被声明为抛出所有的异常。多个异常可使用逗号分隔。

throws 语句的语法格式如下：

```
方法名 throws Exception1,Exception2,…,ExceptionN  {
……
}
```

下面 7.10 的例子中有一个字符数组，里面存放的字符串为 "好苹果" 或 "坏苹果"，当数组中有坏苹果时抛出异常，否则输出 "全是好苹果"。

【例 7.10】使用 throws 语句实现抛出异常。

```
public class Exam7_10 {
    public static void main(String[] args) throws Exception {
        String[] apple={"好苹果","坏苹果","好苹果"};
        int j=0;
        for(int i=0;i<apple.length;i++){
            if(apple[i].equals("坏苹果")){
                throw new Exception("第"+(i+1)+"个是坏苹果");
            }
            else{
                j++;
            }
        }
        if(j==3){
            System.out.println("全是好苹果");
        }
    }
}
```

运行结果如下。

Exception in thread "main" java.lang.Exception: 第 2 个是坏苹果

```
        at Exam7_10.main(Exam1.java:8)
```

初学者很容易混淆 throw 和 throws 语句，其实两者很容易区分，如下所示。

（1）throw 只会出现在方法体中，当方法在执行过程中遇到异常情况时，将异常信息封装为异常对象，然后 throw 出去。throw 关键字的一个非常重要的作用就是异常类型的转换。

（2）throws 表示出现异常的一种可能性，并不一定会发生这些异常；throw 则是抛出了异常，执行 throw 则一定抛出了某种异常对象。两者都只是抛出或者可能抛出异常，但是不会由方法去处理异常，真正的异常处理由此方法的上层调用处理。

7.2.4 多异常的捕获和处理

多异常处理就是使用 try-catch 语句捕获多种异常状态。catch 语句可以有多个，分别处理不同类的异常。基本格式如下：

```
try{
    ……
}
catch(ExceptionType1 e){
    ……
}
catch(ExceptionType2 e){
    ……
 }
catch(Exception e){
    ……
 }
finally{
    ……
 }
```

Java 运行时系统从上到下分别对每个 catch 语句处理的异常类型进行检测，直到找到类型相匹配的 catch 语句为止。这里，类型匹配指 catch 所处理的异常类型与生成的异常对象的类型完全一致或者是它的父类，当异常不满足前两个 type 的时候，exception 会将异常捕获。我们发现这个写法比较类似 switch case 的结构控制语句，但实际上，一旦某个 catch 得到匹配后，其他的就不会就匹配了，有点像加了 break 的 case。另外有一点需要注意，catch(Exception)一定要写在最后面，catch 是顺序匹配的，后面匹配 Exception 的子类，编译器就会报错。因此，catch 语句的排列顺序应该是从特殊到一般。

也可以用一个 catch 语句处理多个异常类型，这时它的异常类型参数应该是这多个异常类型的父类，程序设计中要根据具体的情况来选择 catch 语句的异常处理类型。

【例 7.11】实现一个除法计算器，当输入的被除数是 0 时或者输入的两个数字不是整数时会抛出异常。

```
import java.util.InputMismatchException;
import java.util.Scanner;
public class Exam7_11{
    public static void main(String[] args){
        int first=0 ;
        int second=0 ;
        int result=0;
        Scanner in=new Scanner(System.in);
        System.out.println("***** 除法计算器 *****") ;
        try{
            System.out.println("输入被除数");
```

```
            first=in.nextInt();
            System.out.println("输入除数");
            second= in.nextInt();
            result =first /second;
            System.out.println("计算结果: " + result) ;
        }
      catch(ArithmeticException e){
            System.out.println("出现了算数异常: " + e) ;
      }
      catch(InputMismatchException e){
            System.out.println("输入的不是整数: " + e) ;
      }
       finally{
            System.out.println("一定会执行的 finally") ;
      }
       System.out.println("***** 计算结束 *****") ;
    }
}
```

运行结果如下。

***** 除法计算器 *****

输入被除数

5

输入除数

1.5

输入的不是整数：java.util.InputMismatchException

一定会执行的 finally

***** 计算结束 *****

7.3 自定义异常

使用 Java 内置的异常类可以描述在编程时出现的大部分异常情况，但是在实际开发中，开发人员往往需要定义一些异常类用于描述自身程序中的异常信息，以区分其他程序的异常信息，此时就需要自定义异常类。

在程序中使用自定义异常类，大体可分为以下几个步骤。

（1）创建一个类继承于 Throwable 或其子类。（建议用 Exception 类。一般不把自定义异常作为 Error 的子类，因为 Error 通常被用来表示系统内部的严重故障。）

（2）在方法中通过 throw 关键字抛出异常对象。

（3）如果在当前抛出异常的方法中处理异常，可以使用 try-catch 语句捕获并处理；否则在方法的声明处通过 throws 关键字指明要抛出给方法调用者的异常，继续进行下一步操作。

（4）在出现异常方法的调用者中捕获并处理异常。

【例 7.12】My Exception 是一个自定义异常类，继承了 Exception 类。当输入 5 时不抛出自定义的异常，输入其他数字时抛出自定义异常。

```
import java.util.Scanner;
```

```
class MyException extends Exception{
    public void ErrorAnswer(){
        System.out.println("答案错误");
    }
}
public class Exam7_12 {
    public static void main(String[] args){
        Scanner in=new Scanner(System.in);
        try {
            System.out.println("2+3=?");
            if(5!=in.nextInt()){
                throw new MyException();
            }
            else{
                System.out.println("回答正确");
            }
        } catch (MyException e) {
            e.erroranswer();
        }
    }
}
```

运行结果如下。

2+3=?

    4

答案错误

接下来，再通过一个综合实例来加强读者对自定义异常的了解。

【例 7.13】自定义异常综合实例。

```
//第一种定义方法，继承 Throwable 类
class MyFirstException extends Throwable {
    public MyFirstException() {
        super();
    }
    public MyFirstException(String msg) {
        super(msg);
    }
    public MyFirstException(String msg, Throwable cause) {
        super(msg, cause);
    }
    public MyFirstException(Throwable cause) {
        super(cause);
    }
}
//第二种定义方式，继承 Exception 类
class MySecondException extends Exception {
    public MySecondException() {
        super();
    }
    public MySecondException(String msg) {
        super(msg);
    }
    public MySecondException(String msg, Throwable cause) {
        super(msg, cause);
```

```
        }
        public MySecondException(Throwable cause) {
            super(cause);
        }
}
public class Exam7_13 {
    public static void firstException() throws MyFirstException {
        throw new MyFirstException("firstException()创建一个异常！ ");
    }
    public static void secondException() throws MySecondException {
        throw new MySecondException("secondException() 创建一个异常！ ");
    }
    public static void main(String[] args) {
        try{
                Exam7_13.secondException();
                Exam7_13.firstException();
        }
        catch(MySecondException e2) {
            System.out.println("Exception: " + e2.getMessage());
            e2.printStackTrace();
        }

        catch(MyFirstException e1) {
            System.out.println("Exception: " + e1.getMessage());
            e1.printStackTrace();
        }
        finally{
            System.out.println("finally 执行");
        }
    }
}
```

运行结果如下。

Exception:secondException()" 创建一个异常！

MySecondException: secondException()" 创建一个异常！

    at Exam7_13.secondException(Exam7_13.java:36)

    at Exam7_13.main(Exam7_13.java:41)

    finally 执行

最后，在进行异常处理和设计时，根据前人经验，有以下建议。

（1）只在必要使用异常的地方才使用异常，不要用异常去控制程序的流程。

谨慎地使用异常，异常捕获的代价非常高昂，异常使用过多会严重影响程序的性能。如果在程序中能够用 if 语句和 boolean 变量来进行逻辑判断，那么尽量减少异常的使用，从而避免不必要的异常捕获和处理。

（2）切忌使用空 catch 块。

在捕获了异常之后什么都不做，相当于忽略了这个异常。千万不要使用空的 catch 块，空的 catch 块意味着在程序中隐藏了错误和异常，并且很可能导致程序出现不可控的执行结果。

（3）受检查的异常和不受检查的异常的选择。

一旦编程者决定抛出异常，就要决定抛出什么异常。这里面的主要问题就是抛出受检查的异常还是不受检查的异常。受检查的异常会导致出现太多的 try-catch 代码，可能有很多受检查的异常对开发人员来说是无法合理地进行处理的，比如 SQLException，而开发人员却不得不去进行 try-catch，这样就会导致经常出现这样一种情况：逻辑代码只有很少的几行，而进行异常捕获和处理的代码却有很多行。这样不仅导致逻辑代码阅读起来晦涩难懂，而且降低了程序的性能。

建议尽量避免受检查的异常的使用，如果确实该异常情况的出现很普遍，需要提醒调用者注意处理的话，就使用受检查的异常；否则使用不受检查的异常。

（4）异常处理尽量放在高层进行。

尽量将异常统一抛给上层调用者，由上层调用者统一指示如何进行处理。如果在每个出现异常的地方都直接进行处理，会导致程序异常处理流程混乱，不利于后期维护和异常错误排查。由上层统一进行处理会使得整个程序的流程清晰易懂。

（5）在 finally 中释放资源。

如果要进行文件读取、网络操作以及数据库操作等，记得在 finally 中释放资源。这样不仅会使得程序占用更少的资源，也会避免出现不必要的由于资源未释放而发生的异常情况。

习　题

一、选择题

1. 关于异常的定义，下列描述中最正确的一个是（　　　）。
    A. 程序编译错误
    B. 程序语法错误
    C. 程序自定义的异常事件
    D. 程序编译或运行中所发生的可预料或不可预料的异常事件，它会引起程序的中断，影响程序的正常运行

2. 抛出异常时，应该使用下列哪个子句？（　　　）
    A. throw　　　　　B. catch　　　　　C. finally　　　　　D. throws

3. 自定义异常类时，可以通过对下列哪一项进行继承？（　　　）
    A. Error 类　　　　　　　　　　　　B. Applet 类
    C. Exception 类及其子类　　　　　　D. AssertionError 类

4. 当方法产生该方法无法确定该如何处理异常时，应该如何处理？（　　　）
    A. 声明异常　　　B. 捕获异常　　　C. 抛出异常　　　D. 嵌套异常

5. 对于 try 和 catch 子句的排列方式，下列哪一项是正确的？（　　　）
    A. 子类异常在前，父类异常其后
    B. 父类异常在前，子类异常其后
    C. 只能有子类异常
    D. 父类异常和子类异常不能同时出现在同一个 try 程序段内

6. 下列 java 语言的常用异常类中，属于受检查异常的是（　　　）。
    A. ArithmeticException　　　　　　　B. FileNotFoundException
    C. NullPointerException　　　　　　D. IOException

7. 下面描述中，错误的一项是（　　　）。
    A. 一个程序抛出异常，任何其他在运行中的程序都可以捕获

B. 算术溢出需要进行异常处理

C. 在方法中监测到错误但不知道如何处理错误时，方法就声明一个异常

D. 任何没有被程序捕获的异常将最终被默认处理程序处理

8. 下列描述中，正确的一个是（　　）。

A. 内存耗尽不需要进行异常处理

B. 除数为零需要进行异常处理

C. 异常处理通常比传统的控制结构流效率更高

D. 编译器要求必须设计实现优化的异常处理

9. 下列错误不属于 Error 的是（　　）。

A. 动态链接失败　　　　B. 虚拟机错误　　　　C. 线程死锁　　　　D. 被零除

10. 下列描述中，错误的一个是（　　）。

A. 异常抛出点后的代码在抛出异常后不再执行

B. 任何没有被程序捕获的异常将最终被缺省处理程序处理

C. 异常还可以产生于 Java 虚拟机内部的错误

D. 一个 try 代码段后只能跟有一个 catch 代码段

二、填空题

1. 要继承自定义异常类的继承方式必须使用_____关键字。

2. Java 发生异常状况的程序代码放在_____语句块中，将要处理异常状况的代码放在_____语句块中，而_____语句块则是必定会执行的语句块。其中_____语句块可以有多个，以捕获各种不同类型的异常事件。

3. 抛出异常、生成异常对象都可以通过_____语句实现。

4. 捕获异常的统一出口通过_____语句实现。

5. Java 虚拟机能自动处理_____异常。

三、编程题

1. 创建一个 Person 类，成员变量为：姓名、性别、年龄，在构造函数中使用键盘输入为其成员变量赋值，显示其信息。使用对象数组创建至少两个 Person 对象。要求如下。

（1）运用异常处理知识，使通过键盘输入的"性别"只能是"male"或"female"，若输入有误，则要求重新输入。

（2）年龄的输入范围只能在 0 到 120 之间，若输入有误，则要求重新输入。

2. 创建两个自定义异常类 MyException1 和 MyException2。要求如下。

（1）MyException1 为受检查异常，MyException2 为不受检查异常。

（2）这两个异常均具有两个构造函数，一个无参，另一个带字符串参数，参数表示产生异常的详细信息。

四、读程序，写出结果

```
1. public class Test{
    public static void main(String args[]){
        Test t=newTest();
        int b= t.get();
        System.out.println(b);
    }
    public int get(){
        try {
```

```
            return 1;
            }
            finally{
            return 2;
            }
        }
    }
```

程序运行结果是_____。

```
2. import java.io.*;
   import java.sql.*;
   class TestException{
       public static void main(String args[]){
           System.out.println("main 1");
           int n;
       //读入n
           ma(n);
           System.out.println("main2");
       }
    public static void ma(int n){
           try{
                   System.out.println("ma1");
                   mb(n);
                   System.out.println("ma2");
           }
           catch(EOFException e){
                   System.out.println("Catch EOFException");
           }
           catch(IOException e){
                   System.out.println("Catch IOException");
           }
           catch(SQLException e){
                   System.out.println("Catch SQLException");
           }
           catch(Exception e){
                   System.out.println("Catch Exception");
           }
           finally{
                   System.out.println("In finally");
           }
    }
    public static void mb(int n) throws Exception{
           System.out.println("mb1");
               if (n==1) throw new EOFException();
               if (n==2) throw new FileNotFoundException();
               if (n==3) throw new SQLException();
               if (n==4) throw new NullPointerException();
       System.out.println("mb2");
    }
}
```

问：当读入的 n 分别为 1，2，3，4，5 时，输出的结果分别是_____。

第8章
Java 常用类

Java 语言中提供了大量现成的数据结构。实现这些数据结构的类都包含在 Java 的类库中，以方便程序员使用。本章介绍一些常用的 Java 类的用法，包括 Object 类、System 类、包装类、日期类以及集合框架。掌握这些类的常用方法，将有助于提高开发效率。

8.1　Object 类

java.lang.Object 类是 Java 类层次的根，所有其他类都是从 Object 类直接或间接地派生出来的。如果一个类在声明时没有包含 extends 关键字，那么这个类就直接继承 Object 类。其余的类是间接继承了 Object 类。因此，Object 类中定义的方法，在其他类中都能使用。

Object 类有一个默认的构造方法，在创建子类的实例时，都会先调用这个默认的构造方法。

```
public Object( ){    }    //方法体为空
```

Object 类有以下主要方法。

（1）equals()：比较两个对象（引用）是否相同。

（2）toString()：用来返回当前对象的字符串表示。

（3）getClass()：返回对象运行时所对应的类的表示，从而可得到相应的信息。

（4）finalize()：当垃圾回收器确定不存在对该对象的更多引用时，由对象的垃圾回收器调用此方法。

（5）clone()：创建并返回此对象的一个副本。

（6）hashCode()：返回该对象的哈希码值。

（7）notify(),notifyAll(),wait()：用于多线程处理中的同步。

1. equals(Object obj)

equals(Object obj)方法的格式是：

public boolean equals(Object obj)

功能：比较两个对象（引用）是否相同。

比较规则：当参数 obj 引用的对象与当前对象为同一个对象时，返回 true，否则返回 false。

equals(Object obj)方法的实现方式是：

```
public boolean equals(Object obj){
    if(this==obj) return true;
    else return false;
}
```

可见，Object 类中的 equals()方法只是简单地使用==运算符测试这两个引用值是否相等。也就是说，obj1.equals(obj2)的效果相当于 obj1==obj2。

例如，平面点类 Point 是空间点类 Point3D 的超类。观察 equals()方法和==运算符在下列代码中的使用情况。

```
Point point1=new Point();
Point point2=new Point3D();
Point point3=point1;
System.out.println(point1==point2);            //打印 false
System.out.println(point1.equals(point2));     //打印 false
System.out.println(point1==point3);            //打印 true
System.out.println(point1.equals(point3));     //打印 true
```

值得注意的是，有一些类如 java.io.File、java.util.Date、java.lang.String、包装类（如 java.lang.Integer 和 java.lang.Double 等），它们覆盖了 Object 类的 equals()方法。其比较规则是：如果两个对象的类型一致，并且内容一致，则返回 true，否则返回 false。

观察 equals()方法和==运算符在下列代码中的使用情况。

```
Integer int1=new Integer(10);
Integer int2=new Integer(10);
String str1=new String("Java");
String str2=new String("Java");
System.out.println(int1==int2);               //打印 false
System.out.println(int1.equals(int2));        //打印 true
System.out.println(str1==str2);               //打印 false
System.out.println(str1.equals(str2));        //打印 true
```

2. toString()

toString()方法的格式是：

public String toString()

功能：返回当前对象的字符串表示，格式为“类名@对象的十六进制哈希码”。许多类，如 String、StringBuffer 和包装类都覆盖了 toString()方法，返回具有实际意义的内容。例如：

```
System.out.println(new Object().toString());       //打印 java.lang.Object@273d3c
System.out.println(new Integer(10).toString());    //打印 10
System.out.println(new String("Java").toString()); //打印 Java
```

以上代码等价于：

```
System.out.println(new Object());
System.out.println(new Integer(10));
System.out.println(new String("Java"));
```

当 System.out.println()方法的参数为 Object 类型时，println()方法会自动先调用 Object 对象的 toString()方法，然后打印 toString()方法返回的字符串。

通常，一个子类应该覆盖 toString()方法，以便用更准确的内容和更直观的形式提供对象的字符串表示。Integer 类中定义的 toString 方法能够用它所包装的整数值来表示当前整数对象。

3. finalize()

finalize()方法的格式是：

protected void finalize()throws Throwable

功能：当垃圾回收器确定不存在对该对象有更多引用时，由对象的垃圾回收器调用此方法。Object 类的 finalize()方法执行非特殊性操作，而且仅执行一些常规返回。Object 的子类可以重写此定义。子类重写 finalize()方法，以配置系统资源或执行其他清除。

Java 编程语言不保证哪个线程将调用某个给定对象的 finalize()方法。因此，程序员并不能预测垃圾收集线程会在何时被调用，也不知道对象所用的资源是何时被释放的。所以在有些情况下，不能过分依赖 finalize 方法。必要时，可以在对象成为垃圾之前，主动释放其占用的资源。

4. clone()

clone()方法的格式是：

protected Object clone()throws CloneNotSupportedException

功能：创建并返回此对象的一个副本。

Object 类中定义的 clone 方法生成一个与当前对象内容完全相同的对象，并返回新对象的引用。例如 obj2=obj1.clone()，其中方法调用将产生一个与 obj1 所指对象内容完全相同的新对象。obj2 指向该新对象，而 obj1 仍指向原来的对象。这种复制对象内容产生一个新对象的操作被称为对象的内容复制。

在调用一个对象的 clone 方法时，如果对象的类没有实现 Cloneable 接口，那么方法会抛出 CloneNotSupportedException 异常。为了能用该 clone 方法进行对象复制，对象的类必须实现 Cloneable 接口。实现 Cloneable 只是告诉编译器类的对象是可以复制的，类中并不需要定义额外的方法。另外，由于 clone 方法是 protcted 的，其他包的非子类无法调用它，所以通常需要对其进行覆盖，并将该方法定义成 public 的，如下所示。

```
class MyClass implements Cloneable {
    ......
    public Object clone() throws CloneNotSupportedException {
      return super.clone();
    }
    ......
}
```

还有一点需要注意，clone 方法的返回类型为 Object，所以在进行对象复制时通常需要一个类型转换，例如：

```
MyClass object=new MyClass();
MyClass copy=(MyClass)object.clone();
```

5. getClass()

getClass()方法的格式是：

public final Class getClass()

功能：返回表示该对象的运行时类的 java.lang.Class 对象。

8.2　System 类

java.lang.System 类是一个功能强大、十分有用的特殊类。System 类不能有子类，不能实例化。System 类中成员变量和成员方法都是 static 的，它的主要方法有：

```
public final class System {
    public static final InputStream in;          //标准输入流
    public static final PrintStream out;         //标准输出流
    public static final PrintStream err;         //标准错误输出流
```

```
        public static void setIn(InputStream in);        //重新设置标准输入流
        public static void setOut(PrintStream out);       //重新设置标准输出流
        public static void setErr(PrintStream err);       //重新设置标准错误输出流

        public static long currentTimeMillis();               //返回当前时间（毫秒数）
        public static void arraycopy(Object src, int src_position, Object dst, int
dst_position, int length);                                //数组复制
        public static String getProperty(String key); //获取由 key 指定的系统属性值
        public static String setProperty(String key, String value);
                                                        //设置由 key 指定的系统属性值
        public static void gc();                          //请求 Java 虚拟机运行垃圾收集程序
        public static void exit(int status);             //退出当前运行的 Java 虚拟机
    }
```

可见，System 类有 3 个静态变量：in、out 和 err，分别是系统标准输入流、标准输出流和标准错误输出流。这 3 个数据流已经由系统建立，用户可利用它们输入数据、输出信息或输出错误信息。一般情况下，标准输入设备是指键盘，标准输出设备是指显示器。

此外，用 System 类可获取系统信息，完成系统操作。如以下例子

（1）public static long **currentTimeMillis**()。

获取自 1970 年 1 月 1 日零时至当前系统时刻的微秒数，通常用于比较两事件发生的先后时间差。

（2）public static void **exit**(int status)。

在程序的用户线程执行完之前，强制 Java 虚拟机退出运行状态，并把状态信息 status 返回给运行虚拟机操作系统。习惯上，状态信息 status 表示程序结束时的状态。它为非零值时，表示程序非正常结束。调用方式：System.exit(0)。

（3）public static void **arraycopy**(Object src,int srcPos,Object dest, int destPos,int length)。

从指定源数组中复制一个数组，复制从指定的位置开始，到目标数组的指定位置结束。其中，src 为源数组，srcPos 为源数组中的起始位置，dest 为目标数组，destPos 为目标数据中的起始位置，length 为要复制的数组元素的数量。

（4）public static String **getProperty**(String key)。

获得指定键 key 指示的系统属性。key 是系统属性的名称，key 的常用取值有："file.separator"（文件分隔符）、"Java.class.path"（Java 类路径）、"Java.class.version"（Java 类的版本编号）、"Java.home"（Java 的安装目录）、"Java.version"（Java 的版本编号）、"os.arch"（操作系统的体系结构）、"os.name"（操作系统名）、"os.version"（操作系统版本）、"line.separator"（行分隔符）、"path.separator"（路径分隔符）、"user.dir"（用户当前目录）、"user.home"（用户主目录）、"user.name"（用户名）。

【例 8.1】System 类方法的举例。

```
import java.io.*;
public class Ex8_1 {
    public static void main(String[] args) throws IOException{
        char ch;
        System.out.println("请输入一个字符: ");
        ch=(char)System.in.read();
        System.out.println("您输入了: " + ch);
        System.out.println("user.dir=" + System.getProperty("user.dir"));
```

```
            System.out.println("user.name=" + System.getProperty("user.name"));
            System.out.println("os.name=" + System.getProperty("os.name"));
            System.out.println("os.arch=" + System.getProperty("os.arch"));
            System.out.println("os.version=" + System.getProperty("os.version"));
            System.out.println("file.separator=" + System.getProperty("file.separa
tor"));
            System.out.println("path.separator=" + System.getProperty("path.separa
tor"));
    }
}
```

程序运行结果如下。

请输入一个字符：

A

您输入了：A

user.dir=G:\Ex8_1\classes

user.name=朱晓龙

os.name=Windows XP

os.arch=x86

os.version=5.1

file.separator=\

path.separator=;

以上是作者计算机上的运行结果，在读者的计算机上会有不同的结果。

标准输入流 in 有一个 read()方法，用于从标准输入流中读得一个字符并返回作为该字符码值的 int 型值，所以要进行类型转换。

read()方法可能产生异常，所以声明抛出异常，并引入 java.io 包中的异常类。

8.3　基本类型的包装类

在 Java 中，每一种基本数据类型都有一个相应的包装类，这些类都在 java.lang 包中。8 种基本数据类型所对应的包装类是：byte（Byte）、short（Short）、int（Integer）、long（Long）、char（Character）、float（Float）、double（Double）、boolean（Boolean）。

Java 语言用包装类来把一个基本类型数据转换为对象。或者说，一个包装类的实例总是包装着一个相应的基本类型的值。需要注意的是，包装类的实例一旦生成，其所包装的基本类型值是不能改变的。

包装类的作用：

（1）在有些情况下，能够被处理的数据的类型只能是引用类型，如 Java 集合中不能存放基本类型数据，如果要存放数字，应该通过包装类将基本类型数据包装起来，从而间接处理基本类型数据。

（2）每个包装类都包含一组实用方法，其中很多是静态的。这些方法为处理某种基本类型数据提供了丰富的手段。比如 Integer 类的静态方法 parseInt（String s）能将字符串转换为整数，静态方法 toBinaryString（int i）返回包含整数 i 的二进制形式字符串。

8.3.1　包装类对象的创建方式

使用包装类的方法与其他类一样，定义对象的引用、用 new 运算符创建对象，用方法对对象进行操作。

（1）每个包装类都有一个构造方法，可以通过一个相应的基本型值生成实例。例如：

```
Integer i=new Integer(10);          // i 是 Integer 类的一个对象, 值为 10
Float f=new Float(1.0f);            // f 是 Float 类的一个对象, 值为 1.0f
Double d=new Double (1.0);          // d 是 Double 类的一个对象, 值为 1.0
Boolean b=new Boolean(true);        // b 是 Boolean 类的一个对象, 值为 true
Character c= new Character('c');     // c 是 Character 类的一个对象, 值为'c'
```

（2）除了 Character，其他包装类都有一个构造方法，可以通过一个表示相应基本型值的字符串生成实例。如果指定字符串不能表示一个有效的基本型值，那么除了 Boolean，其他包装类的构造器会抛出 NumberFormatException 异常。例如：

```
Integer i=new Integer("123");       // i 是 Integer 类的一个对象, 值为 123
Float f= new Float( "12.34F" );      // f 是 Float 类的一个对象, 值为 12.34F
Double d= new Double( "1.234D");     // d 是 Double 类的一个对象, 值为 1.234D
```

（3）Boolean 类的构造方法接受任意字符串，如果字符串为"true"（忽略大小写），则生成的实例包装 true，否则包装 false。例如：

```
Boolean b=new Boolean("TruE" );      // b 是 Boolean 类的一个对象, 值为 true
Boolean b=new Boolean("123a" );      // b 是 Boolean 类的一个对象, 值为 false
```

8.3.2　包装类的常用方法

（1）每个包装类都有一个实例方法 xxxValue()，这里 xxx 是相应的基本数据类型名。使用该方法可以抽取并返回实例所包装的基本型值。例如：

```
Integer i=new Integer(10); int j=i.intValue( ); // j=10
Float f=new Float("12.34F" );  float fVar=f.floatValue( ); // fVar=12.34F
```

（2）除了 Character 类和 Boolean 类，包装类都有一个静态方法 valueOf(String s)，该方法可以根据一个表示相应基本型值的字符串生成实例。例如：

```
Integer i=Integer.valueOf("123");   // i 是 Integer 类的一个对象, 值为 123
Float f=Float.valueOf("12.34F");    // f 是 Float 类的一个对象, 值为 12.34F
Double d=Double.valueOf("1.234D");  // d 是 Double 类的一个对象, 值为 1.234D
```

（3）除了 Character 类和 Boolean 类，包装类都有一个静态方法 parseXXX(String str)，该方法把字符串转换为相应的基本类型数据，这里 XXX 是相应的基本数据类型名。Str 不能为 null，否则，会抛出 NumberFormatException 异常。例如：

```
int i=Integer.parseInt("123");      // i=123
double d=Double.parseDouble("qwe"); // 抛出 NumberFormatException 异常
```

（4）每个包装类都有一个实例方法 toString()。使用该方法可以返回一个表示实例所包装的基本型值的字符串对象。

8.3.3　自动装箱和自动拆箱

把基本类型的值转换为相应的包装类型对象，这一过程称为"装箱"。例如：

```
Integer iObj=new Integer(100);
Float fObj=new Float(3.14f);
Boolean bObj=new Boolean(true);
Character cObj=new Character('c');
```

把包装类型对象转换为相应的基本类型的值，这一过程称为"拆箱"。例如：

```
int i=iObj. intValue( );
float f=f.Obj.floatValue( );
boolean b=f.Obj.booleanValue( );
char c=c.Obj.charValue( );
```

JDK 5.0 提供了自动装箱和自动拆箱的功能，可以直接使用以下语句来打包基本类型的数据：

```
Integer iObj=100;
Float fObj=3.14f;
Boolean bObj=true;
Character cObj='c';
```

在进行编译时，编译器自动根据语句判断是否进行自动装箱动作。总之，可以将 int、boolean、byte、short、char、long、float、double 8 种基本类型，分别转换为相应的包装类型 Integer、Boolean、Byte、Short、Character、Long、Float 或 Double。

也可以直接使用以下语句，将包装类对象中所包装的数据提取出来：

```
int i=iObj;
float f=fObj;
boolean b=fObj;
char c=cObj;
```

可见，自动装箱和自动拆箱能使基本类型和包装类之间的混合运算变为合法。在赋值时，基本类型和包装类之间直接赋值，不需要做任何转换；在运算时，也可以进行自动装箱与拆箱。例如：

```
Integer i=10;
System.out.println(i+10);
System.out.println(i++);
```

上例中会显示 20 与 10，编译器会自动进行自动装箱与拆箱，也就是 10 会先被装箱，然后在 i+10 时会先拆箱，进行加法运算；i++该行也是先拆箱再进行递增运算。再来看一个例子：

```
Boolean boo=true;
System.out.println(boo && false);
```

boo 是 Boolean 的实例，在进行与运算时，会先将 boo 拆箱，再与 false 进行 AND 运算，结果会显示 false。

还可以使用更一般化的 java.lang.Number 类来自动装箱。例如：

```
Number number=3.14f;    // 3.14f 会先被自动装箱为 Float，然后指定给 number。
```

【例 8.2】自动装箱和自动拆箱在方法参数和返回类型的应用举例。

```
class Score{
    float getScore(Float score){
return score;
    }
}
public class WrapPrim {
    public static void main(String[] args) {
        float x, y;
        Score o1, o2;
        o1=new Score();
        o2=new Score();
        x=o1.getScore(96.5f);
```

```
            y=o2.getScore(73.2f);
            System.out.println("x="+x+",  y="+y);
        }
}
```

程序运行结果如下。

x=96.5,   y=73.2

在方法调用时，实参 96.5f 和 73.2f 都是 float 基本类型，而形参 score 是包装类 Float，需要自动装箱。

方法返回类型要求是 float 类型，而 return 语句中 score 的类型为 Float，需要自动拆箱。

【例 8.3】自动装箱和自动拆箱在控制语句中的应用举例。

```
public class Ex8_3 {
    public static void main(String[] args) {
        Boolean arriving=true;
        Integer peopleInRoom=0;
        int maxCapacity=5;
        while (peopleInRoom < maxCapacity) {
            if(arriving) {
                System.out.printf("很高兴见到你, %d 号先生\n",peopleInRoom);
                peopleInRoom++;
            }
            else {
                peopleInRoom--;
            }
        }
    }
}
```

程序运行结果如下。

很高兴见到你，0 号先生

很高兴见到你，1 号先生

很高兴见到你，2 号先生

很高兴见到你，3 号先生

很高兴见到你，4 号先生

需要自动装箱的是：arriving 和 peopleInRoom 的初始化。

需要自动拆箱的是：while 和 if 语句中的条件表达式，peopleInRoom--和 peopleInRoom ++ 运算。

（1）自动装箱和自动拆箱是编译器提供的功能，它为编写程序提供了方便，Java 虚拟机并不支持基本类型和包装类之间的混合运算。

（2）一般来说，自动装箱操作将产生一个新的包装类对象，但对下面所列的基本类型值，系统将保证其两次装箱产生的是同一个对象。

- boolean 型值（true 或 false）。
- byte 型值。
- int 或 short 型值，范围：-128～127。
- char 型值，范围：'\u0000' ～'\u007f'。

【例 8.4】系统将保证其两次装箱产生的是同一个对象举例。

```
public class Ex8_4 {
```

```
public static void main(String[] args) {
    Integer iObj1=256;
    Integer iObj2=256;
    if (iObj1==iObj2)
        System.out.println("相等! ");
    else
        System.out.println("不相等! ");
}
}
```

程序运行结果如下。

不相等!

超出范围：-128～127；自动装箱不保证两次装箱产生的是同一个对象。

8.4　日期类

Java 提供了 3 个日期类，如下所示。

Date：创建日期对象并获得日期（以毫秒数来表示特定的日期）。

Calendar：可获取和设置日期中的年、月、日、时、分和秒等信息。

DateFormat：对日期进行格式化。

Date 和 Calendar 类在 java.util 包中，DateFormat 类在 java.text 包中。

Java 语言规定的基准日期为 1970 年 1 月 1 日 00:00:00 格林威治（GMT）标准时。

8.4.1　Date 类和 DateFormat 类

Date：包装了一个 long 类型数据，表示从 GMT(格林尼治标准时间)1970 年 1 月 1 日 00:00:00 这一刻开始的毫秒数，即以毫秒数来表示特定的日期。例如：

```
Date date=new Date( );              //创建一个代表当前日期和时间的 Date 对象
System.out.println(date.getTime()); //getTime()方法返回 Date 对象包含的毫秒数
```

DateFormat：是日期/时间格式化子类的抽象类。它有一个子类 SimpleDateFormat，能够进行格式化（也就是日期转换为文本）、分析（文本转换为日期）和标准化。DateFormat 的主要方法有：

（1）public final String **format**(Date date)：将一个 Date 格式化为日期/时间字符串。

```
Date date=new Date( );
SimpleDateFormat f=new SimpleDateFormat("yyyy-MMMM-dd-EEEE");
System.out.println(f.format(date));  //打印 2010-八月-30-星期一
SimpleDateFormat f=new SimpleDateFormat("yy/mm/dd hh:mm:ss");
System.out.println(f.format(date));  //打印 10/08/30 08:59:55
```

这里，字符串"yyyy-MMMM-dd-EEEE"决定了日期的格式。"yy/mm/dd hh:mm:ss"表示另一种日期格式。常见的特殊意义的字符如下所示。

y 或 yy：表示 2 位长度的年；yyyy 表示 4 位长度的年。

M 或 MM：表示 2 位长度的月，如果用汉字表示月，至少要有 3 个 MMM。

d 或 dd：表示 2 位长度的日。

h 或 hh：表示 2 位长度的时。

m 或 mm：表示 2 位长度的分。

s 或 ss：表示 2 位长度的秒。

E：用字符串表示星期。

（2）public Date **parse**(String source)：从给定字符串的开始分析文本，以生成一个日期。

```
Date date1=new SimpleDateFormat("MM-dd-yyyy").parse("04-23-2015");
Date date2=new SimpleDateFormat("yyyy/MM/dd hh:mm:ss").parse("04-23-201510:53:
55");
```

（3）public static final DateFormat **getDateTimeInstance**(int dateStyle, int timeStyle)：获得日期/时间格式化器，该格式化器可以给定日期和时间的格式。

日期和时间格式有以下几类。

- DateFormat.SHORT：完全为数字，如 12.13.52 或 3:30pm。
- DateFormat.MEDIUM：较长，如 Jan 12,1952。
- DateFormat.LONG：更长，如 January 12,1952 或 3:30:32pm。
- DateFormat.FULL：是完全指定，如 Tuesday,April 12,1952 AD 或 3:30:42pm PST。

【例 8.5】DateFormat 的方法举例。

```
import java.util.*;
import java.text.*;
public class Ex8_5 {
    public static void main(String[] args) {
        Date date=new Date();
        DateFormat shortDateFormat=
          DateFormat.getDateTimeInstance(DateFormat.SHORT,DateFormat.SHORT);
        DateFormat mediumDateFormat=
          DateFormat.getDateTimeInstance(DateFormat.MEDIUM,DateFormat.MEDIUM);
        DateFormat longDateFormat=
          DateFormat.getDateTimeInstance(DateFormat.LONG,DateFormat.LONG);
        DateFormat fullDateFormat=
          DateFormat.getDateTimeInstance(DateFormat.FULL,DateFormat.FULL);
        System.out.println(shortDateFormat.format(date));
        System.out.println(mediumDateFormat.format(date));
        System.out.println(longDateFormat.format(date));
        System.out.println(fullDateFormat.format(date));
    }
}
```

程序运行结果如下。

15-9-28 下午 10:32

2015-9-28 22:32:48

2015 年 9 月 28 日下午 10 时 32 分 48 秒

2015 年 9 月 28 日星期一 下午 10 时 32 分 48 秒 CST

8.4.2　Calender 类

Calendar 类是一个抽象类，它是将 Date 对象的数据转换成 YEAR、MONTH、DAY_OF_MONTH、HOUR、DATE_OF_WEEK 等常量，Calendar 类有静态方法 getInstance，用来获得一个 Calendar 对象，其日历字段已由当前日期和时间初始化，再调用 get 方法和常量获得日期或时间的部分值。如：

```
Calendar now=Calendar.getInstance( );
```

```
int year=now.get(Calendar.YEAR) ;              //用 get 方法得到当前年份
int month=now.get(Calendar.DAY_OF_MONTH);      //获得当前月份
int minute=now.get(Calendar.MINUTE);           //获得当前分钟数
Date date=now.getTime();                       //Calendar 转化为 Date
Date date=new Date();
Calendar rightNow=Calendar.getInstance();
rightNow.setTime(date);                        //Date 转化为 Calendar
```

还可以使用以下 3 种方法更改日历字段。

（1）set(int field,int value)：用来设置指定日历字段为给定值。

（2）add(int field,int amount)：根据日历的规则，为给定的日历字段添加或减去指定的时间量。例如，将当前日历 2015 年 9 月 3 日，向前调 4 天，再向后调 4 天。

```
SimpleDateFormat df=new SimpleDateFormat("yyyy-MM-dd");
Calendar cal=Calendar.getInstance();
cal.set(Calendar.YEAR, 2015);                  //年设置为 2015
cal.set(Calendar.MONTH, 8);                    //月设置为 9。一月是 0，所以 9 月是 8
cal.set(Calendar.DAY_OF_MONTH, 3);             //月中的日期设置为 3
cal.add(Calendar.DATE, -4);                    //从当前日历时间减去 4 天
Date date=cal.getTime();
System.out.println(df.format(date));           //打印 2015-08-31
cal.add(Calendar.DATE, 4);                     //从当前日历时间加上 4 天
date=cal.getTime();
System.out.println(df.format(date));           //打印 2015-09-07
```

又如：当前日期为 2008-05-01,把日历调整为一周前的日期（2008-4-24）。

```
calendar.add(Calendar.WEEK_OF_MONTH, -1);
```

（3）roll(int field,int amount)：向指定日历字段添加指定（有符号的）时间量，不更改更大的字段。

上例中，cal.add(Calendar.DATE, -4);替换为 cal.roll(Calendar.DATE, -4);后，打印的日期是：2015-09-29。可见，roll(Calendar.DATE, -4)方法不能更改更大的字段——月，只能在本月内循环。

GregorianCalendar 类是 Calender 类的子类，实现标准的 Gregorian 日历。类似的，该类也能实现上述功能。

例如，计算 1978 年 12 月 1 日到 2010 年 9 月 1 日的相隔天数。

```
Calendar myCal=Calendar.getInstance();
myCal.set(1978,11,1);                          //将日历翻到 1978 年 12 月 1 日
long t1978=myCal.getTimeInMillis();            //1978 年 12 月 1 日的毫秒数
myCal.set(2010,8,1);
long t2010=myCal.getTimeInMillis();
long day=(t2010-t1978)/(1000*60*60*24);        //1000*60*60*24 为一天的毫秒数
System.out.println("day="+day);                //day=11597
```

【例 8.6】打印 2015 年 7 月的日历表。

```
import java.util.*;
public class Ex8_6 {
  public static void main(String[] args) {
    System.out.println("日 一 二 三 四 五 六");
    Calendar myCal=Calendar.getInstance();
    myCal.set(2015,6,1);
    int weekNo=myCal.get(Calendar.DAY_OF_WEEK)-1;
```

```
String[] myWeek=new String[weekNo+31];
for(int i=0; i<weekNo; i++){
    myWeek[i]=" ";
}
for(int i=weekNo,n=1; i<weekNo+31; i++){
    if(n<=9){ myWeek[i]=" "+String.valueOf(n);}
    else myWeek[i]=String.valueOf(n);
    n++;
}
for(int i=0;i<myWeek.length; i++){
    if(i%7==0) System.out.println();
    System.out.print(myWeek[i]+" ");
}
}
}
```

程序运行结果如下。

```
日   一   二   三   四   五   六
                1   2   3   4
 5   6   7   8   9  10  11
12  13  14  15  16  17  18
19  20  21  22  23  24  25
26  27  28  29  30  31
```

8.5　集合框架

Java 数组存储和操纵一组数据。但数组的长度是固定的，数组存放数组的类型可以是基本类型，也可以是引用类型。集合框架也存储和操纵一组数据。但集合框架的长度是可变的，不固定，集合框架存放数组的类型不能是基本类型，只能是对象的引用。

集合是指集中存放其他对象的一个对象。集合提供了保存、获取和操作其他对象的方法，这样程序员不需要自己编写代码就可实现这些功能，可轻松地管理对象。Java 集合框架只提供用于管理存放对象的接口和类，由两种类型构成，一个是 Collection；另一个是 Map。Collection 是所有集合的根接口，Map 是所有键/值对映射的根接口。注意，在集合中只存储对象引用，对象在集合之外。

8.5.1　Collection 接口

Collection 接口是所有集合类型的根接口，其有 3 个子接口：List 接口、Set 接口和 Queue 接口。Collection 对象用来存放一组对象。Collection 接口声明了集合中常用的一些通用方法，主要包括 3 类：基本方法、批量方法和数组方法。

```
//基本方法
boolean add(Object o)           //向集合中添加指定元素o
boolean remove(Object o)        //若集合中有指定元素o，则从集合中删除
int size()                      //返回集合中的元素个数
boolean isEmpty()               //判断集合是否为空，若为空则返回 true
```

```
boolean contains(Object o)              //判断元素是否在集合中，若在则返回 true
Iterator iterator()                     //返回该集合迭代器，可遍历集合中的元素
//批量方法
boolean containsAll(Collection c)       //判断 c 中所有元素是否在集合中，若在则返回 true
boolean add All(Collection c)           //向集合中添加 c 中所有元素
boolean remove All(Collection c)        //若集合中的元素在 c 中，则从集合中删除
void clear()                            //删除集合中的所有元素
//数组方法
Object[] toArray()                      //将集合中的元素以数组形式返回
Object[] toArray(Object[] a)            //将集合中的元素转换成指定类型的数组
```

8.5.2　List 接口及实现类

List 接口是实现一种线性表的数据结构。存放在 List 中的所有元素都有一个下标（从 0 开始），可以通过下标访问 List 中的元素。List 中可以包含重复元素。List 接口有两个通用的实现类：ArrayList 和 LinkedList。

List 接口除了继承 Collection 的方法外，还定义了定位访问、查找、迭代和返回子线性表等方法。方法如下：

```
//定位访问
E get(int index)                        //返回此列表中指定位置上的元素
E set(int index,E element)              //用指定元素替换列表中指定位置的元素
boolean add(E element)                  //向列表的尾部添加指定的元素
E remove(int index)                     //移除列表中指定位置的元素
//查找
int indexOf(Object o)                   //查找列表中第一次出现的指定元素的索引
int lastIndexOf(Object o)               //查找列表中最后一次出现的指定元素的索引
//迭代
ListIterator<E> listIterator()          //返回此列表元素的列表迭代器
ListIterator<E> listIterator(int index) //从列表的指定位置开始
//返回从 fromIndex（包括）和 toIndex（不包括）之间的一个子线性表
List<E> subList(int fromIndex,int toIndex)
```

ArrayList 类是最常用的线性表实现类，是通过数组实现的集合对象。因此，对元素进行随机访问的性能很好，如果进行大量的插入、删除操作，则性能较差。它是一个可添加 null 值的变长对象数组。

ArrayList 类的构造方法如下：

```
ArrayList()                             //构造一个初始容量为 10 的空线性表
ArrayList(Collection c)                 //用集合 c 中的元素构造一个线性表
ArrayList(int initialCapacity)          //构造一个具有指定初始容量的空线性表
```

【例 8.7】在 ArraryList 线性表中进行定位、查找和迭代的示例。

```
import java.util.*;
class ArrayListDemo {
    public static void main(String[] args) {
        ArrayList myWeekday=new ArrayList();
        myWeekday.add("Sunday");
```

```
        myWeekday.add("Monday");
        myWeekday.add("Wednesday");
        myWeekday.add("Friday");
        System.out.println(myWeekday);
        myWeekday.add(2,"Tuesday");
        myWeekday.set(4,"Thursday");
        myWeekday.remove(0);
        Iterator<String> iterator=myWeekday.iterator();
        while(iterator.hasNext()){                    //迭代器遍历线性表
            String day=iterator.next();
            System.out.println(day);
        }
    }
}
```

程序运行结果如下。

[Sunday, Monday, Wednesday, Friday]

Monday

Tuesday

Wednesday

Thursday

ArrayList 类重写了 toString()方法，因此可以输出线性表中的所有元素。

如果需要对线性表进行大量的插入、删除操作，应使用 LinkedList 类。但它对元素进行随机访问时间是线性的，ArraryList 类是常量时间。

LinkedList 类的构造方法如下：

```
LinkedList()                    //构造一个空链表
LinkedList(Collection c)        //用集合 c 中的元素构造一个链表
```

注意，构造 LinkedList 链表不需要指定初始容量。

【例 8.8】在 LinkedList 链表中进行定位、查找和迭代的示例。

```
import java.util.*;
public class LinkedListDemo {
    public static void main(String[] args) {
        LinkedList link=new LinkedList();
        for(int i=0;i<10;i++){
            link.add(String.valueOf(i));
        }
        Iterator<String> iterator=link.iterator();
        while(iterator.hasNext()){
            System.out.print(iterator.next()+"   ");
        }
        System.out.println("");
        link.addLast(String.valueOf(10));
        link.set(5, String.valueOf(555));
        link.remove(0);
        System.out.println(link);
    }
}
```

程序运行结果如下。

```
0   1   2   3   4   5   6   7   8   9
[1, 2, 3, 4, 555, 6, 7, 8, 9, 10]
```

另外，Vector 类和 Stack 类是 Java 早期版本提供的两个集合类，分别实现了向量和对象栈。Vector 类和 Stack 类在实现中使用了同步机制，并发性能差，因此不提倡使用。又因为现在常用 ArrayList 或 LinkedList 来替代 Vector，用 LinkedList 来替代 Stack，所以本书就不作介绍了。

8.5.3　Set 接口及实现类

Set 接口是 Collection 的子接口，且没有定义新方法，只包含从 Collection 接口继承的方法。Set 接口对象类似于数学的集合概念，它与 List 接口对象最大的区别是 Set 中没有重复元素。Set 中的对象没有特定的顺序。

Set 接口的常用实现类有 TreeSet 类、HashSet 类和 LinkedHashSet 类。

SortedSet 接口继承自 Set 接口，是一个 Sorted 类型的 Set。也就是说，实现该接口的类将按对象的天然顺序自动排序，而不管插入的顺序是什么，其总会按照对象的天然顺序进行遍历。TreeSet 类是实现了 SortedSet 接口的类。它有 4 种构造方法，如下所示。

```
TreeSet()                //构造一个空的树集合
TreeSet(Collection c)    //用集合 c 中的元素构造一个树集合
TreeSet(Comparator c)    //构造一个空的树集合，元素按比较器 c 的规则排序
TreeSet(SortedSet s)     //用集合 s 中的元素构造一个树集合，排序规则同 s
```

【例 8.9】在 TreeSet 树集合中进行添加和删除的示例。

```
import java.util.*;
public class TreeSetDemo {
    public static void main(String[] args) {
        TreeSet ts=new TreeSet();
        ts.add(String.valueOf(5));
        ts.add(String.valueOf(6));
        ts.add(String.valueOf(3));
        ts.add(String.valueOf(2));
        ts.add(String.valueOf(4));
        ts.remove(String.valueOf(5));
        ts.add(String.valueOf(1));
        System.out.println(ts);
    }
}
```

程序运行结果如下。

[1, 2, 3, 4, 6]

HashSet 类是按照哈希算法来存储对象引用的。它具有最好的存取性能，存储的对象引用没有顺序。另外，可以向 HashSet 中添加 null 值，但只能添加一次。

HashSet 类的构造方法有以下 4 种。

```
HashSet()                //构造一个空的散列集合，加载因子（load factor）是 0.75
HashSet(Collection c)    //用集合 c 中的元素构造一个散列集合
HashSet(int initialCapacity) //构造一个指定初始容量的散列集合
                         //构造一个散列集合，并指定初始容量和加载因子
HashSet(int initialCapacity,float loadFactor)
```

【例 8.10】在 HashSet 散列集合中进行添加和删除的示例。

```
import java.util.*;
public class HashSetDemo {
    public static void main(String[] args) {
```

```
HashSet hs=new HashSet();
hs.add(String.valueOf(5));
hs.add(String.valueOf(1));
hs.add(String.valueOf(3));
hs.add(String.valueOf(2));
hs.add(String.valueOf(4));
hs.remove(String.valueOf(5));
hs.add(String.valueOf(1));          //再添加内容为 1 的字符串
hs.add(null);                        //将 null 添加到 HashSet 中
System.out.println(hs);
    }
}
```

程序运行结果如下。

[null, 3, 2, 1, 4]

8.5.4　Queue 接口及实现类

Queue 接口是 Collection 的子接口，是以先进先出的方式排列其对象，这种排列称为队列。

Queue 接口有两个实现类：LinkedList 类和 PriorityQueue 类。其中，LinkedList 也是 List 接口的实现类，而 PriorityQueue 是优先队列，优先队列中对象的顺序是根据对象的值排列的。不管使用什么顺序，队头总是在调用 remove() 和 poll() 时被最先删除。

Queue 接口还定义了新的方法：

```
boolean add(E e)         //将指定的对象 e 插入到队列中，操作失败时抛出异常
E remove()               //返回队列头对象，并将其删除，操作失败时抛出异常
E element()              //返回队列头对象，但不将其删除，操作失败时抛出异常
boolean offer(E e)       //将指定的对象 e 插入到队列中，操作失败时返回特定值
E poll()                 //返回队列头对象，并将其删除，操作失败时返回特定值
E peek()                 //返回队列头对象，但不将其删除，操作失败时返回特定值
```

可见，Queue 接口的每种操作都有两种形式：一种在操作失败时抛出异常，另一种在操作失败时返回特定值。

【例 8.11】使用队列实现一个计数器。从命令行指定一个正整数，将从指定的数到 0 事先存放在队列中，然后每隔一秒输出一个数。

```
import java.util.*;
public class QueueDemo {
    public static void main(String[] args) {
        int time=Integer.parseInt(args[0]);
        Queue queue=new LinkedList();
        for(int i=time; i>=0; i--){
            queue.add(Integer.valueOf(i));
        }
        while(!queue.isEmpty()){
            System.out.print(queue.remove()+"   ");
            try{
                Thread.sleep(1000);
            }catch(InterruptedException e){
                e.printStackTrace();
            }
        }
    }
}
```

从命令行输入正整数 8，程序运行结果如下。

8　7　6　5　4　3　2　1　0

PriorityQueue 类是 Queue 接口的一个实现类，实现了一种优先级队列。它的元素对象的插入和删除并不遵循先进先出的原则，而是根据某种优先顺序进行的。

PriorityQueue 类的构造方法有以下 4 种。

```
PriorityQueue()                              //构造一个默认初始容量（11）的空优先队列
PriorityQueue(Collection c)                  //用集合 c 中的元素构造一个优先队列
PriorityQueue(int initialCapacity)           //构造一个指定初始容量的空优先队列
//构造一个指定初始容量 的空优先队列，元素顺序为比较器 c 制定的顺序
PriorityQueue(int initialCapacity,Comparator c)
```

【例 8.12】 PriorityQueue 类使用示例。

```java
import java.util.*;
public class PriorityQueueDemo {
    public static void main(String[] args) {
        int[] ia={1,5,3,7,6,9,8};
        PriorityQueue pq1=new PriorityQueue();
        for(int i=0; i<ia.length; i++){
            pq1.offer(Integer.valueOf(ia[i]));
        }
        for(int x:ia){
            System.out.print(pq1.poll()+"  ");
        }
        System.out.println();

        PQSort pqs=new PQSort();
        PriorityQueue pq2=new PriorityQueue(10,pqs);
        for(int x:ia){
            pq2.offer(x);
        }
        System.out.println("size="+pq2.size());
        System.out.println("peek="+pq2.peek());
        System.out.println("poll="+pq2.poll());
        System.out.println("size="+pq2.size());
        for(int i=0; i<ia.length; i++){
            System.out.print(pq2.poll()+"  ");
        }
    }
    static class PQSort implements Comparator<Integer>{
        public int compare(Integer one,Integer two){
            return two-one;
        }
    }
}
```

程序运行结果如下。

1　3　5　6　7　8　9

size=7

peek=9

poll=9

size=6

8 7 6 5 3 1 null

最后输出的 null 表示队列已为空。

8.5.5 Map 接口及实现类

Map 对象是用来存储"关键字/值"对的集合对象。在 Map 对象中存储的关键字和值都必须是对象，并要求关键字是唯一的，而不可以有重复。注意，Map 是所有"键/值"对映射的根接口。Map 不是 Collection 的子接口。

Map 接口的常用方法有：

```
//基本操作
Object put(Object key,Object value)
Object get(Object key)
Object remove(Object key)
boolean containsKey(Object key)
boolean containsValue(Object value)
int size()
boolean isEmpty()
//批量操作
void putAll(Map t)
void clear()
//集合视图
Set<K> keySet()
Collection<V> values()
```

Map 接口的常用实现类有 HashMap 类、TreeMap 类和 Hashtable 类。

HashMap 类是基于哈希表的 Map 接口实现。该类允许使用 null 值和 null 键，但不保证映射的顺序。HashMap 对象有两个参数影响其性能，分别为初始容量和加载因子。

HashMap 类的构造方法是：

```
HashMap()                    //构造一个空的映射对象，加载因子（load factor）是 0.75
HashMap(int initialCapacity) //构造一个指定初始容量的映射对象
                             //构造一个散列集合，并指定初始容量和加载因子
HashMap(int initialCapacity,float loadFactor)
HashMap(Map m)               //用指定映射对象 m 构造一个新的映射对象
```

【例 8.13】在 HashMap 对象中存放几个国家名称和首都名称对照表，然后对其进行操作的示例。

```
import java.util.*;
public class HashMapDemo {
    public static void main(String[] args) {
        String[]
country={"China","India","Australia","Germany","Cuba","Greece","Japan"};
        String[] captial=
        {"Beijing","New Delhi","Canberra","Berlin","Havana","Athens","Tokyo"};
        HashMap m=new HashMap();
        for(int i=0; i<country.length; i++){
            m.put(country[i], captial[i]);
        }
        System.out.println("共有"+m.size()+"个国家：");
        System.out.println(m);
        System.out.println(m.get("China"));
```

```
                m.remove("Japan");
                Set coun=m.keySet();
                for(int i=0; i<m.size(); i++){
                    System.out.print(m.get(country[i])+"   ");
                }
        }
    }
```

程序运行结果如下。

共有 7 个国家：

```
{Cuba=Havana, Greece=Athens, Australia=Canberra, Germany=Berlin, Japan=Tokyo,
China=Beijing, India=New Delhi}
Beijing
Beijing   New Delhi   Canberra   Berlin   Havana   Athens
```

TreeMap 类实现了 SortedMap 接口，SortedMap 接口能保证 Map 中的各项按关键字升序排序。TreeMap 类的构造方法如下：

```
TreeMap()                    //构造一个按键的自然顺序排序的空映射
TreeMap(Comparator c)        //用指定比较器 c 构造一个空映射
TreeMap(Map m)               //用指定映射构造一个新映射，按键的自然顺序排序
TreeMap(SortedMap m)         //用指定对象 m 构造一个新映射
```

【例 8.14】从一个字符串中读取数据，统计该字符串中共有多少不同的单词及每个单词出现的次数。

```
import java.util.*;
public class TreeMapDemo {
    public static void main(String[] args) {
        String str="no pains, no gains. well begun is half done. where there is
a will,there is a way.";
        String[] words=null;
        TreeMap<String, Integer> m=new TreeMap<>();
        words=str.split("[,. ]");
        for(int i=0; i<words.length; i++){
        Integer freq=m.get(words[i]);
        if(freq==null){
            m.put(words[i],1);
        }
        else
            m.put(words[i],freq+1);
        }
        System.out.println("共有"+m.size()+"个不同单词：");
        System.out.println(m);
    }
}
```

程序运行结果如下。

共有 13 个不同单词：

```
{a=2, begun=1, done=1, gains=1, half=1, is=3, no=2, pains=1, there=2, way=1, well=1,
where=1, will=1}
```

Hashtable 类是 Java 早期版本提供的一个存放"键/值"对的实现类，实现了一种散列的表。Hashtable 类在实现中使用了同步机制，并发性能差，因此不提倡使用。又因为现在常用 HashMap 来替代 Hashtable，所以本书就不作介绍了。

习 题

一、填空题

1. _____接口是所有集合类型的根接口，List、Set 是该接口的常用子接口。

2. Map 是所有"键/值"对映射的根接口，_____、_____是该接口的常用实现类。

3. 接口 Queue 的常用实现类有_____和_____。

4. Set 接口和 List 接口的最大区别是_____。

二、选择题

1. 在 Map 接口中，删除所有映射关系的方法是（ ）。

    A. clear()方法   B. containsKey 方法

    C. isEmpty()方法   D. size()方法

2. 返回集合大小的方法是（ ）。

    A. clear()方法   B. containsKey 方法

    C. isEmpty()方法   D. size()方法

3. 关于下列一段代码，下面（ ）选项的语句可以确定"cat"包含在列表 list 中。

```
ArrayList list=new ArrayList();
List.add("dog");
List.add("cat");
List.add("horse");
```

    A. list.contains("cat");   B. list.hasObject("cat");

    C. list.indexOf("cat");   D. list.indexOf(1);

三、编程题

1. 使用 System 类中的方法，编程实现从 1949 年 10 月 1 日至 2015 年 8 月 15 日之间的相隔天数。

2. 使用 System 类中的方法，编程实现数组的复制。

3. 使用 System 类中的方法，编程实现获得自己计算机上的系统属性。

4. 编程实现基本类型与其包装类的相互装换，字符串与包装类的相互装换。

5. 编程实现指定日期的设置和格式化，并打印格式化后的日期。

6. 编写程序，随机生成 10 个两位整数，将其分别存入 HashSet 和 TreeSet 对象，然后将它们输出，比较输出结果的不同。

第9章
图形用户界面 GUI

图形用户界面（Graphical User Interface，GUI，又称图形用户接口）是指以图形方式显示的计算机操作用户的界面。相比于以前的使用命令行的操作界面，此方式让用户在视觉上更容易接受，界面也更加的美观。本章就如何设计和构建一个图形用户界面进行描述，并提供实例便于读者理解。

9.1　一个简单的 GUI 程序

【例 9.1】用 JFrame 创建一个简单的 GUI。

```
import javax.swing.*;                                      //引入 swing 包
public class Exam9_1 {
    public static void main(String[] args) {
        JFrame frame=new JFrame("A Simple GUI ");          //创建 JFrame 对象
        frame.setBounds(200, 200, 400,200);                //设置边界
        frame.setVisible(true);                            //使窗口可视化
        frame.setDefaultCloseOperation(JFrame.EXIT_ON_CLOSE); //设置关闭方式
    }
}
```
运行结果如图 9.1 所示。

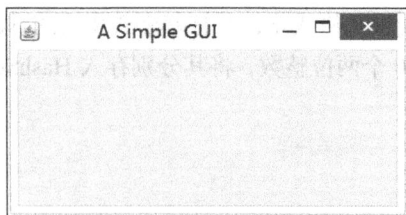

图 9.1　例 9.1 运行结果

9.2　java.awt 包和 javax.swing 包

java.awt 包是指 Java 抽象窗口工具包（Abstract Window Toolkit，AWT），最早出现于 Java1.x 中，

是 Java 初期所内置的一种面向窗口应用的库，其作为 JDK 的一部分，是 Java 基本类（JFC）的核心，并提供了许多用于 GUI 设计的组件类。AWT 最初的设计目标是提供一个用来建立图形用户界面的独立平台，辅助程序员构造一个通用的 GUI，使其在所有平台上都能正常显示（与平台无关），但这个目标并没有很好地实现。从 Java 1.2 开始，其程序中添加了被称为 "Swing" 的新 GUI 库 javax.swing，其是为解决 java.awt 中存在的问题而开发的，实际上则是对 AWT 的扩充和改进。

AWT 和 Swing 的原理是不相同的，AWT 提供的图形函数与操作系统有着对应的关系。因为 AWT 是依靠本地方法来实现各种功能的，所以 AWT 控件又称之为 "重量级控件"。Swing 不仅提供了 AWT 的所有功能，还用纯 Java 的代码对 AWT 的功能进行大幅度扩充。而且 Swing 控件在各平台运行速度都通用。Swing 不使用本地方法来实现功能，故 Swing 控件又叫 "轻量级控件"。

AWT 基于本地方法的 C/C++程序，运行速度较快，而 Swing 基于 AWT 的 java 程序，相对较慢。AWT 在不同的平台表现都有可能不相同，而 Swing 在各种平台上面表现都是一样的。一般在 AWT 中的组件都可在 Swing 中找到对应的类，区别在于名称前面加了大写字母 J。例如 AWT 中的 Button 在 Swing 中的对应类是 JButton。

本书主要针对 Swing 组件进行介绍。

9.3　容器、组件和布局

在学习 GUI 编程的时候，必须很好地掌握和理解容器类（Container）和组件类（Component）。Component 类及其子类的对象用来描述以图形化的方式显示在屏幕上并能够与用户进行交互的 GUI 元素。Container 类是用来组织界面上的组件或者单元。有两种常用的 Container（容器），一种是 Window，Window 对象表示自由停靠的顶级窗口，另一种是 Panel，Panel 对象可作为容纳其他 Component 对象的容器，但不能够独立存在，必须被添加到其他 Container 中，比如说 Applet。需要注意的是，Container 是 java.awt.Component 的子类，javax.swing 中的 JComponent 类是 java.awt 中 Container 类的一个直接子类，是 java.awt 中 Component 类的间接子类。Swing 中容器和组件的关系如图 9.2 所示。

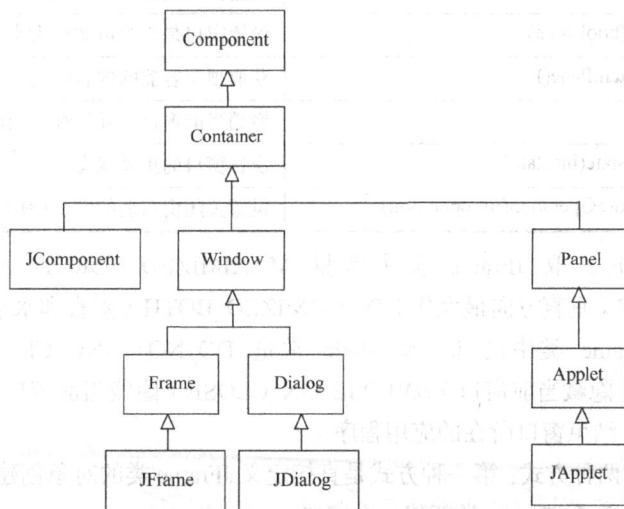

图 9.2　Swing 中容器和组件的关系图

一个 Java 程序界面的构成包含以下内容。

（1）一个顶层容器（即主窗口）。

（2）顶层容器包含若干个中间容器。

（3）每个中间容器包含若干个基本组件。

（4）按照合理的布局方式将它们组织在一起。

（5）基本组件可响应发生在其上的事件。

下面对容器、组件和事件进行详细介绍。

9.3.1　容器

Java 中的容器分为顶层容器、中间容器和特殊容器三大类。其中，顶层容器是 GUI 的基础，其他所有的组件都是直接或间接显示在顶层容器中的。在 Swing 中有 3 种顶层容器，分别是 JFrame（框架窗口，即通常的窗口）、JDialog（对话框）、JApplet（用于设计嵌入在网页中的 Java 小程序）。中间容器是可以包含其他相应组件的容器，但是中间容器不能单独存在，必须依附于顶层容器。Java 常见的中间容器有 JPanel、JScrollPane 等。还有一些特殊容器，如 JLayeredPane、JRootPane、JInternalFrame 等。本书只列举 3 个常用容器：JFrame、JDialog 和 JPanel。

1．JFrame

Java 中所提供的 JFrame 类的实例就是一个顶层容器，是构造 GUI 的基础，其他的组件必须添加到顶层容器中，以便和操作系统进行信息交互。JFrame 的常用方法见表 9.1。

表 9.1　　　　　　　　　　　　　　　JFrame 常用方法

方法	说明
JFrame()	创建一个没有标题的窗口
JFrame(String s)	创建一个标题为 s 的窗口
public void setBounds(int a,int b, int width,int hight)	设置窗口显示的位置以及大小
public void setSize(int width,int hight)	设置窗口的大小
public void setLoocation(int x,int y)	设置窗口的位置（默认位置为(0,0)）
public void setVisible(boolean b)	设置窗口是否可见，默认 false 不可见
public void setResizable(boolean b)	设置窗口是否为可调整大小，默认为可调整
public Container getContentPane()	获取顶层容器的内容面板
public void dispose()	撤销当前窗口，并且释放当前窗口使用的所有资源
public void setExtendedState(int state)	设置窗口的扩展状态
public void setDefaultCloseOperation(int operation)	设置关闭窗口后的默认操作

其中，参数 state 取 JFrame 类中常量 MAXIMIZED_HORIZ（水平方向最大化）/MAXIMIZED_VERT（垂直方向最大化）/MAXIMIZED_BOTH（垂直和水平方向都最大化）。参数 operation 取 JFrame 类中的 int 型 static 常量 DO_NOTHING_CLOSE（什么也不做）/HIDE_ON_CLOSE（隐藏当前窗口）/DIPOSE_ON_CLOSE（隐藏当前窗口，并释放所有资源）/EXIT_ON_CLOSE（结束窗口所在的应用程序）。

创建窗口一般有两种方式：第一种方式是直接定义 JFrame 类的对象创建一个窗口，如例 9.1；第二种方式是创建类继承 JFrame 类新建一个窗口。

　　Swing 组件不能直接添加到顶层容器中，它必须添加到一个与 Swing 顶层容器相关联的内容面板（content pane）上。在 jdk 1.5 后，可以直接添加组件到最高级的 Swing 容器，也可以直接在容器内设置布局管理和删除部件。这个变化可以省去调用 getContentPane()而直接在容器内应用 add()、setLayout()和 remove()。然而，还是不能忽略 ContentPane，比方说 setBackground()，需要用窗口对象.getContentPane(). setBackground(Color.blue)。

　　向 JFrame 中添加组件的两种方式之一如下。

　　（1）用 getContentPane()方法获得 JFrame 的内容面板，再对其加入组件：

```
frame.getContentPane().add(childComponent);
```

　　（2）把组件添加到 Jpanel 之类的中间容器中，用 setContentPane()方法把该容器置为 JFrame 的内容面板：

```
Jpanel contentPane=new Jpanel( );
    ......        //把其他组件添加到 Jpanel 中
frame.setContentPane(contentPane);
```

添加组件的实例可参看 9.5 节内容。

【例 9.2】在例 9.1 基础上，实现利用继承 JFrame 类的方式创建窗口。

```
import javax.swing.*;
class MyFrame extends JFrame{
    MyFrame( String s,int x,int y,int w,int h ){
    super(s);
    setBounds(x, y, w,h);
    setVisible(true);
    setDefaultCloseOperation(JFrame.EXIT_ON_CLOSE);
  }
}
public class Exam9_2 {
    public static void main(String[] args) {
        MyFrame frame1=new MyFrame("A Simple GUI ",200, 200, 400,200);
    }
}
```

运行结果与例 9.1 相同。

　　2．JDialog

　　JDialog 对象是一种容器，与 JFrame 有一些相似，但它一般是一个临时的窗口，主要用于显示提示信息或接受用户输入。组件不能直接加到对话框中，对话框也包含一个内容面板，应当把组件加到 JDialog 对象的内容面板中。由于对话框依赖窗口，因此要建立对话框，必须先要创建一个窗口。JDialog 类中的常用构造方法如表 9.2 所示。

表 9.2　　　　　　　　　　　　　　　JDialog 常用构造方法

方法	说明
JDialog()	初始化一个不可见的无标题非模式对话框
JDialog(JFrame f,String s)	构造一个初始化不可见的非模式对话框。参数 f 设置对话框所依赖的窗口，参数 s 用于设置标题
JDialog(JFrame f,String s,boolean b)	构造一个标题为 s，初始化不可见的对话框

　　对话框分为模式和非模式两种。模式对话框不能中断对话过程，直至对话框结束，才让程序响应对话框以外的事件。非模式对话框可以中断对话过程，去响应对话框以外的事件。

【例 9.3】用 JDialog 创建了一个对话框，运行结果如图 9.4 所示。

```java
public class Exam9_3 extends JFrame {
    JDialog dialog;
    Exam9_3 (String s,int x,int y,int w,int h){
        super(s);
        setBounds(x, y, w,h);
        setVisible(true);
        setDefaultCloseOperation(JFrame.EXIT_ON_CLOSE);
        dialog=new JDialog ();
        dialog.setBounds(250,250,400,200);       //设置对话框大小
        dialog.setTitle("第一个对话框");           //设置对话框标题
        dialog.setVisible(true);                 //显示窗口
        dialog.setDefaultCloseOperation(DISPOSE_ON_CLOSE);
    }
        public static void main(String[] args) {
            Exam9_3 frame= new Exam9_3 ("窗口",250,50,400,200);
    }
}
```

运行结果如图 9.3 所示。

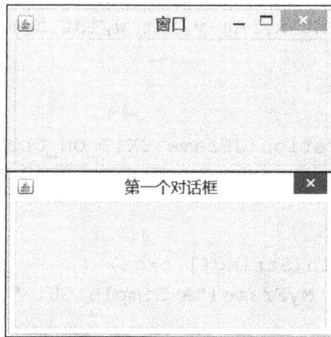

图 9.3　例 9.3 运行结果

看上去对话框与窗口一样，实际两者还是有很大区别的。对话框依赖其他窗口，当它所依赖的窗口消失或最小化时，对话框也将消失；窗口还原时，对话框又会自动恢复。

3. JPanel 面板

JPanel 是一个中间容器，其作用是实现界面的层次结构，在它上面可放入一些组件，也可以在上面绘画。JPanel 也可以添加到其他 JPanel 之上。JPanel 常用构造方法如表 9.3 所示。

表 9.3　　　　　　　　　　　　　　　JPanel 常用构造方法

方法	说明
JPanel()	用流式布局和双缓存方式创建新面板
JPanel(boolean isDoubleBuffered)	创建流式布局并指定是否为双缓存方式创建面板
JPanel(LayoutManager layout)	用指定布局方式创建新面板

【例 9.4】创建一个有背景图片的 JPanle 对象。

```java
import java.awt.*;
import javax.swing.*;
public class Exam9_4 extends JPanel {
```

```
    private Image image;
    Exam9_4() {
        super();
        image=Toolkit.getDefaultToolkit().getImage( "bg.jpg");
    }
    public void paintComponent(Graphics g) {     //绘制此容器中的每个组件
        super.paintComponent(g);
        g.drawImage(image, 0, 0, this.getWidth(), this.getHeight(), this);
                                        //图片会自动缩放
    }
    public static void main(String[] args) {
        JFrame frame=new JFrame("添加了背景的面板");
        Exam9_4 panel=new Exam9_4();
        frame.add(panel);   //将面板添加到 JFrame 上
        frame.setVisible(true);
        frame.setBounds(300,300,400,500);
        frame.setDefaultCloseOperation(JFrame.EXIT_ON_CLOSE);
    }
}
```

运行结果如图 9.4 所示。

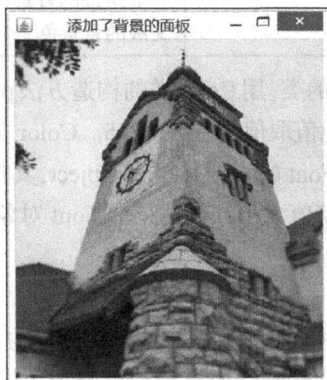

图 9.4 例 9.4 运行结果

9.3.2 组件

组件是对数据和方法简单的封装。javax.swing 中包含了各种轻量级组件的类，其父类为 JComponent。常用到的有 JButton、JLabel、JTextField 等，它们用来填充框架中的空白，完善 GUI 的需求和功能，详见 9.5 节。

组件中的方法很多，常用的方法如表 9.4 所示。

表 9.4 组件的常用方法

方法	说明
public void setBackground(Color c)	设置组件的背景色。如果颜色参数 c 为 null，则此组件继承其父级的背景色
public void paint(Graphics g)	由 Swing 调用，以绘制组件
public void setBounds(int x, int y, int width, int height)	移动组件并调整其大小。由 x 和 y 指定左上角的新位置，由 width 和 height 指定新的大小

续表

方法	说明
public void setFont(Font f)	设置组件的字体。如果参数 f 为 null，则此组件继承其父级的字体
public void setLocation(int x, int y)	将组件移到新位置。通过此组件父级坐标空间中的 x 和 y 参数来指定新位置的左上角
public void setVisible(boolean b)	根据参数 b 的值显示或隐藏此组件。如果 b 为 true，则显示此组件；否则隐藏此组件
public void setEnabled(boolean b);	设置组件是否被激活
public void setOpaque(boolean isOpaque)	如果参数为 true，则该组件绘制其边界内的所有像素；否则该组件可能不绘制部分或所有像素，从而允许其底层像素透视出来
public boolean isEnabled()	判断组件是否为激活状态
public void setSize(int width, int height)	调整组件的大小，使其宽度为 width，高度为 height
public int getWidth()	返回组件的当前宽度
public int getHeight()	返回组件的当前高度
public Color getBackground()	获取组件的背景色。如果此组件没有背景色，则返回其父级的背景色

其中，Color 类是 java.awt 包中的类。用 Color 类的构造方法 public Color(int red,int green,int blue) 可以创建一个颜色对象，三个颜色值取值都在 0～255。Color 类还有 red、blue、green、orange、cyan、yellow、pink 等静态常量。而 Font 的直接父类为 Object，其构造方法 Font(String name, int style, int size) 可根据指定名称、样式和磅值大小，创建一个 Font 对象。

9.3.3 布局

容器只管将其他组件放入其中，而不管组件是如何放置的，因此要控制其在容器当中的位置就要用到布局。对于布局的管理交给专门的布局管理器类（LayoutManager）来完成。下面介绍 Java 中的几种布局。

1. BorderLayout（边界布局）

BorderLayout 布局是 Windows 型容器所默认的布局（JFrame）。该布局将一个容器的空间划分成东西南北中 5 个区域，每个区域中只能放一个组件。这种布局方法只能放 5 个组件，若要放置 5 个以上的组件可以与其他布局相结合来使用，当只有一个组件的时候占据整个容器。BorderLayout 布局的常用方法如表 9.5 所示。

表 9.5　　　　　　　　　　　BorderLayout 布局的常用方法

方法	说明
BorderLayout()	建立组件间无间距的 BorderLayout
BorderLayout(int hgap,int vgap)	建立组件间水平间距为 hgap、垂直间距为 vgap 的 BorderLayout
void setHgap(int hgap)	设置组件之间的水平间距
void setVgap(int vgap)	设置组件之间的垂直间距

每个区域最多只能包含一个组件，并通过以下常量进行标识：BorderLayout.EAST、

BorderLayout.WEST、BorderLayout.SOUTH、BorderLayout.NORTH、BorderLayout.CENTER。当使用边界布局将一个组件添加到容器中时，要使用这 5 个常量之一。

【例 9.5】BorderLayout 布局实例。

```java
import java.awt.*;
import javax.swing.*;
public class Exam9_5 {
    public static void main(String[] args){
        JFrame f rame=new JFrame("BorderLayout 布局") //创建一个窗口;
        JButton b1=new JButton("东邪");             //创建五个按钮
        JButton b2=new JButton("西毒");
        JButton b3=new JButton("南帝");
        JButton b4=new JButton("北丐");
        JButton b5=new JButton("中神通");
        frame.add(b1,BorderLayout.EAST) ;          //将按钮添加到相应的区域里面
        frame.add(b2, BorderLayout.WEST);
        frame.add(b3,BorderLayout.SOUTH);
        frame.add(b4, BorderLayout.NORTH);
        frame.add(b5,BorderLayout.CENTER);
        frame.setBounds(300, 300, 500, 400);
        frame.setVisible(true);                    //显示窗口
        frame.setDefaultCloseOperation(JFrame.EXIT_ON_CLOSE);
    }
}
```

运行结果如图 9.5 所示。

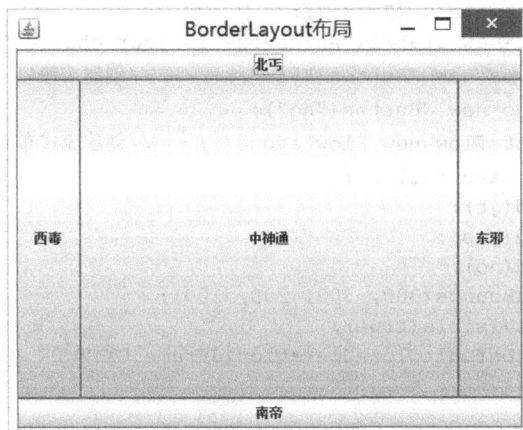

图 9.5 例 9.5 运行结果

在使用 BorderLayout 的时候，如果容器的大小发生变化，其变化规律为：组件的相对位置不变，大小发生变化。北、南两个区域只能在水平方向缩放（宽度可调），东、西两个区域只能在垂直方向缩放（高度可调），中部区域都可缩放。不一定所有的区域都有组件，如果四周的区域（东、西、南、北区域）没有组件，则由中部区域去补充，但是如果中部区域没有组件，则保持空白。

2. FlowLayout（流式布局）

流式布局 FlowLayout 是 JPanel 和 JApplet 的默认布局，是按照组件加入的先后顺序及设置的对齐方式（居中、左对齐、右对齐）从左向右排列，一行排满（即组件超过容器宽度后）到下一

行开始继续排列。关于这种布局的常用方法如表 9.6 所示。

表 9.6   FlowLayout 常用方法

方法	说明
FlowLayout()	构造一个新的 FlowLayout，它是默认居中对齐的，默认的水平和垂直间隙是 5 个像素
FlowLayout(int align)	构造一个新的 FlowLayout，它具有指定的对齐方式，默认的水平和垂直间隙是 5 个像素
FlowLayout(int align, int hgap, int vgap)	创建一个新的流布局管理器，它具有指定的对齐方式以及指定的水平和垂直间隙
void setAlignment(int align)	设置此布局的对齐方式
void setHgap(int hgap)	设置组件之间的水平间距
void setVgap(int vgap)	设置组件之间的垂直间距

其中，构造方法中参数 align 可取的值为：0 或 FlowLayout.LEFT，代表控件左对齐；1 或 FlowLayout.CENTER，代表居中对齐；2 或 FlowLayout.RIGHT，代表右对齐；3 或 FlowLayout.LEADING，控件与容器方向开始边对应；4 或 FlowLayout.TRAILING，控件与容器方向结束边对应；如果是 0、1、2、3、4 之外的整数，则为左对齐。

【例 9.6】流式布局实例。

```java
import java.awt.*;
import javax.swing.*;
public class Exam9_6 {
    public static void main(String[] args) {
        JFrame frame=new JFrame();
        JLabel jt=new JLabel("Which one is your choice?");
        JButton yes=new JButton("yes");        //创建按钮
        JButton no=new JButton("no");
        FlowLayout flow=new FlowLayout();     //创建流式布局
        frame.setLayout(flow);
        frame.add(jt);
        frame.add(yes);
        frame.add(no);
        frame.setBounds(300, 300, 200, 100);
        frame.setVisible(true);
        frame.setDefaultCloseOperation(JFrame.EXIT_ON_CLOSE);
    }
}
```

运行结果如图 9.6 所示，若拖动并改变窗口大小，则会变为如图 9.7 所示的结果。

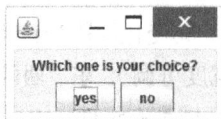

图 9.6   例 9.6 运行结果   图 9.7   拖动并改变窗口大小后结果

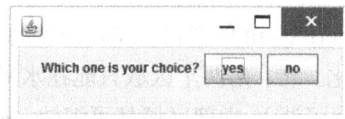

3. CardLayout（卡式布局）

CardLayout 布局管理器能够帮助用户处理两个以至更多的组件共享同一显示空间，它把容器分成许多层，每层的显示空间占据整个容器的大小，但是每层只允许放置一个组件，当然每层都可以利用 Panel 来实现复杂的用户界面。这种布局在一个时刻只能显示这多个组件中的一个，并不能同时显示。布局管理器（CardLayout）如同一副叠得整整齐齐的扑克牌一样，但是只能看见最上面的一张牌，每一张牌就相当于布局管理器中的每一层。

CardLayout 布局的常用方法如表 9.7 所示。

表 9.7　　　　　　　　　　　　　　CardLayout 的常用方法

方法	说明
CardLayout()	创建一个间距大小为 0 的新卡片布局
CardLayout(int hgap, int vgap)	创建一个指定水平间距和垂直间距的新卡片布局
public void first(Container parent)	翻转到容器的第一张卡片
public void next(Container parent)	翻转到指定容器的下一张卡片。如果当前的可见卡片是最后一个，则此方法翻转到布局的第一张卡片
public void previous(Container parent)	翻转到指定容器的前一张卡片。如果当前的可见卡片是第一个，则此方法翻转到布局的最后一张卡片
public void last(Container parent)	翻转到容器的最后一张卡片
public void show(Container parent, String name)	翻转到使用 addLayoutComponent 添加到此布局的具有指定 name 的组件。如果不存在这样的组件，则不发生任何操作

4．GridLayout（网格布局）

GridLayout 是相对使用较多的布局编辑器，其布局的策略就是把容器划分成许多行和许多列的网格区域，其划分多少行和列由构造函数的参数决定，相对来说比较灵活。

GridLayout 常用方法如表 9.8 所示。

表 9.8　　　　　　　　　　　　　　GridLayout 的常用方法

方法	说明
GridLayout()	创建具有默认值的网格布局，即每个组件占据一行一列
GridLayout(int rows, int cols)	创建具有指定行数和列数的网格布局
GridLayout(int rows, int cols, int hgap, intvgap)	创建具有指定行数和列数的网格布局
public void setRows(int rows)	将此布局中的行数设置为指定值
public void setColumns(int cols)	将此布局中的列数设置为指定值。若构造方法或指定的行数为非零，则列数的设置对布局没有影响。在这种情况下，布局中显示的列数由组件的总数和指定的行数确定
void setHgap(int hgap)	设置组件之间的水平间距
void setVgap(int vgap)	设置组件之间的垂直间距

【例 9.7】使用 GridLayout 构造一个棋盘。

```
import javax.swing.*;
public class Exam9_7 {
    public static void main(String[] args) {
        GridLayout grid=new GridLayout(18,18);
        JFrame frame=new JFrame();
        JButton button1=new JButton("Up");
        JButton button2=new JButton("Down");
        JPanel chess=new JPanel();
```

```
        chess.setLayout(grid);
        Label[][] label=new Label[18][18];          //构造网格棋盘
        for(int i=0;i<18;i++){
            for(int j=0;j<18;j++){
                label[i][j]=new Label();
                if((i+j)%2==0){
                    label[i][j].setBackground(Color.black);
                }
                else{
                    label[i][j].setBackground(Color.white);
                }
                chess.add(label[i][j]);
            }
        }
        frame.add(button1,BorderLayout.NORTH);   //让 JFrame 按 BorderLayout 布局
        frame.add(button2,BorderLayout.SOUTH);
        frame.add(chess, BorderLayout.CENTER);
        frame.setBounds(300,300, 400, 400);
        frame.setVisible(true);
        frame.setDefaultCloseOperation(JFrame.EXIT_ON_CLOSE);
    }
}
```

运行结果如图 9.8 所示。

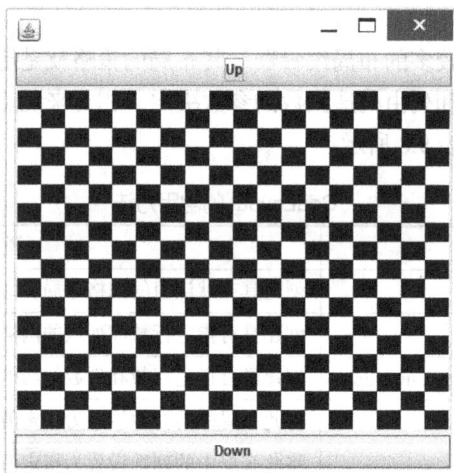

图 9.8　例 9.7 运行结果

5. BoxLayout（盒式布局）

BoxLayout 在 javax.swing 包中，与 FlowLayout 不同的是盒式布局的容器只有一行或者一列，即使组件再多也会自动排到下一行或下一列。BoxLayout 与其他布局管理器稍有不同，必须向其构造函数中传递容器实例的引用，由该容器使用 BoxLayout。另外，必须指定 BoxLayout 中组件的布局方式：是垂直排列还是水平排列。

除 BoxLayout 之外，Swing 中提供了 Box 类，其也是 Container 类的子类，创建的容器就称之为盒式容器。它的默认布局为盒式布局（即 BoxLayout），而且其布局是不允许更改的。Box 类是使用 BoxLayout 的轻量级容器。因此许多程序使用 Box 类，而不是直接使用 BoxLayout。BoxLayout 常用方法如表 9.9 所示。

表 9.9　　　　　　　　　　　　　　　　　BoxLayout 的常用方法

方法	说明
BoxLayout(Container target, int axis)	创建一个将沿给定轴放置组件的布局管理器
public final int getAxis()	返回用于布局组件的轴
public float getLayoutAlignmentX (Container target)	返回容器沿 X 轴的对齐方式。如果 box 是水平的，则返回默认对齐方式。否则，将返回沿 X 轴放置子组件所需的对齐方式
public float getLayoutAlignmentY (Container target)	返回容器沿 Y 轴的对齐方式。如果 box 是垂直的，则返回默认对齐方式。否则，将返回沿 Y 轴放置子组件所需的对齐方式

其中，参数 axis 指定了将进行的布局类型，有四个可选值，如下所示。

（1）BoxLayout .X_AXIS：从左到右水平布置组件。

（2）BoxLayout .Y_AXIS：从上到下垂直布置组件。

（3）BoxLayout .LINE_AXIS：根据容器的 ComponentOrientation 属性，按照文字在一行中的排列方式布置组件。如果容器的 ComponentOrientation 表示水平，则将组件水平放置，否则将它们垂直放置。对于水平方向，如果容器的 ComponentOrientation 表示从左到右，则组件从左到右放置，否则将它们从右到左放置。对于垂直方向，组件总是从上到下放置的。

（4）BoxLayout .PAGE_AXIS：根据容器的 ComponentOrientation 属性，按照文本行在一页中的排列方式布置组件。如果容器的 ComponentOrientation 表示水平，则将组件垂直放置，否则将它们水平放置。对于水平方向，如果容器的 ComponentOrientation 表示从左到右，则组件从左到右放置，否则将它们从右到左放置。对于垂直方向，组件总是从上向下放置的。

【例 9.8】盒式布局实例。

```java
import javax.swing.*;
import java.awt.*;
public class Exam9_8{
    public void init() {
        JPanel jpv=new JPanel();
        jpv.setLayout(new BoxLayout(jpv,BoxLayout.X_AXIS));
        for(int i=0;i<5;i++){
            jpv.add(new Button("按钮"+i));
        }
            JPanel jph=new JPanel();
        jph.setLayout(new BoxLayout(jph,BoxLayout.Y_AXIS));
        for(int j=0;j<5;j++){
            jph.add(new Button("按钮"+j));
        }
            JFrame frame=new JFrame("盒式布局");
        frame.add(jpv,"North");
        frame.add(jph,"South");
        frame.setSize(600,300);
        frame.setLocation(300,300);
        frame.setVisible(true);
        frame.setDefaultCloseOperation(JFrame.EXIT_ON_CLOSE);
    }
        public static void main(String[] args) {
        Exam9_8 test=new Exam9_8();
        test.init();
    }
}
```

运行结果如图 9.9 所示。

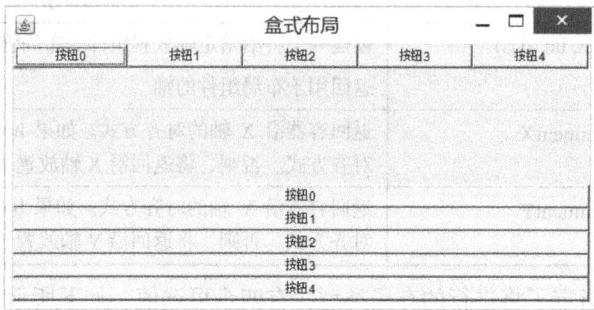

图 9.9 例 9.8 运行结果

6. Null（空布局）

一般容器都有默认布局方式，但是有时候需要精确指定各个组件的大小和位置，这时就需要用到空布局。操作方法如下。

（1）首先利用 setLayout(null)语句将容器的布局设置为 null 布局。

（2）再调用组件的 setBounds(int x, int y, int width,int height)方法设置组件在容器中的大小和位置，注意参数的单位均为像素。

【例 9.9】空布局实例。

```java
import javax.swing.*;
import java.awt.*;
public class Exam9_9{
    public static void main(String[] args) {
        JFrame frame=new JFrame();
        JButton button=new JButton("Yes");
        JButton button1=new JButton("No");
        frame.setLayout(null);
        frame.add(button);
        frame.add(button1);
        button.setBounds(100, 100, 100, 50);
        button1.setBounds(100, 250, 100, 50);
        frame.setBounds(300, 300, 400, 400);
        frame.setVisible(true);
        frame.setDefaultCloseOperation(JFrame.EXIT_ON_CLOSE);    }
}
```

运行结果如图 9.10 所示。

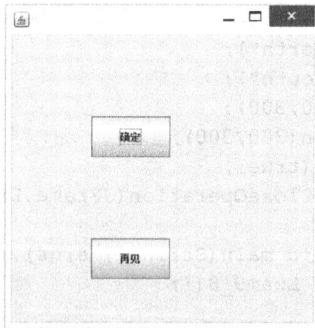

图 9.10 例 9.9 运行结果

9.4　事件处理

在 Java 中将每一个键盘或鼠标的操作定义为一个"事件"。Java 中的事件主要有两种：第一种是当组件的状态发生变化时产生的组件类事件（componentEvent、ContainerEvent、WindowEvent、FocusEvent、PaintEvent、MouseEvent 等）；第二种是对应用户的某一种功能性操作动作的动作类事件（ActionEvent、TextEvent、AdjustmentEvent、ItemEvent 等）。Java 中的事件类都包含在 JDK 的 java.awt.event 包中。

9.4.1　事件处理机制

在学习事件的过程中，必须要很好地掌握和理解事件源、监听器、处理事件的接口这 3 个概念。

（1）事件源：能够产生事件的对象都可以称之为事件源。比如按钮、下拉列表和文本框等都可以称为事件源。

（2）监听器：用于监视事件源的一个对象，方便对事件源发生的事件作出处理。事件源通过调用相应的函数生成相应的对象注册为自己的监听器。

（3）处理事件的接口：监听器监听的事件发生后，调用相应的方法对这个事件作出响应，那么这个方法，就是之前提前写好的接口方法，即处理事件的接口。

其处理机制如图 9.11 所示。

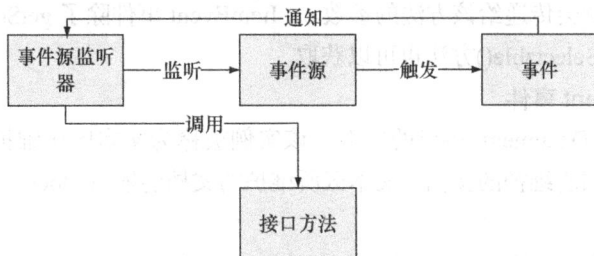

图 9.11　事件处理机制示意图

9.4.2　事件处理的编程方法

本节只描述相应的步骤，具体方法请参照本章 9.5 节中的实例。

第一步：事件源调用方法将某个对象注册为自己的监听器。

第二步：接口回调，使用 addXXListener（XXListener listener）将某个对象注册为自己的监听器，其中方法中的参数是一个接口，listener 可以引用任意实现了该接口的类所创造的对象，当事件发生时，接口 listener 回调被类实现的接口中的某一个方法。

第三步：方法绑定，即将某种事件发生的处理绑定到对应的接口方法，这样无论发生什么事件，监听器都可以立刻知道应该调用哪一个方法。

第四步：保持松耦合关系，即尽量让事件源所在的类和监听器是组合的关系，当事件发生后，系统只知道某个方法被执行，不需要知道是哪个对象调用了这个方法。

9.4.3 事件类型和监听器接口

Java 有很多事件类型，本书只介绍常见的几类。

1. ActionEvent 事件

可以触发 ActoinEvent 事件的组件有：文本框、密码框、按钮、单选按钮、菜单项。注册监听器的方法为：

```
addActionListener(ActionListener listener);
```

ActionListener 接口在 java.awt.event 的包中，这个接口也只有一个方法：

```
public void actionPerformed(ActionEvent e);
```

ActionEvent 类中的方法有以下两种。

（1）public Object getSource()：该方法可以获取事件源的引用，并且将其转型为 Object 对象，并返回这个上转型对象的引用。

（2）public String getActionCommand()：ActionEvent 对象调用该方法可以获取发生 ActionEvent 时间时和该事件相关的一个"命令"字符串，对于文本框，当发生 Action 事件时，默认的"命令"字符串是文本框中的文本。

2. ItemEvent 事件

复选框、下拉列表都可以触发 ItemEvent 事件。当复选框从未选中状态变成选中状态时会触发该事件，下拉列表中选中某个选项也会触发该事件。注册监听器的方法为：

```
addItemListener(ItemListener listener);
```

事件源触发 ItemEvent 事件后，监听器将发现触发的 ItemEvent 事件，然后调用接口中的 itemStateChaged(ItemEvent e)方法对发生的时间作出处理。当监听器使用该方法时，ItemEvent 类事先创建的事件对象就会传递给该方法的参数 e。ItemEvent 事件除了 getSource()方法可以获取事件源外，还有 getItemSelectable()方法也可以获取。

3. DocumentEvent 事件

文本区含有实现 Document 接口的实例，该实例被称为文本区所维护的文档，文本区调用 getDocument()方法返回所维护的文档。文本区所维护的文档能触发 DocumentEvent 事件。注册监听器的方法为：

```
addDocumentListener(DocumentListener listener);
```

DocumentListener 接口在 javax.swing.event 包中有 3 个方法，如下所示。

（1）public void chageUpdate(DocumentEvent e)：给出属性或属性集发生了更改的通知。

（2）public void removeUpdate(DocumentEvent e)：给出移除了一部分文档的通知。根据最后看见的视图（即更新固定位置之前的视图）来给出范围。

（3）public void insertUpdate(DocumentEvent e)：给出对文档执行了插入操作的通知。DocumentEvent 给出的范围限制了新的插入区域。

4. MouseEvent 事件

任何组件上都可以发生鼠标事件。Java 提供了两个处理鼠标事件的监听器接口：MouseListener 和 MouseMotionListener。实现 MouseListener 接口可以监听鼠标的按下、释放、输入、退出和点击动作。实现 MouseMotionListener 接口可以监听拖动鼠标指针和鼠标指针的移动动作。

MouseEvent 中有下列几个重要的方法。

（1）public int getX()：获取鼠标指针在事件源的 x 坐标。

（2）public int getY()：获取鼠标指针在事件源的 y 坐标。

（3）public int getModifiers()：获取鼠标的左键或者右键。鼠标的左键和右键分别使用 InputEvenet 类中的常量 BUTTON1_MAKS 和 BUTTON3_MASK 表示。

（4）public int getClickCount()：获取鼠标被单击的次数。

（5）public Object getSource()：获取发生鼠标事件的事件源。

MouseListener 中有以下几个常用方法。

（1）public void mousePressed(MouseEvent)：负责处理在组件上按下鼠标键触发的鼠标事件。

（2）public void mouseReleased(MouseEvent)：负责处理在组件上释放鼠标触发的鼠标事件。

（3）public void mouseEntered(MouseEvent)：负责处理鼠标指针进入组件触发的鼠标事件。

（4）public void mouseExited(MouseEvent)：负责处理鼠标指针离开组件触发的鼠标事件。

（5）public void mouseClicked(MouseEvent)：负责处理在组件上单击鼠标键触发的鼠标事件。

5. FocusEvent 事件

若组件可以触发焦点事件，可以用 addFocusListener(FocusListener listener)注册焦点事件的监听器。如果组件从不输入焦点变成输入焦点或者由输入焦点变成不输入焦点，都会触发焦点事件。创建监听器的类必须要实现 FocusListener 接口，此类接口有两种方法，如下所示。

（1）public void focusGained(FocusEvent e)：当组件从无输入焦点变成有输入焦点的时候调用这种方法。

（2）public void focusLost(FocusEvent e)：当组件从有输入焦点变成无输入奇偶点的时候调用这种方法。

用户可以通过单击组件使得该组件有输入焦点，同时也使得其他组件变成无输入焦点。一个组件也可以调用 public Boolean requestFocusInWindow()方法获得输入焦点。

6. 键盘事件（KeyEvent）

当按下、释放或者敲击键盘上的一个键的时候触发的事件即为键盘事件。键盘事件的接口是 KeyListener，注册键盘事件监视器的方法是 addKeyListener（KeyListener listener）。

KeyListener 有 3 个方法，如下所示。

（1）public void keyPressed(KeyEvent e)：当按下某个键触发的事件。

（2）public void KeyReleased(KeyEvent e)：当释放某个键触发的事件。

（3）public void keyTyped(KeyEvent e)：这种方法是上面两种方法的结合，当按下之后又释放某个键触发的事件。

KeyEvent 类中的 public int getKeyCode()方法，可以判断哪一个键被敲击、按下或释放。

由于事件监听器接口是 Abstract 类型，这意味着实现该接口的类应全部实现其各个成员函数，但实际应用中可能只需处理某些事件响应代码，此时再采用实现事件监听器接口可能会导致编程复杂。为简化程序员的编程负担，JDK 中针对大多数事件监听器接口提供了相应的实现类——事件适配器 Adapter。注意两者的区别：监听器是接口，而适配器是个实现类。程序员只需让事件处理类从某一适配器类继承而不采用实现监听器接口的方式，这样仅需重写用户感兴趣的相应方法即可。

Java 中并没有为所有的监听器接口都提供相应的适配器类。有对应关系的监听器接口和适配器如表 9.10 所示。

表 9.10 有对应关系的监听器接口和适配器

监听器接口	对应适配器	说明
MouseListener	MouseAdapter	鼠标事件适配器
MouseMotionListener	MouseMotionAdapter	鼠标运动事件适配器
WindowListener	WindowAdapter	窗口事件适配器
FocusListener	FocusAdapter	焦点事件适配器
KeyListener	KeyAdapter	键盘事件适配器
ComponentListener	ComponentAdapter	组件事件适配器
ContainerListener	ContainerAdapter	容器事件适配器

9.5 常用组件

9.5.1 JLabel 类

JLabel 对象可以显示文本、图像或同时显示二者。JLabel 常用方法如表 9.11 所示。

表 9.11 JLabel 常用方法

方法	说明
JLabel()	创建无图像并且其标题为空字符串的 JLabel
JLabel(Icon image)	创建具有指定图像的 JLabel 实例
JLabel(Icon image, int horizontalAlignment)	创建具有指定图像和水平对齐方式的 JLabel 实例
JLabel(String text)	创建具有指定文本的 JLabel 实例
JLabel(String text, Icon icon, int horizontalAlignment)	创建具有指定文本、图像和水平对齐方式的 JLabel 实例
JLabel(String text, int horizontalAlignment)	创建具有指定文本和水平对齐方式的 JLabel 实例
public int getHorizontalTextPosition()	返回标签的文本相对其图像的水平位置
public int getVerticalTextPosition()	返回标签的文本相对其图像的垂直位置
public Icon getIcon()	返回该标签显示的图形图像（字形、图标）
public String getText()	返回该标签所显示的文本字符串
public void setIcon(Icon icon)	定义此组件将要显示的图标
public void setText(String text)	定义此组件将要显示的单行文本

9.5.2 JButton 类

按钮是使用最为普遍的用户界面组件。按钮通常带有某种边框，且可以被鼠标或快捷键激活，以完成某个功能。而且很多其他 Swing 组件都是 AbstractButton 类的扩展，而 AbstractButton 类是 Swing 按钮的基类。JButton 的常用方法如表 9.12 所示。

表 9.12　　　　　　　　　　　　　　　　　　JButton 常用方法

方法	说明
JButton()	创建不带有设置文本或图标的按钮
JButton(Action a)	创建一个按钮，其属性从所提供的 Action 中获取
JButton(Icon icon)	创建一个带图标的按钮
JButton(String text)	创建一个带文本的按钮
JButton(String text, Icon icon)	创建一个带初始文本和图标的按钮
public boolean isDefaultButton()	获得 defaultButton 属性的值，如果为 true 则意味着此按钮是其 JRootPane 的当前默认按钮
boolean isDefaultCapable()	获得 defaultCapable 属性的值

【例 9.10】利用按钮实现窗口背景的设置。

```java
import java.awt.*;
import java.awt.event.*;
import javax.swing.*;
public class Exam9_10 extends JFrame {
    Exam9_10() {
        super("点击按钮设置背景图片");                    //设置标题
        setSize(450, 600);                              //设置大小
        setLocation(300, 300);                          //设置位置
        JPanel imagePanel=(JPanel) this.getContentPane();  //获取内容面板
        JLabel label=new JLabel();                      //新建标签
        JButton btn=new JButton("换背景图片");           //新建按钮
        btn.addActionListener(new ActionListener() {    //为按钮注册监听
          public void actionPerformed(ActionEvent e) {
          ImageIcon img=new ImageIcon("bg.jpg");
          label.setIcon(img);
          label.setBounds(0, 0, img.getIconWidth(), img.getIconHeight());
         //把标签的大小位置设置为图片刚好填充整个面板
          }
        }); //通过匿名类实现事件响应
         imagePanel.setOpaque(false);
        getLayeredPane().add(label, new Integer(Integer.MIN_VALUE));
             //把背景图片添加到分层窗格的最底层作为背景
        setLayout(new FlowLayout());                    //改为流式布局
        add(btn);
        setVisible(true);
        setDefaultCloseOperation(JFrame.EXIT_ON_CLOSE); //点关闭时退出
        }
    public static void main(String[] args) {
        new Exam9_10();
        }
    }
```

运行结果如图 9.12 所示。

(a) 初始结果   (b) 点击按钮后结果

图 9.12 例 9.10 运行结果

9.5.3 JTextField 类

使用 JTexField 类创建文本框,用户可以在文本框中输入单行文本,也可以显示要输出的结果,但是也只显示单行。JTexField 的常用方法如表 9.13 所示。

表 9.13   JTexField 常用方法

方法	说明
JTextField()	构造一个新的 TextField
JTextField(Document doc, String text, int columns)	构造一个新的 JTextField,它使用给定文本存储模型和给定的列数
JTextField(int columns)	构造一个具有指定列数的新的空 TextField
JTextField(String text)	构造一个用指定文本初始化的新 TextField
JTextField(String text, int columns)	构造一个用指定文本和列初始化的新 TextField
public void setColumns(int columns)	设置此 TextField 中的列数,然后验证布局
public int getColumns()	返回此 TextField 中的列数
public void setHorizontalAlignment(int alignment)	设置文本的水平对齐方式
public String getText()	返回此 TextComponent 中包含的文本
public void setText(String t)	将此 TextComponent 文本设置为指定文本

其中参数 alignment 可取的有效值包括: JTextField.LEFT 、 JTextField.CENTER 、JTextField.RIGHT、JTextField.LEADING 和 JTextField.TRAILING。

9.5.4 JTextArea 类

此类用于创建文本区域,用户可以输入多行文本,也可显示想要输出的结果,可以显示多行。JTexArea 常用方法如表 9.14 所示。

表 9.14　　　　　　　　　　　　　　　JTexArea 常用方法

方法	说明
JTextArea()	构造新的 JTextArea
JTextArea(Document doc)	构造新的 JTextArea，使其具有给定的文档模型，所有其他参数均默认为 (null, 0, 0)
JTextArea(int rows, int columns)	构造具有指定行数和列数的新的空 TextArea
JTextArea(String text)	构造显示指定文本的新的 TextArea
JTextArea(String text, int rows, int columns)	构造具有指定文本、行数和列数的新的 TextArea
public void append(String str)	将给定文本追加到文档结尾。如果模型为 null 或者字符串为 null 或空，则不执行任何操作
public void insert(String str, int pos)	将指定文本插入指定位置。如果模型为 null 或者文本为 null，则不执行任何操作

【例 9.11】实现利用按钮将 JTexField 中的内容添加到 JTexArea 中。

```java
import java.awt.*;
import javax.swing.*;
import java.awt.event.*;
public class Exam9_11 extends JFrame implements ActionListener{
    JPanel pa1=new JPanel(new GridLayout(3,1));
    JPanel pa2=new JPanel();
    JTextField tf=new JTextField("one");
    JButton btn1=new JButton("添加");
    JButton btn2=new JButton("清空");
    JTextArea ta=new JTextArea("",5,5);
  Exam1(){
    pa2.add(btn1);
    pa2.add(btn2);
    pa1.add(tf);
    pa1.add(pa2);
    pa1.add(ta);
    add(pa1);
    btn1.addActionListener(this);     //注册监听
    btn2.addActionListener(this);     //注册监听
    setTitle("TextDemo");
    setBounds(300,300,300,300);
    setVisible(true);
    setDefaultCloseOperation(JFrame.DISPOSE_ON_CLOSE);
  }
  public void actionPerformed(ActionEvent e) {
        String str=tf.getText();
         if (e.getSource()==btn1) {
         ta.append(str);
         }
         else if (e.getSource()==btn2) {
         ta.setText("");
         }
  }
  public static void main(String args[]){
        Exam9_11 test=new Exam9_11();  }
}
```

运行结果如图 9.13 所示。

(a) 初始结果　　　　　　　　　　　(b) 点击两次"添加"按钮后结果

图 9.13　例 9.11 运行结果

9.5.5　JCheckBox 类

此类用于创建复选框，为用户提供多种选择的对象，复选框的右边有个名字，而且存在两种状态，一种是选中，另一种则是未选中。用户可仅单击该组件进行状态的切换。

JCheckBox 常用方法如表 9.15 所示。

表 9.15　　　　　　　　　　　　　　　　JCheckBox 常用方法

方法	说明
JCheckBox()	创建一个无文本、无图标并且最初未被选定的复选框
JCheckBox(Action a)	创建一个复选框，其属性从所提供的 Action 获取
JCheckBox(Icon icon)	创建有一个图标、最初未被选定的复选框
JCheckBox(String text)	创建一个带文本的、最初未被选定的复选框
JCheckBox(String text, Icon icon)	创建带有指定文本和图标的、最初未选定的复选框
public void setIcon(Icon defaultIcon)	设置复选框上的默认图标
public void setSelectedIcon(Icon selectedIcon)	设置复选框选中状态下的图标
public boolean isSelected()	如果复选框处于选中状态，该方法返回 true，否则返回 false

【例 9.12】利用 JCheckBox 实现窗口背景的设置。

```java
import javax.swing.*;
import java.awt.*;
import java.awt.event.*;
class CheckBoxWindow extends JFrame implements ItemListener {
    JCheckBox box;
    JLabel imageLabel;
    CheckBoxWindow() {
    box=new JCheckBox("是否显示图像");
    ImageIcon image=new ImageIcon("bg.jpg");
    imageLabel=new JLabel();
    imageLabel.setIcon(image);
    imageLabel.setVisible(false);
    add(box, BorderLayout.NORTH);
    add(imageLabel, BorderLayout.CENTER);
    validate();            //验证此容器及其所有子组件
```

```
        box.addItemListener(this);                              //注册监听
        setBounds(300, 300, 450, 500);
        setVisible(true);
        setDefaultCloseOperation(JFrame.DISPOSE_ON_CLOSE);
    }
    public void itemStateChanged(ItemEvent e) {
        JCheckBox box=(JCheckBox) e.getItemSelectable(); //返回事件的产生程序
        if (box.isSelected())     imageLabel.setVisible(true);
        else                      imageLabel.setVisible(false); }
    }
public class Exam9_12 {
    public static void main(String args[]) {
        new CheckBoxWindow();}
    }
```

运行结果如图 9.14 所示。

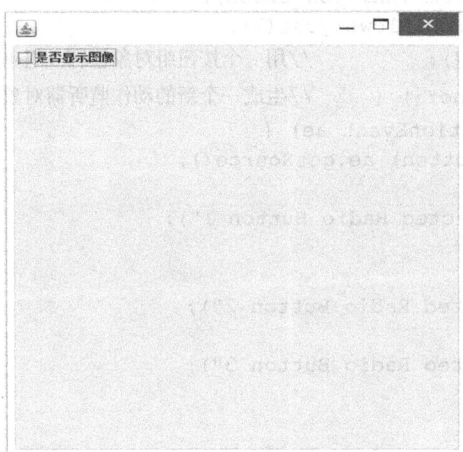

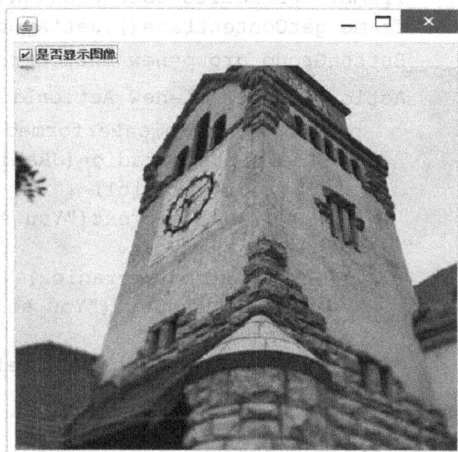

(a) 初始结果   (b) 点击复选框后结果

图 9.14 例 9.12 运行结果

9.5.6 JRadioButton 类

该类用于创建单选按钮，单选按钮和复选框有些类似，但是也有区别，用户只能在一组单选按钮中选中一个，而且必须单击组中其他单选按钮来进行状态的切换。与 ButtonGroup 对象配合使用可创建一组按钮，一次只能选择其中的一个按钮。（创建一个 ButtonGroup 对象并用其 add 方法将 JRadioButton 对象包含在此组中。）JRadioButton 常用方法如表 9.16 所示。

表 9.16   JRadioButton 常用方法

方法	说明
JRadioButton()	创建一个初始化为未选择的单选按钮，其文本未设定
JRadioButton(Icon icon)	创建一个初始化为未选择的单选按钮，具有指定图像但无文本
JRadioButton(Icon icon, boolean selected)	创建一个具有指定图像和选择状态的单选按钮，但无文本
JRadioButton(String text)	创建一个具有指定文本的状态为未选择的单选按钮
JRadioButton(String text, boolean selected)	创建一个具有指定文本和选择状态的单选按钮
JRadioButton(String text, Icon icon)	创建一个具有指定的文本和图像并初始化为未选择的单选按钮

【例 9.13】JRadioButton 实例。

```java
import java.awt.*;
import java.awt.event.*;
import javax.swing.*;
 public final class Exam9_13{
    public static void main(String[] args) {
        Exam9_13 tb=new Exam9_13();
        tb.show();
    }
    JFrame frame=new JFrame("Test Buttons");
    JRadioButton radio1=new JRadioButton("Radio Button 1");    //单选按钮
    JRadioButton radio2=new JRadioButton("Radio Button 2");
    JRadioButton radio3=new JRadioButton("Radio Button 3");
    JLabel label=new JLabel("点击单选按钮。");         //不是按钮，是静态文本
  public Exam1() {
     frame.setDefaultCloseOperation(JFrame.EXIT_ON_CLOSE);
     frame.getContentPane().setLayout(new FlowLayout());
     ButtonGroup group=new ButtonGroup();             //用一个按钮组对象包容一组单选按钮
     ActionListener al=new ActionListener() {       //生成一个新的动作监听器对象
        public void actionPerformed(ActionEvent ae) {
            JRadioButton radio=(JRadioButton) ae.getSource();
            if (radio==radio1) {
                label.setText("You selected Radio Button 1");
            }
            else if (radio==radio2) {
                label.setText("You selected Radio Button 2");
            } else {
                label.setText("You selected Radio Button 3");
            }
        }
     };
     radio1.addActionListener(al);                    //为各单选按钮添加动作监听器
     radio2.addActionListener(al);
     radio3.addActionListener(al);
     group.add(radio1);                               //将单选按钮添加到按钮组中
     group.add(radio2);
     group.add(radio3);
     frame.add(radio1);
     frame.add(radio2);
     frame.add(radio3);
     frame.add(label);
     frame.setBounds(300,300,400, 200);
   }
    public void show() {
       frame.setVisible(true);
    }
 }
```

运行结果如图 9.15 所示。

9.5.7　JComboBox 类

该类用来创建下拉列表，为用户提供单项选择。下拉列表中最右边有个箭头，用户单击该箭头，选项列表便打开。JComboBox 的事件处理也可分为两种，一种是取得用户选取的选项；另一

种是用户在 JComboBox 上自行输入完毕后按下【Enter】键，运作相对应的工作。对于第一种事件的处理，使用 ItemListener；对于第二种事件的处理，使用 ActionListener。JComboBox 常用方法如表 9.17 所示。

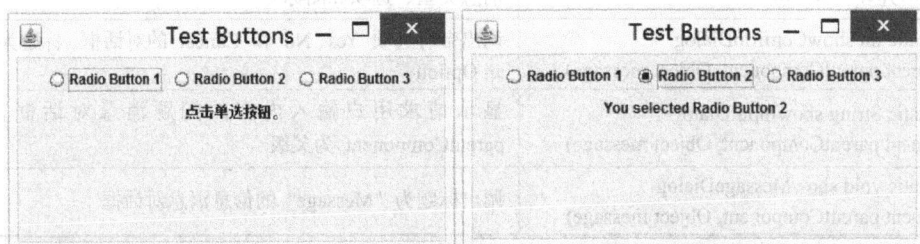

(a)　初始结果　　　　　　　　　　(b)　点击单选按钮后结果

图 9.15　例 9.13 运行结果

表 9.17　　　　　　　　　　　　　　JComboBox 常用方法

方法	说明
JComboBox()	创建具有默认数据模型的 JComboBox
JComboBox(ComboBoxModel aModel)	创建一个 JComboBox，其项取自现有的 ComboBoxModel 中
JComboBox(Object[] items)	创建包含指定数组中的元素的 JComboBox
JComboBox(Vector<?> items)	创建包含指定 Vector 中的元素的 JComboBox
public Object getItemAt(int index)	返回指定索引处的列表项
public int getItemCount()	返回列表中的项数
public void addItem(Object anObject)	为项列表添加项
public void insertItemAt(Object anObject, int index)	在项列表中的给定索引处插入项
public boolean isEditable()	如果 JComboBox 可编辑，则返回 true
public void removeAllItems()	从项列表中移除所有项
public void removeItem(Object anObject)	从项列表中移除项

9.5.8　JOptionPane 类

Java 中提供了 JOptionPane 类来实现类似 Windows 平台下的 MessageBox 的功能，利用 JOptionPane 类中的各个 static 方法来生成各种标准的对话框，实现显示出信息、提出问题、警告、用户输入参数等功能。这些对话框都是模式对话框。JOptionPane 常用方法如表 9.18 所示。

表 9.18　　　　　　　　　　　　　　JOptionPane 常用方法

方法	说明
JOptionPane()	创建一个带有测试消息的 JoptionPane
JOptionPane(Object message)	创建一个显示消息的 JOptionPane 的实例，使其使用 UI 提供的普通消息类型和默认选项
JOptionPane(Object message, int messageType)	创建一个显示消息的 JOptionPane 的实例，使其具有指定的消息类型和默认选项
JOptionPane(Object message, int messageType, int optionType)	创建一个显示消息的 JOptionPane 的实例，使其具有指定的消息类型和选项

续表

方法	说明
JOptionPane(Object message, int messageType, int optionType, Icon icon)	创建一个显示消息的 JOptionPane 的实例，使其具有指定的消息类型、选项和图标
public static int showConfirmDialog (Component parentComponent, Object message)	调出带有选项 Yes、No 和 Cancel 的对话框，标题为 Select an Option
public static String showInputDialog (Component parentComponent, Object message)	显示请求用户输入内容的问题消息对话框，它以 parentComponent 为父级
public static void showMessageDialog (Component parentComponent, Object message)	调出标题为 "Message" 的信息消息对话框

【例 9.14】JOptionPane 实例。

```java
import javax.swing.JOptionPane;
public class Exam9_14 {
    public static void main(String[] args) {
        Object[] obj={ "Read", "Basketball", "Football","Computer" };
        String s=(String) JOptionPane.showInputDialog(null,"请选择你的爱好：\n",
            "爱好", JOptionPane.PLAIN_MESSAGE, null, obj, "Basketball"); }
    }
```

运行结果如图 9.16 所示。

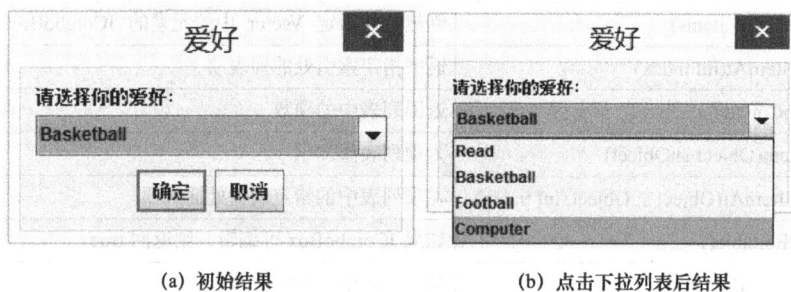

(a) 初始结果   (b) 点击下拉列表后结果

图 9.16　例 9.14 运行结果

9.5.9　JFileChooser 类

JFileChooser 是文件选择对话框类，它的常用方法如表 9.19 所示。

表 9.19　　　　　　　　　　　　　　　　JFileChooser 常用方法

方法	说明
JFileChooser()	构造一个用户默认目录的 JFileChooser
JFileChooser(File f)	使用给定 File 的路径来构造一个 JFileChooser
public void setFileSelectionMode(int mode)	设置 JFileChooser，以允许用户只选择文件或者目录或者文件和目录
public void showDialog(Component c,String s)	弹出具有自定义 approve 按钮的自定义文件选择器对话框
public void showOpenDialog(Component c)	弹出一个 "Open File" 文件选择对话框
public void showSaveDialog(Component c)	弹出一个 "Save File" 文本选择对话框

方法	说明
public void setMultiSelectionEnabled(boolean b)	设置文本选择器，可以选择多个文件
getSelectedFiles()	如果文件选择器设置为允许选择多个文件,则返回选中文件的列表
getSelectedFile()	返回选中的文件

其中参数 mode 可取的值有：FILE_AND_DIRECTORIES（显示目录和文件），FILE_ONLY（只显示文件），DIRECTORIES_ONLY（只显示目录）。

9.5.10 菜单组件

尽管 Swing 组件可以支持多个按键的命令序列，但其菜单被设计用来提供使用鼠标的图形化选择，而不是通过键盘选择。菜单组件包括菜单条、菜单和菜单项。菜单相关组件及说明如表 9.20 所示。

表 9.20 菜单相关组件

类名	说明
JMenuBar	JMenuBar 的对象是顶层窗口
JMenuItem	菜单中的项目必须属于 JMenuItem 或任何其子类
JMenu	JMenu 对象是从菜单栏中显示一个下拉菜单组件
JCheckboxMenuItem	JCheckBoxMenuItem 必须为 JMenuItem 的子类
JRadioButtonMenuItem	JRadioButtonMenuItem 对象是 JMenuItem 的子类
JPopupMenu	JPopupMenu 可以在一个组件内的指定位置动态弹出

菜单组件的常用方法和实例可参考 JDK 相关参考资料，此处不再赘述。

9.5.11 其他组件

其他在 GUI 设计中常用到的组件还有密码框，一般使用 JPasswordField 来创建密码框，用户可以在密码框内输入单行密码，密码框默认回显字符为 "*"。

除此之外，常用的还有树组件和表格组件。其中表格组件是由 JTable 创建，其中最常用的 3 个构造函数为：JTable()（创建默认的表格模型），JTable(int a,int b)（创建 a 行，b 列的默认模型表格），JTable(Object data[][],Object columnName[][])（创建默认表格模型对象，并且显示由 data 指定的二维数组的值，其列由 columnName 指定）。

JTree 类的对象被称为树组件，树组件由节点组成，它的外观比前述的组件复杂，方法也很多。鉴于篇幅有限，此处不再详述，请有兴趣的读者参考 JDK 文档及参考资料进行自学。

9.6 综合范例

【例 9.15】一个简单的计算器。

```
//Calculate.java
public class Calculate {
```

```
        public static void main(String[] args) {
            new FrameBuild();
        }
    }
//FrameBuild.java
import java.awt.*;
import javax.swing.*;
public class FrameBuild extends JFrame{
    JTextField textInputNumber1,textInputNumber2,textOutputNumber;
    JComboBox<String> choice;
    JButton calculate;
    ListenerDemo listener;
    public FrameBuild (){
        init();
        setTitle("一个简单的计算器");
        setBounds(0, 0, 400, 80);
        setVisible(true);
        setDefaultCloseOperation(JFrame.EXIT_ON_CLOSE);
    }
    public void init(){
        FlowLayout flow=new FlowLayout();
        setLayout(flow);
        textInputNumber1=new JTextField(5);
        textInputNumber2=new JTextField(5);
        choice=new JComboBox<String>();
        calculate=new JButton("=");
        textOutputNumber=new JTextField(5);
        choice.addItem("选择运算符");
        String[] fuhao={"+","-","*","/"};
        for(int i=0;i<fuhao.length;i++){
            choice.addItem(fuhao[i]);
        }
        ListenerDemo demo1=new ListenerDemo();
        ListenerDemo1 demo2=new ListenerDemo1();
        demo2.setJComboBox(choice);
        demo2.setDemo(demo1);
        demo1.setJTextFieldone(textInputNumber1);
        demo1.setJTextFieldtwo(textInputNumber2);
        demo1.setJTextFieldthree(textOutputNumber);
        choice.addItemListener(demo2);
        calculate.addActionListener(demo1);
        add(textInputNumber1);
        add(choice);
        add(textInputNumber2);
        add(calculate);
        add(textOutputNumber);
            }
    }
//ListenerDemo.java
import java.awt.event.*;
import javax.swing.*;
public class ListenerDemo implements ActionListener {
    JTextField input1,input2,display;
    String yunsuanfu;
```

```java
    public void setJTextFieldone(JTextField text){
        this.input1=text;
    }
    public void setJTextFieldtwo(JTextField text){
        this.input2=text;
    }
    public void setJTextFieldthree(JTextField text){
        this.display=text;
    }
    public void setyunsuanfu(String s){
        this.yunsuanfu=s;
    }
    public void actionPerformed(ActionEvent e){
        try{
            double num1=Double.parseDouble(input1.getText());
            double num2=Double.parseDouble(input2.getText());
            double r=0;
            if(yunsuanfu.endsWith("+")){
                r=num1+num2 ;
            }
            else if(yunsuanfu.endsWith("-")){
                r=num1-num2 ;
            }
            else if(yunsuanfu.endsWith("*")){
                r=num1*num2 ;
            }
            else if(yunsuanfu.endsWith("/")){
                r=num1/num2 ;
            }
            display.setText(r+"");
        }
        catch(Exception exp){
            display.setText("请输入数字\n");
        }
    }
}
//ListenerDemo1.java
import java.awt.event.*;
import javax.swing.*;
public class ListenerDemo1 implements ItemListener{
    JComboBox<String> choice;
    ListenerDemo demo;
    public void setJComboBox(JComboBox<String> box){
        this.choice=box;
    }
    public void setDemo(ListenerDemo demo){
        this.demo=demo;
    }
    public void itemStateChanged(ItemEvent e){
        String yunsuanfu=choice.getSelectedItem().toString();
        demo.setyunsuanfu(yunsuanfu);
    }
}
```

运行结果如图 9.17 所示。

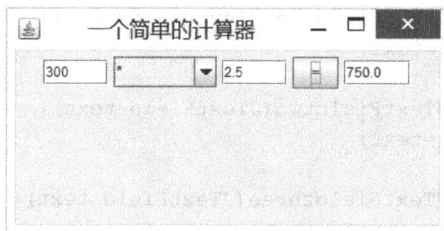

图 9.17　例 9.15 运行结果

习　题

一、选择题

1. JFrame 的缺省布局管理器是（　　　）。

　　A. FlowLayout　　　B. CardLayout　　　　C. BorderLayout　　　D. GridLayout

2. 下列哪一项不属于布局管理器？（　　　）

　　A. GridLayout　　　B. CardLayout　　　　C. BorderLayout　　　D. BagLayout

3. 在类中若要处理 ActionEvent 事件，则该类需要实现的接口是（　　　）。

　　A. Runnable　　　B. ActionListener　　　C. Serializable　　　D. Event

4. 抽象窗口工具包（　　　）是 java 提供的建立图形用户界面 GUI 的开发包。

　　A. AWT　　　　B. Swing　　　　　　C. java.io　　　　D. java.lang

5. 以下哪个监听器接口没有对应的适配器？（　　　）

　　A. MouseListener　　　　　　　　　　B. MouseMotionListener

　　C. WindowListener　　　　　　　　　D. ItemListener

二、填空题

1. Java 的图形界面技术经历了两个发展阶段，分别通过提供 AWT 开发包和_____开发包来实现。

2. JPanel 的缺省布局管理器是_____。

3. _____包括 5 个明显的区域：东、南、西、北、中。

4. _____对话框可以中断对话过程，去响应对话框以外的事件。

5. Java 中的事件主要有两种：_____和动作类事件。

三、编程题

1. 在 JFrame 中，加入 1 个面板，在面板上加入 1 个文本框，1 个按钮，使用 null 布局，设置文本框和按钮的前景色、背景色、字体、显示位置等。

2. 使用 Swing 组件做一个有背景图片的登录验证界面，要求有用户名、密码的文本框及标签、两个按钮（登录和退出），并能够响应鼠标单击按钮事件。

3. 做一个简易的"+－*/"计算器：JFrame 中加入 2 个提示标签、1 个显示结果的标签、2 个输入文本框、4 个单选框（标题分别为+－*/）、1 个按钮，分别输入 2 个整数，选择相应运算符，点击后显示计算结果。

第10章
多线程

进程和线程是现代操作系统中两个必不可少的元素。在操作系统中，程序的一次执行即为进程，进程包含了程序内容和数据的地址空间，以及其他的资源，包括打开的文件、子进程等。而线程表示的是程序的执行流程，是 CPU 调度的基本单位。多进程指在操作系统中能同时运行多个任务（程序），而多线程是在同一个应用程序中有多个顺序流同时执行。传统的操作系统是单进程单线程（如 MS-DOS）或多进程单线程的类型（多数 UNIX、LINUX）。但是，现在的操作系统（如 Windows 7、Max OS 等）更多的是多进程多线程的。Java 是第一个在语言本身中显式地包含线程的主流编程语言，它没有把线程化看作是底层操作系统的工具。本章就针对 Java 中线程的创建、调度进行介绍。

10.1　线程的概念

在操作系统中可以有多个进程，这些进程包括系统进程（由操作系统内部建立的进程）和用户进程（由用户程序建立的进程），一个进程中可以有一个或多个线程。进程和进程之间不共享内存，也就是说系统中的进程是在各自独立的内存空间中运行的。而一个进程中的线程可以共享系统分配给这个进程的内存空间。比如 Windows 中一个图形界面的下载软件，当它运行.exe 时就会产生一个进程，一方面它需要和用户交互，等待和处理用户的鼠标键盘事件，另一方面又需要同时下载多个文件，等待和处理从多个网络主机发来的数据，这些任务都需要一个"等待—处理"的循环。利用多线程机制实现这个功能，一个线程专门负责与用户交互，另外几个线程每个线程负责和一个网络主机通信。

要注意程序、进程和线程之间的区别与联系。程序只是一组指令的有序集合，它本身没有任何运行的含义，只是一个静态实体。而进程则不同，它反映了一个程序在一定的数据集上运行的全部动态过程。线程本身不拥有系统资源，只拥有一点在运行中必不可少的资源（线程的运行中需要使用计算机的内存资源和 CPU），但它可与同属一个进程的其他线程共享进程所拥有的全部资源。一个线程可以创建和撤销另一个线程，同一个进程中的多个线程之间可以并发执行。

Java 提供的多线程机制使一个程序可同时执行多个任务，因此实现的程序更具交互性和实时控制性。多线程虽是强大、灵巧的编程工具，但却不易于编程。因为在多线程编程中，每个线程都通过代码实现线程的行为，并将数据供给代码操作。编码和数据有时是相当独立的，可分别向线程提供。

10.2 线程的创建

Java 提供了两种创建线程的方法：一是对 Thread 类进行派生并覆盖 run 方法；二是通过实现 Runnable 接口创建。

10.2.1 通过扩展 Thread 类创建线程

Java 语言提供了 java.lang.Thread 类来为线程提供抽象。其实，创建线程与创建普通类的对象的操作是一样的，而线程就是 Thread 类或其子类的实例对象。在编写 Thread 子类时，需要重写 run()方法，因为父类的 run()方法中没有任何操作语句。如果不重写 run()方法，那么线程将不进行任何操作。

1. 利用 Thread 类创建线程

这种方法创建线程有 3 个步骤，如下所示。

（1）创建一个新的线程类，继承 Thread 类并覆盖 Thread 类的 run()方法。

```
class NewThread extends Thread{
    public void run(){
       ......
    }
}
```

（2）创建一个线程类的对象，创建方法与一般对象的创建相同，使用关键字 new 完成。

```
NewThread thread=new NewThread();
```

（3）启动新线程对象，调用 start()方法。start()方法是一个 native 方法，它将启动一个新线程，并执行 run()方法。

```
thread.start();
```

【例 10.1】创建线程实例。

```
class ThreadExample extends Thread{
    ThreadExample(String s){
        setName(s);
    }
public void run() {
        for(int x=1;x<=5;x++){
            System.out.println("第"+x+"次调用"+getName());
        }
    }
}
public class Exam10_1 {
  public static void main(String[] args) {
        ThreadExample example1,example2,example3;
        example1=new ThreadExample("线程 1");          //创建线程
        example2=new ThreadExample("线程 2");
        example3=new ThreadExample("线程 3");
        example1.start();                              //启动线程
        example2.start();
        example3.start();
    }
}
```

第一次运行结果如下。

第 1 次调用线程 2

第 1 次调用线程 3

第 1 次调用线程 1

第 2 次调用线程 3

第 2 次调用线程 2

第 3 次调用线程 3

第 4 次调用线程 3

第 5 次调用线程 3

第 2 次调用线程 1

第 3 次调用线程 2

第 3 次调用线程 1

第 4 次调用线程 2

第 5 次调用线程 2

第 4 次调用线程 1

第 5 次调用线程 1

> 　　除了主线程外，例 10.1 另外创建了 3 个线程，它们分别执行自己的 run 方法。注意由于平级线程调用是随机的，一个线程调用完之后可能会继续调用该线程，也可能会调用其他线程，所以程序每次运行的结果不一样。

2. Thread 类的常用构造方法

Thread 类的构造方法有 8 个，但是常用的有以下几种。

（1）public Thread( );。

该方法为无参的构造方法。

（2）public Thread(Runnable target);。

构造方法中的参数 target 是实现了 Runnable 接口的类的对象，这个在后面将会看到实例。

（3）public Thread(String name);。

构造方法中的参数 name 为线程的名字。这个名字也可以在建立 Thread 实例后通过 Thread 类的 setName( )方法设置。默认线程名：Thread-N，N 是线程建立的顺序，是一个不重复的正整数。main( )方法的线程名就是 main。

（4）public Thread(Runnable target, String name);。

用实现了 Runnable 接口的类的对象生成 Thread 对象，并用 name 命名线程。

10.2.2　通过实现 Runnable 接口创建线程

利用实现 Runnable 接口来创建线程的方法可以解决 Java 语言不支持多重继承的问题。不同于 Thread 类拥有众多的方法，Runnable 接口中只有唯一的一个 run()方法原型，因此创建新的线程类时，只要实现此接口，即只要特定的程序代码实现 Runnable 接口中的 run()方法，就可完成新线程类的运行。

1. 利用 Runnable 接口创建线程

该方法创建线程常分为两步，如下所示。

（1）创建一个类实现 Runnable 接口。

```
class NewThread implements Runnable{
    public void run(){
      ……
    }
}
```

（2）建立一个 Thread 对象，并将第一步实例化后的对象作为参数传入 Thread 类的构造方法。最后通过 Thread 类的 start( )方法启动线程。

【例 10.2】利用两个线程模拟捡苹果。

```
class ThreadExample implements Runnable{
    private static int apple=1;
    public void run() {
        while(true) {
            if(apple<11) {
                System.out.println(Thread.currentThread().getName()+"...捡到
一个苹果——"+"现在一共有"+(apple++)+"个苹果");
            }
            else break;
        }
    }
}
public class Exam10_2 {
    public static void main(String[] args) {
        ThreadExample t=new ThreadExample();
        Thread t1=new Thread(t);      //创建了一个线程;
        Thread t2=new Thread(t);      //创建了一个线程;
        t1.setName("小明");
        t1.start();      //启动线程
        t2.setName("小红");
        t2.start();
    }
}
```

运行结果如下。

小红...捡到一个苹果——现在一共有 1 个苹果

小明...捡到一个苹果——现在一共有 2 个苹果

小明...捡到一个苹果——现在一共有 4 个苹果

小红...捡到一个苹果——现在一共有 3 个苹果

小明...捡到一个苹果——现在一共有 5 个苹果

小明...捡到一个苹果——现在一共有 7 个苹果

小红...捡到一个苹果——现在一共有 6 个苹果

小红...捡到一个苹果——现在一共有 9 个苹果

小红...捡到一个苹果——现在一共有 10 个苹果

小明...捡到一个苹果——现在一共有 8 个苹果

说明　线程 t1 和线程 t2 共享一个 apple 成员变量，每当一个线程被调用一次视为一个人捡到一个苹果，虽然线程的调度是由 CPU 控制，结果随机，但可以确保的是当线程 t1 和线程 t2 被调用 10 次后（一共捡了 10 个苹果）线程结束。

2．两种创建线程方法的区别与联系

（1）在实现 Runable 接口的时候调用 Thread 的两个构造方法 Thread(Runnable run)或者 Thread(Runnable run, String name)创建进程时，使用同一个 Runnable 实例，则建立的多线程的实例变量也是共享的，但是通过继承 Thread 类时不能用一个实例建立多个线程，因此实现 Runnable 接口适合于资源共享。当然，继承 Thread 类也能够共享其类中定义的 static 变量。读者可通过例 10.3 和例 10.4 中卖票的例子进行对比。

【例 10.3】使用 Thread 类创建线程。

```
class MyThread extends Thread{
        private int ticket=6;        //private static int ticket=6;
            public void run(){
                for(int i=0;i<20;i++){
                    if(ticket>0){
                        System.out.println(this.getName()+"卖票：还剩下"+ ticket--+"张票");
                    }
                }
            }
}
public class Exam10_3 {
    public static void main(String[] args) {
        MyThread th1=new MyThread();
        MyThread th2=new MyThread();
        MyThread th3=new MyThread();
        th1.start();
        th2.start();
        th3.start();
    }
}
```

运行结果如下。

Thread-1 卖票：还剩下 6 张票
Thread-1 卖票：还剩下 5 张票
Thread-1 卖票：还剩下 4 张票
Thread-0 卖票：还剩下 6 张票
Thread-2 卖票：还剩下 6 张票
Thread-0 卖票：还剩下 5 张票
Thread-0 卖票：还剩下 4 张票
Thread-0 卖票：还剩下 3 张票
Thread-1 卖票：还剩下 3 张票
Thread-0 卖票：还剩下 2 张票
Thread-0 卖票：还剩下 1 张票
Thread-2 卖票：还剩下 5 张票
Thread-1 卖票：还剩下 2 张票
Thread-1 卖票：还剩下 1 张票
Thread-2 卖票：还剩下 4 张票
Thread-2 卖票：还剩下 3 张票

Thread-2 卖票：还剩下 2 张票

Thread-2 卖票：还剩下 1 张票

可以看出生成了 3 个线程对象，每个线程都各卖了 6 张票，共卖了 18 张，但实际只有 6 张票，由于每个线程都卖自己的票，没有达到资源共享。如果使用了注释处的语句，即将 ticket 变量定义为 static，则程序的结果又有所不同，请读者自行分析原因。

【例 10.4】使用 Runnable 接口创建线程。

```
class MyThread implements Runnable {
    private int ticket=6;
        public void run(){
            for(int i=0;i<20;i++){
                if(ticket>0){
                    System.out.println(Thread.currentThread().getName()+"
卖票：还剩下"+ ticket--+"张票");
                }
            }
        }
}
public class Exam10_4 {
    public static void main(String[] args) {
        MyThread mt=new MyThread();
        Thread th1=new Thread(mt);
        Thread th2=new Thread(mt);
        Thread th3=new Thread(mt);
        th1.start();
        th2.start();
        th3.start();
    }
}
```

运行结果如下。

Thread-0 卖票：还剩下 6 张票

Thread-0 卖票：还剩下 3 张票

Thread-0 卖票：还剩下 2 张票

Thread-0 卖票：还剩下 1 张票

Thread-1 卖票：还剩下 4 张票

Thread-2 卖票：还剩下 5 张票

可以看出 3 个线程共卖出 6 张票。由于只声明并实例化了一个 MyThread 类对象 mt，也就是说在这个过程中，ticket 是 3 个线程共享的资源。

（2）查看 Java 中 Thread 类的文件，可以看出 Thread 类实现了 Runnable 接口。

（3）采用继承 Thread 类方式的优点是编写简单，如果需要访问当前线程，无需使用 Thread.currentThread()方法，直接使用 this，即可获得当前线程。缺点在于因为线程类已经继承了 Thread 类，所以不能再继承其他的父类。

而采用实现 Runnable 接口方式，其优点在于线程类只是实现了 Runable 接口，还可以继承其他的类。同时可以多个线程共享同一个目标对象或资源，所以非常适合多个相同线程来处理同一份资源的情况，从而可以将 CPU 代码和数据分开，形成清晰的模型，较好地体现了面向对象的思想。但是这样的方法也有缺点，即编程稍微复杂，如果需要访问当前线程，必须使用 Thread.currentThread()方法。

10.3　线程的控制

10.3.1　线程的生命周期

线程的生命周期状态转换是线程控制的基础。线程状态可分为五大状态：新建、就绪、运行、阻塞和死亡。用图 10.1 描述如下。

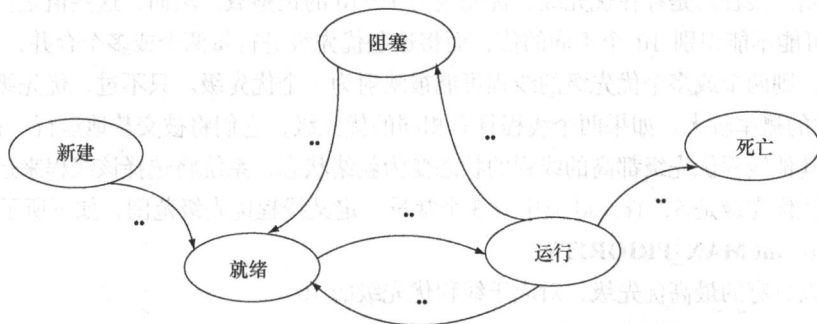

图 10.1　线程的生命周期状态图

1. 新建（new）

当新建一个线程后，该线程处于新建状态，此时它和 Java 对象一样，仅仅由 Java 虚拟机为其分配内存空间，并初始化成员变量。同时已经有了相应的内存空间和其他资源，但是尚未运行 start()方法。

2. 就绪（Runnable）

当线程有资格运行，但调度程序还没有把它选定为运行线程时线程所处的状态。当 start()方法调用时，线程首先进入就绪状态。在线程运行之后或者从阻塞状态回来后，也返回到就绪状态。

3. 运行（Running）

线程创建之后就具备了运行条件，当 Java 虚拟机（JVM）将 CPU 的使用权切换给该线程时，此线程就开始了自己的生命周期，Thread 类的子类中的 run()方法就会立即执行。

当一个线程进入"运行"状态下，并不代表它可以一直执行到 run()结束。因为事实上它只是加入此应用程序执行安排的队列中，正在等待分享 CPU 资源，也就是等候执行权，在何时给予线程执行权则由 JVM 决定，同时也由线程的优先级决定。

4. 阻塞（Blocked）

阻塞状态是线程因为某种原因放弃 CPU 使用权，暂时停止运行。直到线程进入就绪状态，才有机会转到运行状态。阻塞的情况分为以下 3 种。

（1）等待阻塞：运行的线程执行 wait()方法，JVM 会把该线程放入等待池中。

（2）同步阻塞：运行的线程在获取对象的同步锁时，若该同步锁被别的线程占用，则 JVM 会把该线程放入锁池中。

（3）其他阻塞：运行的线程执行 sleep()或 join()方法，或者发出了 I/O 请求时，JVM 会把该线程置为阻塞状态。当 sleep()状态超时、join()等待线程终止或者超时、或者 I/O 处理完毕时，线程重新转入就绪状态。

5. 死亡（Dead）

处于死亡状态的线程不具有继续运行的能力，线程的死亡有两种，一种是正常运行的线程完成了它全部工作（run()方法中全部语句），另一种是线程被提前强制终止，即强制 run()方法结束。所谓死亡状态就是线程释放了分配给线程对象的内存。不要试图对死亡的线程调用 start()方法来启动它，死亡线程不可能再次运行。

10.3.2　线程的优先级

虽然理论上线程是并发运行的，然而事实常常并非如此。JVM 线程调度程序是基于优先级的抢先调度机制。线程总是存在优先级，优先级为 1～10 的正整数。然而，这些值是没有保证的，一些 JVM 可能不能识别 10 个不同的值，而将这些优先级进行每两个或多个合并，变成少于 10 个的优先级，则两个或多个优先级的线程可能被映射为一个优先级。只不过，优先级高的线程获取 CPU 资源的概率较大。如果两个线程具有相同的优先级，它们将被交替地运行。在任何时刻，如果一个比其他线程优先级都高的线程的状态变为就绪状态，系统将选择该线程来运行。

线程默认优先级是 5，Thread 类中有 3 个常量，定义线程优先级范围，如下所示。

（1）**static int MAX_PRIORITY**。

线程可以具有的最高优先级，对应于线程优先级的 10。

（2）**static int MIN_PRIORITY**。

线程可以具有的最低优先级，对应于线程优先级的 1。

（3）**static int NORM_PRIORITY**。

分配给线程的默认优先级，对应于线程优先级的 5。

当设计多线程应用程序的时候，一定不要依赖于线程的优先级。因为线程调度优先级操作是没有保障的，只能把线程优先级作用作为一种提高程序效率的方法，但是要保证程序不依赖这种操作。同时，如果在一个线程中开启另外一个新线程，则新开线程称为该线程的子线程，子线程初始优先级与父线程相同。

还可以用下面方法设置和返回线程的优先级。

public final void setPriority(int newPriority)：设置线程的优先级。

public final int getPriority()：返回线程的优先级。

下面通过修改例子 10.2 优先级来理解线程的优先级。在例 10.2 中增加一个新的线程，并且将这 3 个不同的线程赋予不同优先级。由于运行 10 次优先级体现的结果可能会不明显，下面将运行次数修改为 20 次。鉴于优先级操作没有保障，所以每次运行的结果只能保证大多数情况下优先级高的线程被使用次数多，但也存在优先级低的线程被使用次数多的情况。

【例 10.5】对例 10.2 中的线程设置优先级。

```
class ThreadExample implements Runnable{
    private static int apple=1;
    public void run() {
        System.out.println(Thread.currentThread().getName()+"优先级为:"+Thread.currentThread().getPriority());
        while(true) {
            if(apple<21) {
                System.out.println(Thread.currentThread().getName()+"... 捡到
```

一个苹果——"+"现在一共有"+(apple++)+"个苹果");
```
                }
                else break;
            }
        }
    }
    public class Exam10_5 {
        public static void main(String[] args) {
            ThreadExample t=new ThreadExample();
            Thread t1=new Thread(t);              //创建了一个线程;
            Thread t2=new Thread(t);              //创建了一个线程;
            Thread t3=new Thread(t);              //创建了一个线程;
            t1.setName("小明");
            t1.setPriority(1);
            t1.start();                           //启动线程
            t2.setName("小红");
            t2.setPriority(10);
            t2.start();
            t3.setName("小强");
            t3.setPriority(5);
            t3.start();
        }
    }
```
运行结果如下。

小强优先级为：5

小明优先级为：1

小红优先级为：10

小明...捡到一个苹果——现在一共有 2 个苹果

小强...捡到一个苹果——现在一共有 1 个苹果

小明...捡到一个苹果——现在一共有 4 个苹果

小红...捡到一个苹果——现在一共有 3 个苹果

小明...捡到一个苹果——现在一共有 6 个苹果

小强...捡到一个苹果——现在一共有 5 个苹果

小明...捡到一个苹果——现在一共有 8 个苹果

小红...捡到一个苹果——现在一共有 7 个苹果

小明...捡到一个苹果——现在一共有 10 个苹果

小强...捡到一个苹果——现在一共有 9 个苹果

小明...捡到一个苹果——现在一共有 12 个苹果

小红...捡到一个苹果——现在一共有 11 个苹果

小明...捡到一个苹果——现在一共有 14 个苹果

小明...捡到一个苹果——现在一共有 16 个苹果

小强...捡到一个苹果——现在一共有 13 个苹果

小明...捡到一个苹果——现在一共有 17 个苹果

小明...捡到一个苹果——现在一共有 19 个苹果

小红...捡到一个苹果——现在一共有 15 个苹果

小明...捡到一个苹果——现在一共有 20 个苹果

小强...捡到一个苹果——现在一共有 18 个苹果

由运行结果可以看出，优先级低的线程运行的次数反而更多，这也印证了线程调度优先级操作是没有保障的。这是因为如果 CPU 有空闲，即使是低优先级的线程，也可以得到足够的执行时间，接近满负荷执行。如果 CPU 比较繁忙，优先级的作用就体现出来了，优先级高的线程能得到比较多的执行时间，优先级比较低的线程也能得到一些执行时间，但会少一些。CPU 越繁忙，差异通常越明显。因此实际编程时，不提倡使用线程的优先级来保证算法的正确执行。

10.3.3 线程的调度

线程调度是指按照特定机制为多个线程分配 CPU 的使用权。Java 线程调度是 Java 多线程的核心，只有调度良好，才能充分发挥系统的性能，提高程序的执行效率。但是需要强调的是，不管程序员怎么编写调度，只能最大限度地影响线程执行的次序，而不能做到精准控制。

1. 线程休眠（sleep）

线程休眠是让当前的正在执行的线程暂停指定的时间，并进入阻塞状态。这是使线程让出 CPU 的最简单的做法之一。线程休眠的时候，会将 CPU 资源交给其他线程，以便能轮换执行，当休眠一定时间后，线程会苏醒，进入准备状态等待执行。

休眠的方法有以下两个。

（1）Thread.sleep(long millis)。

静态方法。该方法可用于使当前线程暂停 millis 毫秒。当休眠结束后，就转为就绪（Runnable）状态。

（2）Thread.sleep(long millis, int nanos)。

静态方法。该方法可用于使当前线程暂停 millis 毫秒 nanos 纳秒。需要注意的是，参数 nanos 的取值范围为[0，999999]。

使用线程休眠时，需要注意以下几点。

（1）sleep()是静态方法，只能控制当前正在运行的线程。

（2）线程休眠到期自动苏醒，并返回到就绪状态，不是运行状态。

（3）sleep()中指定的时间是线程不会运行的最短时间。在被唤醒并开始执行前，线程休眠的实际时间取决于系统计时器和调度器。对比较清闲的系统来说，实际休眠的时间十分接近于指定的休眠时间，但对于繁忙的系统，两者之间的差距就较大。

（4）其他线程可以中断当前进程的休眠，但会抛出 InterruptedException 异常。因此，在使用时必须放入 try-catch 中使用。

下面通过例 10.6 来加深读者对线程休眠的理解。

【例 10.6】线程休眠实例。

```java
class ThreadExample implements Runnable{
    public void run() {
        try {
            System.out.println("线程休眠前时间："+System.currentTimeMillis());
            Thread.sleep(10000);
            System.out.println("线程休眠后时间："+System.currentTimeMillis());
        }
        catch (Exception e) {
            e.printStackTrace();
```

```
                }
            }
        }
public class Exam10_6 {
    public static void main(String[] args) {
        ThreadExample t=new ThreadExample();
        Thread t1=new Thread(t);              //创建了一个线程;
        t1.start();                           //启动线程
    }
}
```

运行结果如下。

线程休眠前时间：1440210114896

线程休眠后时间：1440210124898

观察运行结果会发现，虽然程序中指定休眠时间为 10000 毫秒，实际上只能确保十分接近该值，所用时间取决于当前系统是否繁忙。

2. 线程合并（join）

线程的合并是把指定的线程加入到当前线程，可以将两个交替执行的线程合并为顺序执行的线程。比如在线程 B 中调用了线程 A 的 join()方法，直到线程 A 执行完毕后，才会继续执行线程 B。join()方法通常由使用线程的程序调用，将大问题划分成许多小问题。每个小问题分配一个线程。当所有的小问题得到处理后，再调用主线程进一步操作。

join()为非静态方法，定义如下。

（1）void join()：等待该线程终止。

（2）void join(long millis)：等待该线程终止的时间最长为 millis 毫秒。

（3）void join(long millis, int nanos)：等待该线程终止的时间最长为 millis 毫秒 nanos 纳秒。

通常很少用第 3 种方法，因为一般程序运行时对时间的精度无需精确到千分之一毫秒，且大多数计算机硬件、操作系统也很难做到精确到千分之一毫秒。同时也要注意，由于线程中断的原因，会抛出 InterruptedException 异常，因此 join()也需要在 try-catch 结构中使用。

【例 10.7】线程合并实例。

```
class ThreadOne extends Thread{
    public void run(){
        try{
            System.out.println("ThreadOne 开始……");
            Thread.sleep(3000);
            System.out.println("ThreadOne 结束……");
        }
        catch (InterruptedException e){
            e.printStackTrace();
        }
    }
}
class ThreadTwo extends Thread{
    private ThreadOne t1;
    public ThreadTwo(ThreadOne t1){
      this.t1=t1;
    }
    public void run(){
        try{
```

```
                System.out.println("ThreadTwo 开始……");
                t1.start();
                t1.join();
                System.out.println("ThreadTwo 结束……");
            }
            catch (InterruptedException e){
                e.printStackTrace();
            }
    }
}
public class Exam1{
    public static void main(String[] args) {
        ThreadOne t1=new ThreadOne();
        ThreadTwo t2=new ThreadTwo(t1);       //创建了一个线程;
        t2.start();       //启动线程
    }
}
```

运行结果如下。

ThreadTwo 开始……

ThreadOne 开始……

ThreadOne 结束……

ThreadTwo 结束……

3. 线程让步 (yield)

线程让步使得线程放弃当前分配的 CPU 时间,但是不使线程阻塞,即线程仍处于可执行状态,随时可能再次分得 CPU 时间。调用 yield()的效果等价于调度程序认为该线程已执行了足够的时间从而转到另一个线程。如果此时有其他线程一起来抢占 CPU 资源,那么只要这个抢占的线程的优先级不低于调用线程,则抢占线程将会被调用。

使用线程让步时需要注意以下内容。

(1) yield()是一个 Thread 类的静态方法。

(2) yield()让当前线程把运行机会交给等待调度队列中拥有相同优先级的线程。

(3) yield()不能保证使得当前正在运行的线程迅速转换到就绪的状态。

(4) yield()仅能使一个线程从运行状态转到就绪状态,而不是阻塞状态。

同时要注意 sleep()和 yield()的区别,如下所示。

(1) sleep()方法暂停当前线程后,会给其他线程执行机会而不考虑线程的优先级。但 yield()则会给优先级相同或高优先级的线程执行机会。

(2) sleep()方法会将线程转入阻塞状态,直到经过阻塞时间才会转入到就绪状态;而 yield()则不会将线程转入到阻塞状态,它只是强制当前线程进入就绪状态。因此完全有可能调用 yield()方法暂停之后,立即再次获得处理器资源继续运行。

(3) sleep()声明会抛出 InterruptedException 异常,而 yield()没有声明抛出任何异常。

(4) sleep()方法比 yield()方法有更好的可移植性,通常不要依靠 yield()方法来控制并发线程的执行。

【例 10.8】线程让步实例。

```
public class Exam10_8{
    public static void main(String[] args) throws InterruptedException {
```

```
            MyThread mt1=new MyThread("低级", 1) ;
            MyThread mt2=new MyThread("中级", 5);
            MyThread mt3=new MyThread("高级", 10);
            mt1. start();
            mt2. start();
            mt3. start();
        }
    }
class MyThread extends Thread {
    public MyThread(String name, int pro) {
            super(name);                //设置线程的名称
            this.setPriority(pro);      //设置优先级
        }
    public void run() {
        for (int i=0; i<6; i++) {
            System.out.println(this.getName() + "线程第" + i + "次执行! ");
            if (i % 3==0)
                Thread.yield();
        }
    }
}
```

运行结果如下。

中级线程第 0 次执行!

高级线程第 0 次执行!

低级线程第 0 次执行!

高级线程第 1 次执行!

中级线程第 1 次执行!

高级线程第 2 次执行!

低级线程第 1 次执行!

高级线程第 3 次执行!

中级线程第 2 次执行!

高级线程第 4 次执行!

低级线程第 2 次执行!

高级线程第 5 次执行!

中级线程第 3 次执行!

低级线程第 3 次执行!

中级线程第 4 次执行!

低级线程第 4 次执行!

中级线程第 5 次执行!

低级线程第 5 次执行!

4．守护线程（daemon）

Java 有一种特殊线程——守护线程，这种线程优先级特别低，只有在同一程序中的其他线程不执行时才会执行。由于守护线程拥有这些特性，所以，一般用来为程序中的普通线程（也称为用户线程）提供服务。它们一般会有一个无限循环，或用于等待请求服务，或用于执行任务等。它们不可以做任何重要的工作，因为不确定它们何时才能分配到 CPU 运行时间，而且当没有其他线程执行时，它们就会自动终止。这类线程的一个典型应用就是 Java 的垃圾回收。

守护线程有以下两个常用方法。

（1）public final void setDaemon(boolean on)：将该线程标记为守护线程或用户线程。参数 on 如果为 true，则将该线程标记为守护线程。当正在运行的线程都是守护线程时，Java 虚拟机退出。

（2）isDaemon()：判断一个线程是否是守护线程。

守护线程并非只有虚拟机内部可以提供，用户也可以自行地设定守护线程，但是有以下几点需要注意。

（1）仅能在调用 start()方法之前，通过调用 setDaemon()方法将线程设置为守护线程。一旦线程开始运行，则不能修改守护状态，否则会抛出 IllegalThreadStateException 异常。

（2）在守护线程中产生的新线程也是守护的。

（3）不是所有的应用都可以分配给守护线程来进行服务，比如读写操作或者计算逻辑。因为在守护线程还没来得及进行操作时，虚拟机可能已经退出了。

【例 10.9】守护线程实例。

```
public class Exam10_9 implements Runnable {
    public void run() {
        try {
            while (true) {
                Thread.sleep(1000);
                System.out.println("#" + Thread.currentThread().getName());
            }
        }
        catch (InterruptedException e) {
            e.printStackTrace();
        }
        finally {     //后台线程不执行 finally 子句
            System.out.println("finally ");
        }
    }
    public static void main(String[] args) {
        for (int i=0; i<10; i++) {
            Thread daemon=new Thread(new Exam1());
            //必须在 start 之前设置为后台线程
            daemon.setDaemon(true);
            daemon.start();
        }
        System.out.println("All daemons started");
        try {
            Thread.sleep(1000);
        }
        catch (InterruptedException e) {
            e.printStackTrace();
        }
    }
}
```

运行结果如下。

All daemons started

#Thread-0

#Thread-3

#Thread-4

#Thread-6

#Thread-5

从运行结果可以看出，10 个子线程并没有无线循环地打印，而是在主线程 main() 退出后，JVM 强制关闭所有守护线程，finally 子句不执行。

10.4 互斥与同步

在实际应用中，多个线程往往会共享一些数据，并且各个线程之间的状态和行为是相互影响的。线程之间的影响有两种，一种是线程间的互斥，另一种是线程间的同步。

线程之间通过对资源（包括共享的数据和硬件资源）的竞争，所产生的相互制约关系被称为互斥关系。线程之间相互协同合作，彼此之间直接知道对方的存在，并了解对方的名字，这类进程常常需要通过"进程间通信"方法来协同工作，这类关系被称为同步关系。

10.4.1 临界区与互斥

假设一个程序中有一个线程用于把文件读到内存，而另一个线程用于统计文件中的字符数。在把整个文件调入内存之前，统计字符计数是没有意义的。但是，由于每个操作都有自己的线程，操作系统会把两个线程当作是互不相干的任务分别执行，这样就可能在没有把整个文件装入内存时统计字数。

下面就给出了有关于多个线程对于共享资源访问产生错误的例子。

【例 10.10】多线程访问共享资源。

```java
class ShareData {
  public static String data="";                    //字符串作为共享数据
 }
class ThreadShare extends Thread {
  private ShareData share;                          //声明，并初始化 ShareData 数据域
  //声明，并实现 ThreadShare 带参数的构造方法
  ThreadShare (String szName, ShareData share) {
    super(szName);           //调用父类的构造方法
    this.share=share;        //初始化 share 域
  }
  public void run() {
    for (int i=0; i<5; i++) {
      if (this.getName().equals("Thread1")) {
        share.data="这是第 1 个线程";
        try {
          Thread.sleep((int) Math.random()*100);    //休眠
        }
        catch (InterruptedException e) {            //捕获异常
        e.printStackTrace();
        }
      System.out.println(this.getName() + ":" + share.data);  //输出字
符串信息
```

```
        }
        else if (this.getName().equals("Thread2")) {
          share.data="这是第 2 个线程";
          try {
            Thread.sleep((int) Math.random()*100);          //线程休眠
          }
          catch (InterruptedException e) {                  //捕获异常
          e.printStackTrace();
          }
          System.out.println(this.getName() + ": " + share.data); //输出字符串信息
        }
      }
    }
  }
  public class Exam10_10 {
  public static void main(String args[]) {
    ShareData share=new ShareData();          //创建并初始化 ShareData 对象 share
    ThreadShare th1=new ThreadShare ("Thread1", share);      //创建线程 th1
    ThreadShare th2=new ThreadShare ("Thread2", share);      //创建线程 th2
    th1.start();                                             //启动线程 th1
    th2.start();                                             //启动线程 th2
  }
}
```

运行结果如下。

Thread2：这是第 2 个线程

Thread1：这是第 2 个线程

Thread2：这是第 2 个线程

Thread1：这是第 1 个线程

Thread2：这是第 2 个线程

Thread1：这是第 1 个线程

Thread2：这是第 2 个线程

Thread1：这是第 1 个线程

Thread2：这是第 2 个线程

Thread1：这是第 1 个线程

预想的结果应是："Thead1：这是第 1 个线程"或"Thead2：这是第 2 个线程"，但是线程对共享资源的异步操作导致运行结果出现了差错。

从例 10.10 看出，当两个线程竞争同一资源时，如果对资源的访问顺序敏感，就称存在竞态条件。导致竞态条件发生的代码区称作临界区。为了使系统中多个线程正确而有效地访问资源，对线程互斥使用临界区有以下原则。

（1）在共享同一个临界区的所有线程中，每次只允许有一个线程处于它的临界区之中。也就是说强制所有这些线程中，每次只允许其中的一个线程访问该共享变量。

（2）线程只应在临界区内逗留有限时间。

（3）若有多个线程同时要求进入它们的临界区时，就在有限的时间内让其中之一进入临界段，而不应相互阻塞，以至于各线程均无法进入临界区。解决临界区互斥的问题就需要使用同步机制。

10.4.2　线程同步

关于线程同步，需要牢牢记住的一点是：线程同步就是线程排队，就是线程一个一个对临界区进行操作，而不是同时进行操作。线程同步的目的就是避免线程"同步"执行。

1．利用 synchronized 关键字实现同步

Java 中使用 synchronized 关键字来进行同步，包括两种用法：synchronized 方法和 synchronized 块。

（1）方法同步：用关键字 synchonized 可将方法声明为同步。格式如下：

```
class 类名{
    public synchonized 类型名称 方法名称(){
        ……
    }
}
```

synchronized 既可以修饰实例方法，也可以修饰静态方法。一个实例同步方法只属于实例本身。每个实例都有自己的同步方法。静态方法的同步是指同步在该方法所在的类对象上。

【例 10.11】实例同步方法。

```
class ThreadShare implements Runnable {
    public synchronized void test(){
        for (int i=0; i<5; i++) {
            try {
                Thread.sleep((int) Math.random()*100);   //休眠
            }
            catch (InterruptedException e) {              //捕获异常
                e.printStackTrace();
            }
            System.out.println(Thread.currentThread().getName() + ":" + i); //输
出字符串信息
        }
    }
    public void run() {
        test();
    }
}
  public class Exam10_11 {
    public static void main(String args[]) {
        ThreadShare ts=new ThreadShare();
        Thread th1=new Thread (ts);                       //创建线程 th1
        Thread th2=new Thread (ts);                       //创建线程 th2
        th1.start();                                      //启动线程 th1
        th2.start();                                      //启动线程 th2
    }
}
```

运行结果如下。

Thread-0:0

Thread-0:1

Thread-0:2

Thread-0:3

Thread-0:4

Thread-1:0

Thread-1:1

Thread-1:2

Thread-1:3

Thread-1:4

是否在 test()方法前加上 synchronized 关键字，会使得例 10.11 的执行结果有很大的不同。如果不加 synchronized 关键字，则两个线程同时执行 test()方法，输出是两组并发的。如果加上 synchronized 关键字，则会先输出一组 0 到 4，然后再输出下一组，说明两个线程是顺次执行的。

实质上，Java 中的每个实例（或对象）都有一个锁（lock），或者叫做监视器（monitor），当一个线程访问某个对象的同步方法时，将该对象上锁，其他任何线程都无法再去访问该对象的同步方法了（这里是指所有的同步方法，而不仅仅是同一个方法），直到之前的那个线程执行方法完毕后（或者是抛出了异常），才将该对象的锁释放掉，其他线程才有可能再去访问该对象的 synchronized 方法。注意这时候是给对象上锁，如果是不同的对象，则各个对象之间没有限制关系。

【例 10.12】静态方法同步。

```
class ThreadShare extends Thread {
        public static synchronized void test() {
         for (int i=0; i<5; i++) {
              try {
                    Thread.sleep((int) Math.random()*100);        //休眠
                    }
              catch (InterruptedException e) {                    //捕获异常
                   e.printStackTrace();
                   }
              System.out.println(Thread.currentThread().getName() + ":" + i); //输
出字符串信息
            }
        }
        public void run(){
          test();
        }
}
    public class Exam10_12 {
        public static void main(String args[]) {
          ThreadShare th1=new ThreadShare();
          ThreadShare th2=new ThreadShare();
          th1.start();          //启动线程 th1
          th2.start();          //启动线程 th2
    }
}
```

运行结果与例 10.11 相同，但需要注意本例与例 10.11 的差异。本例中创建了两个不同的线程对象，对静态方法进行了同步操作。如果去掉 test()方法的修饰词 static，运行结果将如下。

Thread-1:0

Thread-0:0

Thread-0:1

Thread-1:1

Thread-0:2

Thread-0:3

Thread-1:2

Thread-0:4

Thread-1:3

Thread-1:4

原因在于缺少了 static 修饰的方法就是实例同步方法，因此两个线程对象是独立的，可以各自操作实例同步方法而互不影响。

Java 中，无论一个类生成多少个对象，这些对象会对应唯一一个 Class 对象。如果某个 synchronized 方法是 static 的，那么当线程访问该方法时，它锁的并不是 synchronized 方法所在的对象，而是 synchronized 方法所在的类所对应的 Class 对象。当一个线程进入同步的静态方法中时，线程监视器获取类本身的锁，对整个类加锁，其他线程不能进入这个类的任何静态同步方法。

在使用方法同步时，需要注意以下几点。

* synchronized 关键字只能修饰非抽象的方法，不能修饰成员变量。

* synchronized 关键字不能继承。虽然可以使用 synchronized 来定义方法，但 synchronized 并不属于方法定义的一部分，因此，synchronized 关键字不能被继承。如果在父类中的某个方法使用了 synchronized 关键字，而在子类中覆盖了这个方法，在子类中的这个方法默认情况下并不是同步的，而必须显式地在子类的这个方法中加上 synchronized 关键字才可以。

* 在定义接口方法时不能使用 synchronized 关键字。

* 构造方法不能使用 synchronized 关键字修饰。

* 如果一个对象有多个 synchronized 方法，某一时刻某个线程已经进入到了某个 synchronized 方法，那么在该方法没有执行完毕前，其他线程是无法访问该对象的任何 synchronized 方法的。

（2）语句块同步：对于同步块，synchornized 获取的是参数中的 obj 对象锁。格式如下：

```
synchornized(obj)
{
 ……
}
```

当线程执行到同步块时，它必须获取 obj 对象才能执行同步块；否则线程只能等待获得锁。而且这个对象可以是任意类的对象，也可以使用 this 关键字。由于可以针对任意代码块，且可任意指定上锁的对象，故灵活性较高。

【例 10.13】在例 10.11 的基础上，利用语句块同步实现。

```
class ThreadShare implements Runnable{
    public void test() {
      synchronized (this){
        for (int i=0; i<5; i++) {
            try {
                Thread.sleep((int) Math.random()*100);            //休眠
            }
            catch (InterruptedException e) {                      //捕获异常
              e.printStackTrace();
            }
        System.out.println(Thread.currentThread().getName() + ":" + i); //输出
字符串信息
```

```
        }
      }
    }
      public void run() {
          tesl();
      }
  }
  public class Exam10_13 {
      public static void main(String args[]) {
        ThreadShare ts=new ThreadShare();
        Thread th1=new Thread (ts);        //创建线程 th1
        Thread th2=new Thread (ts);        //创建线程 th2
        th1.start();                       //启动线程 th1
        th2.start();                       //启动线程 th2
      }
  }
```

运行结果与例 10.11 相同。

在使用语句块同步时，需要注意：当一个线程访问对象的一个同步代码块时，另一个线程仍然可以访问该对象中的非同步代码块。

同样，可对例 10.12 进行修改实现语句块同步。修改部分代码如下。

```
class ThreadShare extends Thread {
        public static void test() {
         synchronized(ThreadShare.class){
         for (int i=0; i<5; i++) {
              try {
                    Thread.sleep((int) Math.random()*100);       //休眠
                }
            catch (InterruptedException e) {                       //捕获异常
                e.printStackTrace();
            }
        System.out.println(Thread.currentThread().getName() + ":" + i); //输出字符
串信息
            }
        }
    }
```

在编写多线程程序中，对 synchronized 的使用要遵循以下 3 个原则。

（1）不需要在多个线程中使用共享资源时，那么就没有必要使用该关键字；

（2）如果某个方法只是返回对象的值，而不去修改对象的值时，那么也就没有必要使用该关键字。

（3）在程序中尽可能少用嵌套的 synchronized 代码段。

2. 利用 wait()、notify()和 notifyAll()实现同步

wait()、notify()和 notifyAll()不属于 Thread 类，而是属于 Object 基础类，即所有对象都能调用这 3 个方法，并且它们为 final 方法，无法被重写。

（1）wait()方法。

该方法导致当前的线程等待，直到其他线程调用此对象的 notify()方法或 notifyAll()方法，则该线程重新进入运行状态，恢复执行。当前线程必须具有对象监视器的锁，才能在调用该方法时线程释放监视器的锁。因此，该方法必须在 synchronized 方法或块中调用，因为只有在 synchronized

方法或块中，当前线程才占有锁，才有锁可以释放。若不满足这一条件，则程序虽然仍能编译，但在运行时会出现 IllegalMonitorStateException 异常。它有 3 种重载方法：

```
public final void wait();
public final void wait(long timeout);
public final void wait(long timeout, int nanos);
```

timeout 和 nanos 为等待时间的毫秒和纳秒，当时间到或其他对象调用了该对象的 notify()方法或 notifyAll()方法，该线程重新进入运行状态，恢复执行。

使用 wait()时需要注意以下几点。

- wait()会抛出 InterruptedException 异常，因此程序中必须捕获或声明抛出该异常。

- 若 wait()方法参数中带时间，则除了 notify()和 notifyAll()被调用能激活处于 wait()状态（等待状态）的线程进入锁竞争外，在其他线程中中断它或者参数时间到了之后，该线程也将被激活到竞争状态。

- wait()和 sleep()最大的不同是在等待时 wait()会释放锁，而 sleep()一直持有锁。wait()通常被用于线程间交互，sleep()通常被用于暂停执行。

（2）notify()方法。

方法原型如下：

```
public final void notify();
```

该方法唤醒在此对象监视器上等待的单个线程。如果所有线程都在此对象上等待，则会选择唤醒其中一个线程。选择是由 JVM 决定的，并在对实现作出决定时发生。线程通过调用其中一个 wait ()方法，在对象的监视器上等待。

此方法只应由作为此对象监视器的所有者的线程来调用。通过以下三种方法之一，线程可以成为此对象监视器的所有者。

- 通过执行此对象的同步实例方法。

- 通过执行在此对象上进行同步的 synchronized 语句块。

- 对于 Class 类型的对象，可以通过执行该类的同步静态方法。

如果当前的线程不是此对象监视器的所有者，会抛出 IllegalMonitorStateException 异常，因此程序中必须捕获或声明抛出该异常。

（3）notifyAll()方法。

方法原型如下：

```
public final void notifyAll();
```

该方法唤醒所有等待的线程，注意唤醒的是 notify()之前 wait()的线程，对于 notify()之后的 wait()线程是没有效果的。

（4）synchronized 和 wait()、notify()等的关系。

- 有 synchronized 的地方不一定有 wait()、notify()。

- 有 wait()、notify()的地方必有 synchronized。这是因为 wait()和 notify()不是属于线程类，而是每一个对象都具有的方法，而且，这两个方法都和对象锁有关，有锁的地方，必有 synchronized。

- 如果要把 notify()和 wait()方法放在一起用的话，必须先调用 notify()后调用 wait()，因为如果调用完 wait()，该线程就已经不是当前线程了。

【例 10.14】利用 wait()和 notify()实现同步。

```
class RunnableTest implements Runnable {
    public void run() {
        try {
```

```
                    Thread.sleep(1000);
                }
                catch (InterruptedException e) {
                    e.printStackTrace();
                }
                synchronized (this) {
                    System.out.println("执行第二步");
                    notify();
                    System.out.println("执行第三步");
                }
            }
    }
    public class Exam10_14 {
        public static void main(String[] args) {
            RunnableTest myRunnanle=new RunnableTest();
            new Thread(myRunnanle).start();
            synchronized (myRunnanle) {
                try {
                    System.out.println("执行第一步");
                    myRunnanle.wait();
                }
                catch (InterruptedException e) {
                     e.printStackTrace();
                }
                System.out.println("执行第四步");
            }
        }
    }
```

运行结果如下。

执行第一步

执行第二步

执行第三步

执行第四步

分析结果会发现，因为子线程启动后，调用了 sleep()，所以主线程先进入同步代码块，而子线程之后因为没有锁，会进入阻塞状态。然后主线程的同步代码块执行，打印第一句话，再调用 wait()方法，进入等待状态。因为进入了等待状态，所以释放掉了锁，所以子线程可以获得锁，开始执行。随后，子线程执行，打印第二句话，然后调用 notify()方法，将主线程唤醒。可是子线程并没有结束，依然持有锁，所以主线程不得不进入阻塞状态，等待这个锁。接着，子线程打印第三句话，然后线程正常运行结束，释放掉锁。主线程得到了锁，从阻塞进入运行状态，打印第四句话。程序最后运行结束。

3. 死锁问题

多个线程同时被阻塞，它们中的一个或者全部都在等待某个资源被释放，由于线程被无限期地阻塞，因此程序不能正常运行的现象称为"死锁"。导致死锁的根源在于不适当地运用"synchronized"关键词来管理线程对特定对象的访问。一个死锁的造成很简单，比如有两个对象 A 和 B。第一个线程锁住了 A，然后休眠 1s，轮到第二个线程执行，第二个线程锁住了 B，然后也休眠 1s，然后又轮到第一个线程执行。第一个线程又企图锁住 B，可是 B 已经被第二个线程锁定了，所以第一个线程进入阻塞状态，又切换到第二个线程执行。第二个线程又企图锁住 A，可是 A 已经被第一个线程锁定了，所以第二个线程也进入阻塞状态，就这样造成死锁。

【例 10.15】死锁问题。

```
class MyThread implements Runnable{
    private Object obj1;
    private Object obj2;
    public MyThread (Object obj1,Object obj2) {
        this.obj1=obj1;
        this.obj2=obj2;
    }
    public void run() {
        synchronized (obj1) {
          try {
              Thread.sleep(1000);
          }
          catch (InterruptedException e) {
              e.printStackTrace();
          }
          synchronized (obj2) {
              System.out.println("无法执行到这一步");
          }
        }
    }
}
public class Exam10_ 15{
    public static void main(String[] args) {
        Object obj1=new Object();
        Object obj2=new Object();
        new Thread(new MyThread (obj1,obj2)).start();
        new Thread(new MyThread (obj2,obj1)).start();
    }
}
```

> 说明
> 第一个线程首先锁住了 obj1，然后休眠。接着第二个线程锁住了 obj2，然后休眠。第一个线程企图再锁住 obj2，进入阻塞。然后第二个线程企图再锁住 obj1，进入阻塞。这就产生了死锁。

4. 生产者—消费者问题

生产者—消费者（producer-consumer）问题，也称作有界缓冲区（bounded-buffer）问题。是一个多线程同步问题的经典案例。该问题描述了两个共享固定大小缓冲区的线程——即所谓的"生产者"和"消费者"——在实际运行时会发生的问题。生产者的主要作用是生成一定量的数据放到缓冲区中，然后重复此过程。与此同时，消费者也在缓冲区消耗这些数据。该问题的关键就是要保证生产者不会在缓冲区满时加入数据，消费者也不会在缓冲区中为空时消耗数据。

要解决该问题，就必须让生产者在缓冲区满时休眠（要么干脆就放弃数据），等到下次消费者消耗缓冲区中的数据的时候，生产者才能被唤醒，开始往缓冲区添加数据。同样，也可以让消费者在缓冲区空时进入休眠，等到生产者往缓冲区添加数据之后，再唤醒消费者。

【例 10.16】生产者—消费者问题。

```
class Product {    //产品类
    private int productId = 0;
        public Product(int productId){
        this.productId=productId;
```

```
        }
         public int getId() {
             return productId;
        }
           public void setId(int productId) {
             this.productId=productId;
        }
        public String toString(){
            return "产品编号: " + productId;
        }
    }
class Store {   //仓库类
        private int index=0;
         private Product[] products=new Product[8];
          public synchronized void push(Product product){     //生产产品
          try {
                  while(index==products.length){     //如果仓库已满, 等待消费
                  System.out.println("仓库已满,正在等待消费…");
                  this.wait();
                    }
                  this.notify();
              }catch (InterruptedException e) {
                  System.out.println("stop push product because other reasons");
              }
        //仓库未满, 将生产的产品入库
          products[index]=product;
          //库中产品数量+1
          index++;
    System.out.println("生产了: " +product + " 共" + index + "产品");
        }
          public synchronized Product pop() {     //消费产品
            try {
              while (index==0) {     //仓库为空, 不能消费
                    System.out.println("仓库已空, 正等待生产……");
                      this.wait();
                  }
              this.notify();
          }
            catch (InterruptedException e) {
                    System.out.println("stop push product because other
reasons");
              }
          index--;
    System.out.println("消费了: ---" + products [index] + " 共" + index + "个产品");
          return products[index];
      }
  }
class Maker implements Runnable{     //生产者类
        private String makerName;
        private Store store;
         public Maker (String makerName, Store store) {
          this.makerName=makerName;
```

```
                this.store=store;
        }
        public void setName(String makerName) {
            this. makerName=makerName;
        }
    public String getName() {
            return makerName;
    }
        private void func() {
            for(int i=0;i<20;i++){
                Product pro=new Product (i);
                store.push(pro);
                try {
                    Thread.sleep(2000);
                } catch (InterruptedException e) {
                    return;
                }
            }
        }
        public void run() {
                func();
        }
    }
class Buyer implements Runnable{          //消费者类
        private String buyerName=null;
        private Store store=null;
        public Buyer (String buyerName, Store store) {
            this. buyerName=buyerName;
            this.store=store;
        }
        public void setName(String buyerName) {
            this. buyerName=buyerName;
        }
        public String getName() {
            return buyerName;
        }
    public void func() {
        for(int i=0;i<20;i++){
        Product pro=store.pop();
                try {
                Thread.sleep(3000);
            } catch (InterruptedException e) {
                    return;
            }
        }
        }
        public void run() {
            func();
        }
}
public class Exam10_16{
        public static void main(String[] args) {
            Store store=new Store();
            Maker m=new Maker("生产者", store);
            Buyer c=new Buyer("消费者", store);
```

```
        Thread t1=new Thread(m);
        Thread t2=new Thread(c);
        t1.start();
        t2.start();
    }
}
```

习　题

一、选择题

1. 下列方法中可以用来创建一个新线程的是（　　）。

　　A.　实现 java.lang.Runnable 接口并重写 start()方法

　　B.　实现 java.lang.Runnable 接口并重写 run()方法

　　C.　实现 java.lang.Thread 类并重写 run()方法

　　D.　实现 java.lang.Thread 类并重写 start()方法

2. 下列关于线程优先级的说法中，正确的是（　　）。

　　A.　线程的优先级是不能改变的

　　B.　线程的优先级是在创建线程时设置的

　　C.　在创建线程后的任何时候都可以设置线程优先级

　　D.　B 和 C

3. 下列哪些情况可以终止当前线程的运行？（　　）

　　A.　抛出一个例外时

　　B.　当该线程调用 sleep()方法时

　　C.　当创建一个新线程时

　　D.　当一个优先级高的线程进入就绪状态时

4. Runnable 接口定义了如下哪些方法？（　　）

　　A.　start()　　　　　　B.　stop()　　　　　　C.　sleep()　　　　　　D.　run()

5. 在下面程序中的横线处，如下哪个选项的代码可以创建并启动线程？（　　）

```
public class MyRunnable implements Runnable {
  public void run()  {
        _____
  }
}
```

　　A.　new Runnable(MyRunnable).start();

　　B.　new Thread(MyRunnable).run();

　　C.　new Thread(new MyRunnable()).start();

　　D.　new MyRunnable().start();

6. 以下哪个选项最准确地描述了 synchronized 关键字？（　　）

　　A.　允许两线程并行运行，而且互相通信

　　B.　保证在某时刻只有一个线程可访问方法或对象

　　C.　保证两个或更多处理同时开始和结束

　　D.　有 synchronized 的地方一定有 wait().notify()方法

7. 下面关于 Java 中线程的说法，不正确的是（   ）。

    A. 调用 join()方法可能抛出 InterruptedException 异常

    B. sleep()方法是 Thread 类的静态方法

    C. 调用 Thread 类的 sleep()方法可终止一个线程对象

    D. 线程启动后执行的代码放在其 run 方法中

8. 线程通过（   ）方法可以使具有相同优先级的线程获得处理器。

    A. run()　　　　　　B. setPrority()　　　　　　C. yield()　　　　D. sleep()

9. 下面的哪一个关键字通常用来对对象进行加锁，从而使得对对象的访问是互斥的？（   ）

    A. Serializable　　　B. transient　　　　　C. synchronized　　D. static

二、填空题

1. 程序中可能出现一种情况：多个线程互相等待对方持有的锁，而在得到对方的锁之前都不会释放自己的锁，这就是 _____。

2. 线程的优先级是在 Thread 类的常数 _____ 和 _____ 之间的一个值。

3. 一个进程可以包含多个 _____。

4. 编写一个线程可以用继承 _____ 类和实现 _____ 接口来实现。

5. Java 线程程序可以调用 _____ 方法，使线程进入睡眠状态，可以通过调用 _____ 方法设置线程的优先级。

三、编程题

1. 编写多线程应用程序，模拟多个车通过一个公路收费站的情况。这个收费站每次只能通过一辆车，每辆车通过收费站的时间为 5s。随机生成 10 辆车，同时准备过此收费站，显示一下每次通过收费站的车辆信息。

2. 编写一个 Java 程序（包括一个主程序类，一个 Thread 类的子类）。在主程序中创建 2 个线程（用子类），将其中一个线程的优先级设为 10，另一个线程的优先级设为 5。让优先级为 10 的线程打印 50 次"线程 1 正在运行"，优先级为 5 的线程打印 100 次"线程 2 正在运行"。

第11章
输入输出流

Java语言没有标准的输入输出语句。输入输出操作是通过java.io包中输入输出流类来实现的。本章首先介绍了文件类，然后介绍了流的概念，最后讲述了结点流、过滤流。

学习完本章后，要能够准确理解流的概念，掌握常见流的输入输出方法。

11.1 文件类

在不同的操作系统中，文件系统的功能基本一样，但实现细节不尽相同。这样，造成在不同的操作系统中，访问文件或目录的应用程序代码是不一样的。

在Java语言中，File类可以使Java程序以独立于操作系统的方式访问文件或目录，实现文件或目录访问与平台无关。File类的对象是本地文件系统中一个文件或目录的抽象表示，即既可以抽象表示一个文件，也可以抽象表示一个目录。

这里，路径名为：各级父目录名+文件名，或者：各级父目录名+目录名。

File类的直接父类是Object类，它在java.io包中。

File类提供了多种构造方法和丰富的实例方法，可以方便地创建File对象，并引用File对象管理操作系统的文件和目录，如命名文件、查询文件属性、对目录进行操作等，这种访问和操作是与平台无关的，体现了Java的跨平台性。

1. 创建File类对象

File类的构造方法有：

（1）File（String pathname）：参数pathname表示文件路径名或者目录路径名。

（2）File（String parent, String child）：参数parent表示根路径名，参数child表示子路径名。

（3）File（File parent, String child）：参数parent表示根路径的File对象，参数child表示子路径名。

其中，参数pathname、child不能为null，否则将抛出NullPointerException异常。路径名既可以是绝对路径，也可以是相对路径。

一般来说，如果程序只处理一个文件或者一个目录，那么使用第一个构造方法；如果程序处理一个公共目录中的若干子目录或文件，那么使用第二个或第三个构造方法会更方便。下面是在Windows平台下创建File实例的几个例子。

//创建一个文件实例，使用相对路径，移植性较好
```
File f1=new File("Circle.java");
```

```
File f2=new File("d:\\myDir\\dir1");    //创建一个目录实例，使用绝对路径
File f3=new File("D:\\d1","a.java");    //抽象路径名是：D:\d1\a.java
File f4=new File(f2,"myfile.txt");      //抽象路径名是：d:\myDir\dir1\myfile.txt
```

> **注意**　无论路径所指的文件或者目录在文件系统中是否真的存在，都不会影响 File 实例的创建。

2. 访问文件或目录的属性，新建、更名与删除目录列表

（1）测试文件或目录是否存在。

（2）获取文件或目录的路径。

在当前目录 D:\myDir 下，执行下列程序段：

```
File f=new File("Circle.java");
System.out.println("文件绝对路径: "+f.getAbsolutePath());
System.out.println("文件相对路径: "+f.getPath());
System.out.println("文件在文件系统中的唯一标识: "+f.getCanonicalPath());
```

执行结果如下。

文件绝对路径：D:\myDir\Circle.java

文件相对路径：Circle.java

文件在文件系统中的唯一标识：D:\myDir\Circle.java

在上面的程序段中，将文件对象的创建改为下面的语句：

```
File f=new File("..\\myDir\\Circle.java");
```

执行结果即变为如下所示。

文件绝对路径：D:\myDir\..\myDir\Circle.java

文件相对路径：..\myDir\Circle.java

文件在文件系统中的唯一标识：D:\myDir\Circle.java

（3）测试可读写性。

【例 11.1】 创建、查看和删除目录和文件举例。

```
import java.io.*;
public class Ex11_1 {
  public static void main(String[] args) throws IOException{
      //创建 File 实例，使其表示目录 d:\myDir
      File myDir = new File("d://myDir");
      if(!myDir.exists()) myDir.mkdir();          //如果目录 d:\myDir 不存在，创建它。
      //创建 File 实例，使其表示目录 d:\myDir\myDir1
      File myDir1=new File(myDir,"myDir1");
      if(!myDir1.exists()) myDir1.mkdirs();
      //创建 File 实例，使其表示文件 d:\myDir\myDir1\my.txt
      File file=new File(myDir1,"my.txt");
      if(!file.exists()) file.createNewFile();  //如果该文件 my.txt 不存在，创建它。
      listDir(myDir);     //查看目录
  }
  static void listDir(File dir) {
      File[] listF=dir.listFiles();
      //打印当前目录下包含的所有子目录和文件的名字
      String info="目录: "+dir.getName()+"{ ";
```

```
        for(int i=0; i<listF.length; i++)
            info+=listF[i].getName()+" ";
        info+="}";
        System.out.println(info);
        //打印当前目录下包含的所有了目录和文件的信息
        for(int i=0; i<listF.length; i++){
            File f=listF[i];
            if(f.isFile())printFileInfo(f);
            else listDir(f);    //如果为目录，就递归调用 listDir()方法
        }
    }
    static void printFileInfo(File f) {
        System.out.println("文件名："+f.getName());
        System.out.println("文件父路径："+f.getParent());
        System.out.println("文件可读? ："+f.canRead());
        System.out.println("文件长度："+f.length() + "字节");
    }
}
```

程序运行结果如下（在 D 盘上没有 D:\myDir 目录的情况下）

目录：myDir{myDir1}

目录：myDir1{my.txt}

文件名：my.txt

文件父路径：d:\myDir\myDir1

文件可读? ：true

文件长度：0 字节

由于 File 类在 java.io 包中，因此，引入 java.io 包。createNewFile()可能产生 IOException 异常，因此，man()方法要声明 throws IOException。创建 File 对象后，要判断目录或文件是否存在，若不存在，要创建此目录或文件。查看目录时，因为可能存在子目录，所以要使用递归调用。

11.2　输入输出流概述

11.2.1　流的概念

在 Java 语言中，将一个数据的有序序列称为流。这个数据序列是从数据源"流"到数据目的地。流分为输入流和输出流。一般以 Java 程序为基准，进入程序中的数据序列称为输入流；从程序中离开的数据序列称为输出流。或者说，程序从输入流读取数据，向输出流写入数据。如图 11.1 所示。

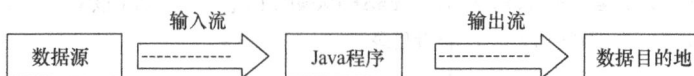

图 11.1　程序从输入流读取数据，向输出流写入数据

系统中有很多输入输出设备，一些只能作数据源，如键盘、鼠标、扫描仪；一些只能作数据目的地，如显示器、打印机。还有一些既可以作数据源也可以作数据目的地，如文件、内存、运

行的程序和网络端点等。

　　流的最大特点是数据的获取和发送均按数据序列顺序进行：每一个数据都必须等待排在它前面的数据读入或送出后才能被读写，每次读写操作，处理的都是序列中剩余未读写数据中的第一个，这就是流的顺序性的体现。

　　流中的数据可以是未经加工的原始二进制数据，也可以是经过一定编码处理后符合某种规格规定的特定数据，如字符流序列、数字流序列等。

11.2.2　字节流、字符流和对象流

　　在 Java 开发环境中，主要是由 java.io 包中提供的一系列的类和接口来实现各种常见的输入和输出处理。其中，每一个类代表了一种特定的输入流或输出流。程序员可以创建各种特定的输入输出流对象，并通过这些对象方便地进行数据的输入与输出操作。

　　流可以从不同角度来分类。根据流的方向可分为输入流和输出流；根据流中传输数据的类型可分为字节流、字符流和对象流；根据流的分工可分为结点流和过滤流。

　　本节首先简要介绍字节流、字符流和对象流。然后，后续小节专题介绍结点流和过滤流。

1. 字节流

　　字节流是以 byte 为基本处理单位的流。

　　输入流 InputStream 和输出流 OutputStream 是 java.io 包中最基本的字节流，其他字节流都是 InputStream 或 OutputStream 的派生子类。它们的继承关系如下（标注了结点流和过滤流）。

- *InputStream*
  - ByteArrayInputStream　　　　　（结点流）
  - FileInputStream　　　　　　　　（结点流）
  - *FilterInputStream*　　　　　　　（过滤流）
    - BufferedInputStream　　　　　（过滤流）
    - DataInputStream　　　　　　　（过滤流）
    - LineNumberInputStream　　　　（过滤流）
    - PushbackInputStream　　　　　（过滤流）
  - ObjectInputStream　　　　　　　（过滤流）
  - PipedInputStream　　　　　　　（结点流）
  - SequenceInputStream　　　　　　（过滤流）
  - StringBufferInputStream　　　　（结点流）
- *OutputStream*
  - ByteArrayOutputStream　　　　　（结点流）
  - FileOutputStream　　　　　　　（结点流）
  - *FilterOutputStream*　　　　　　（过滤流）
    - BufferedOutputStream　　　　　（过滤流）
    - DataOutputStream　　　　　　　（过滤流）
    - PrintStream　　　　　　　　　（过滤流）
  - ObjectOutputStream　　　　　　（过滤流）
  - PipedOutputStream　　　　　　　（结点流）

InputStream 类是抽象类，不能直接使用。它是所有字节输入流类的父类，描述了所有字节输

入流的共同方法，用于完成从输入流中读取数据的功能。InputStream 类提供了 3 种从流中读数据的方法。

（1）int read() throws IOException：从输入流中读一个字节，形成一个 0～255 之间的整数返回。它是一个抽象方法，必须在具体的子类中被实现。

（2）int read(byte b[])throws IOException：从输入流中读多个字节到数组 b 中。当数组满时或输入流中不再有数据时返回。返回实际读取的字节数。

（3）int read(byte b[], int off, int len) throws IOException：从输入流中读取长度为 len 的数据，写入数组 b 中从索引 off 开始的位置，并返回读取的字节数。

对于这 3 个方法，若返回-1，表明流结束。这 3 个读方法只能把数据以二进制的原始方式读入，而不能分解、重组这些数据，更不能对数据进行变换。

关闭输入流的方法：void close() throws IOException，即关闭输入流并释放与该流相关的系统资源。

OutputStream 是抽象类，不能直接使用。它是所有字节输出流类的父类，描述了所有字节输出流的共同方法，用于将数据顺序写入到指定外设上。OutputStream 类提供了 3 种向流中写数据的方法，如下所示。

（1）void write(**int** b) throws IOException：往输出流写出指定字节。它是一个抽象方法，必须在具体的子类中被实现。

（2）void write(byte[] b) throws IOException：往输出流依次写出字节组 b 中的所有字节。

（3）void write(byte[] b,int off, int len) throws IOException：往输出流依次写出字节组 b 中的从索引 off 开始的 len 个字节。

这 3 个写方法只能将原始数据以二进制的方式逐字节地写入输出流所连接的外设中，而不能对所传递的数据进行格式化或进行类型转换。

其他方法还有以下两种。

（1）void flush() throws IOException：刷新输出流。为了提高性能，有些输出流往往先把数据存放在缓冲区里，然后在合适时再将它们成块地写到数据介质上。

（2）void close() throws IOException：关闭输出流并释放与该流相关的系统资源。

2．字符流

字符流是以 16 位 Unicode 码为基本处理单位的流。Unicode 码将全世界所有的符号进行统一编码，实现了字符和字符串的跨平台特性。

类似的，输入流 Reader 和输出流 Writer 是 java.io 包中最基本的字符流，其他字符流都是 Reader 或 Writer 的派生子类。它们的继承关系如下（标注了结点流和过滤流）：

- ***Reader***
  - BufferedReader　　　　　　　（过滤流）
    - LineNumberReader　　　　　（过滤流）
  - CharArrayReader　　　　　（结点流）
  - *FilterReader*　　　　　　　　（过滤流）
    - PushbackReader　　　　　（过滤流）
  - InputStreamReader　　　　　　（过滤流）
    - FileReader　　　　（结点流）
  - PipedReader

- StringReader　　　　　　（结点流）
- *Writer*
  - BufferedWriter　　　　　　（过滤流）
  - CharArrayWriter　　　　（结点流）
  - *FilterWriter*　　　　　　（过滤流）
  - OutputStreamWriter　　　　（过滤流）
    - FileWrite　　　（结点流）
  - PipedWriter　　　　（结点流）
  - StringWriter　　　　（结点流）
  - PrintWriter　　　　　　　（过滤流）

Reader 类是抽象类，不能直接使用。它是所有输入字符流类的父类，描述了所有字符输入流都需要的方法，用于完成从输入流中读取数据的功能。Reader 类定义了一组与 InputStream 类相似的方法，如 read、mark、reset、skip、close 等方法。只是这里的信息处理单位是字符，而不是字节。

Writer 类是抽象类，不能直接使用。它是所有输出字符流类的父类，描述了所有字符输出流都需要的方法，用于接收顺序输出的字符并将它送入目的地。Writer 类定义了一组与 OutputStream 类相似的方法，如 write、flush、close 等方法。只是这里的信息处理单位是字符，而不是字节。

由于文本文件对字符采用特定的编码，而 Java 程序对字符采用 Unicode 编码。所以，Java 程序在读写文本文件时，最主要的问题就是字符编码的转换。Read 类能够将输入流中采用其他编码的字符转换为 Unicode 字符，存入内存中；Writer 类能够把内存中的 Unicode 字符转换为其他编码的字符，再写到输出流中。

3. 对象流

为了使对象的状态能够永久保存下来，java.io 包中提供了对象流 ObjectInputStream 类和 ObjectOutputStream 类，其功能是将整个对象写入到输出流中，并从输入流中读取对象。这两个类分别继承了 InputStream 和 OutputStream，继承关系如下：

- *InputStream*
  - ObjectInputStream
- *OutputStream*
  - ObjectOutputStream

> 通过流传输的对象必须实现序列化的接口，即一个对象只有实现了序列化，它才能通过流来传输。对象流继承了字节流，因此，从逻辑上讲也是字节流。但用于表示对象的字节流有其特定的处理单位，因此称为对象流。

11.2.3　结点流和过滤流

我们将与另一个流相连的流称为过滤流。而与文件和内存数组等最终数据源、数据目的地相连的流称为结点流。

对于输入流而言，数据源是另外一个输入流，其目的是对前一个输入流的输入数据进行进一步的处理或转换。通过几个输入流的接力棒操作，不断提升输入功能，加强对输入数据的处理。

对于输出流而言，数据目的地是另外一个输出流，其目的也是为了提升输出功能，为程序提供更方便、功能更强的输出手段。

总之，如果几个流相互连接，越靠近程序端的流，其功能就越适应程序的要求；越靠近最终数据源、数据目的地的流，其功能就越能体现出最终数据源、数据目的地的数据特点。

11.2.4　流的编程方法

输入输出流编程的一般步骤如下。

（1）使用引入语句引入 java.io 包：import java.io.*。

（2）根据输入输出任务（数据源、数据类型、数据目的地），建立结点流或过滤流对象。

（3）用输入输出流对象的成员方法进行读写操作，需要时，设置读写位置指针。

（4）关闭流对象。

（1）上述步骤（2）～（4）要考虑异常处理。

（2）在创建对象时，都要通过构造方法的参数为输入流指定数据源，为输出流指定数据目的地。结点流和过滤流的一个显著区别就是构造方法：结点流构造方法的参数是最终数据源、数据目的地对象；过滤流构造方法的参数是流对象。

为了保证输入流或输出流被及时关闭，最好把关闭流的操作放在 finally 代码块中。输入输出操作通常采用以下流程：

```
InputStream in;
OutputStream out;
try{
    处理输入流
    处理输出流
}catch(IOException e){
    处理 IO 异常
}finally{
    in.close();
    out.close();
}
```

为了减少程序代码在书中占用的篇幅，本书的例题没用完全采用上述流程。

11.2.5　标准输入输出流

一般来说，标准输入设备是键盘，标准输出设备是终端显示器，标准错误输出设备也是显示器。在 Java 语言中，系统类 System 提供了访问标准输入输出设备的功能。System 类是继承 Object 类的终极类，它有 3 个类变量：in、out 和 err，分别表示标准输入流、标准输出流和标准错误输出流。它们在 System 类中的定义如下：

```
public final class System {
  public final static InputStream in;
  public final static PrintStream out;
  public static final PrintStream err;
  ......
}
```

标准输入输出流由运行系统自动创建，即程序一旦运行，标准输入流与键盘相连接，标准输出流和标准错误输出流与显示器相连接。

这时，用户就可以使用 InputStream 类的 read()和 skip(long n)等方法来从输入流获得数据。read()

从输入流中读一个字节，skip(long n)在输入流中跳过 n 个字节。

同样，这时，用户就可以使用 PrintStream 类的 print()和 println()等方法来输出数据，这两个方法支持 Java 的任意基本类型或对象作为参数。

【例 11.2】读写标准文件。将键盘输入的字符输出到屏幕上，并统计输入的字符数。

```java
import java.io.*;
public class Ex11_2 {
    public static void main(String[] args) {
        int count=0, i;
        boolean first=true;
        System.out.print("请输入: ");                      //使用标准输出设备
        try{
            while((i=System.in.read()) != '\r'){          //使用标准输入设备
                if(first){
                    System.out.print("接收到: ");
                    first=false;
                }
                count++;
                System.out.print((char)i);                //使用标准输出设备
            }
        }catch(IOException e){
            System.err.println("发生了 IOException 异常。"); //使用标准错误输出设备
        }
        System.out.println("\n 共输入了"+count+"个字符。");  //使用标准输出设备
    }
}
```

程序运行结果如下。

请输入：Hello Java

接收到：Hello Java

共输入了 10 个字符。

请输入：Hello Java 语言

接收到：Hello Java????

共输入了 14 个字符。

11.3 结点流

11.3.1 二进制文件流

FileInputStream 类是 InputStream 类的子类，其构造方法中都有一个用于标识文件的参数（一般为文件路径名或文件对象）。当生成文件输入流对象时，指定的文件将自动打开并与文件输入流建立连接。文件输入流从文件获得输入字节。FileInputStream 类的构造方法为：

（1）FileInputStream(String name) throws FileNotFoundException

（2）FileInputStream(File file) throws FileNotFoundException

若参数指定的文件找不到或不能打开，将产生 FileNotFoundException 异常。该异常是受检查异常，必须捕获或声明抛出。

FileOutputStream 类是 OutputStream 类的子类。其构造方法中都有一个用于标识文件的参数。文件输出流用于将字节数据写到指定的文件中。FileOutputStream 类的构造方法为：

（1）FileOutputStream(String name) throws FileNotFoundException

（2）FileOutputStream(String name, boolean append) throws FileNotFound Exception

（3）FileOutputStream(File file) throws IOException

在生成文件输出流对象时，若指定的文件不存在，则创建一个新文件，否则将打开原有文件（一般为文件路径名或文件对象）。一般情况下，输出流字节将覆盖文件中原有的内容。若采用第 2 个构造方法并将 append 参数设置为 true，那么输出流字节将添加至原有内容后面。

当出现下面情况时，构造方法将抛出 FileNotFoundException 或者 IOException 异常，如下所示。

（1）指定的父目录路径不存在。

（2）在父目录路径已经存在一个同名的目录。

（3）由于某些原因不能创建新文件、或者指定的文件无法打开。

（1）从类 FileInputStream 的名字可以看出，Input 表明是输入流，当前程序是数据的目的地；File 表明数据源是文件；Stream 表明是一个字节流，从流中读取的数据只能是以字节为单位的二进制数据，不能把这些比特信息转换成整数、字符、浮点数或字符串等复杂数据类型的数据。同样，从类 FileOutputStream 的名字可以看出：Output 表明是输出流，File 表明数据目的地是文件；Stream 表明是一个字节流。

（2）FileInputStream 类和 FileOutputStream 类的构造方法及其读写语句，都可能产生受检查异常，因此，构造方法及其读写语句要么在 try-catch 语句中，要么在包含该语句的方法上声明抛出异常。

【例 11.3】在终端上显示 Ex11_3.java 文件的内容，文件名通过命令行方式提供。

```java
import java.io.*;
public class Ex11_3 {
    public static void main(String[] args) throws IOException{
        int i;
        FileInputStream fin=null;
        try {
            fin=new FileInputStream(args[0]);
            //读字符直到遇到 EOF
            while(( i=fin.read()) !=-1) System.out.print((char) i);
        } catch(FileNotFoundException e) {
            System.err.println("文件未找到！ ");
            System.exit(-1);
        } catch(ArrayIndexOutOfBoundsException e) {
            System.err.println("用法：java ShowFile 文件名");
            System.exit(-2);
        }catch(IOException e){
            System.err.println("读数据时发生 IOException 异常。");
            System.exit(-3);
        }finally{
            fin.close();
        }
    }
}
```

程序运行结果：略（问题是汉字没有正确显示出来）。

汉字没有正确显示出来的原因：fin.read()是以字节为单位读入的，而汉字是用 16 位的 Unicode 编码来表示的。

【例 11.4】在目录下建立文本文件 my.txt，并从键盘上输入数据，写到文件中。

```java
import java.io.*;
public class Ex11_4 {
    public static void main(String[] args) {
        int i;
        File myDir=new File("myDir");                //创建目录对象
        if(!myDir.exists()) myDir.mkdir();           //若目录不存在，创建它
        File myFile=new File(myDir,"my.txt");        //创建指定目录和文件名的对象
        try{
            FileOutputStream fout=new FileOutputStream(myFile);
            System.out.print("请输入（以#号结束）: ");
            while((i=System.in.read()) != '#')
                fout.write(i);
            fout.close();
        } catch(FileNotFoundException e) {
            System.err.println("文件未找到! ");
            System.exit(-1);
        }} catch(IOException e){
            System.err.println("读数据时或关闭文件时发生 IOException 异常。");
            System.exit(-2);
        }
    }
}
```

程序运行结果如下。

请输入（以#号结束）: I like learning Java.#

打开 my.txt 文件，查看文件内容，如图 11.2 所示。

注意，write(int b)方法的参数是 int 类型，但向输出流写出的却是一个字节。

图 11.2 my.txt 文件内容

11.3.2 文件字符流

FileReader 类是 InputStreamReader 类的直接子类，而 InputStreamReader 类是 Reader 类的直接子类，用于从文件中读取字符数据。该类只能按照本地平台默认的字符编码规范读取数据（字符），用户不能指定其他字符编码类型。

FileReader 类构造方法的参数是磁盘文件，确定了数据源。其构造方法有：

（1）FileReader（String fileName）throws FileNotFoundException

（2）FileReader（File file）throws FileNotFoundException

FileReader 类中可用的方法有：read()返回输入字符，read(char[] buffer)输入字符到字符数组中等。这些方法是从 Reader 类间接继承下来的，因此，其用法与 Reader 类中相应的读方法相同。详见 11.2.2 小节中字符流中的方法声明。

FileWriter 类是 OutStreamWriter 类的直接子类，OutStreamWriter 类是 Writer 类的直接子类，用于向文件中写字符。该类只能按照本地平台默认的字符编码规范写数据（字符），用户不能指定其他字符编码类型。

FileWriter 类构造方法的参数是磁盘文件，确定了数据目的地。其构造方法包括：

（1）FileWriter(String fileName) throws IOException

（2）FileWriter(String fileName, boolean append) throws IOException

（3）FileWriter(File file) throws IOException

FileWriter 类中常用的方法有：write(String str)和 Write(char[] buffer)输出字符串，write(int char)输出字符，flush()输出缓冲字符，close()在执行 flush 后关闭输出流，getEncoding()获得文件流字符的编码等。这些写方法是从 Writer 类间接继承下来的，因此，其用法与 Writer 类中相应的写方法相同。详见 11.2.2 小节中字符流中的方法声明。

【例 11.5】编程将唐诗《登鹳雀楼》写入登鹳雀楼.txt 文件中，然后再将该文件的内容读出，打印在显示器上。

```java
import java.io.*;
public class Ex11_5 {
    public static void main(String[] args) {
        String str="白日依山尽\n";
        char[] ch=str.toCharArray();
        FileWriter fw=null;
        FileReader fr=null;
        try{
            fw=new FileWriter("登鹳雀楼.txt");
            fw.write(ch);
            fw.write("黄河入海流\n");
            fw.write("欲穷千里目\n");
            fw.write("更上一层楼\n");
            fw.close();
        }catch(IOException e){
            System.err.println("流的创建、写和关闭都可能产生 IOException 异常。");
            System.exit(-1);
        }
        try{
            fr=new FileReader("登鹳雀楼.txt");
            int i;
            while((i=fr.read()) != -1){
                System.out.print((char)i);
            }
            System.out.println();
            fr.close();
        }catch(FileNotFoundException e){
            System.err.println("文件未找到！");
            System.exit(-2);
        }catch(IOException e){
            System.err.println("读和关闭都可能产生 IOException 异常。");
            System.exit(-3);
        }
    }
}
```

程序运行结果如下。

白日依山尽

黄河入海流

欲穷千里目

更上一层楼

这里因为以字符为单位进行读写，所以，能正确地处理汉字。当调用 write 方法写出字符时，文件字符输出流（FileWriter）会按照平台默认的字符编码规范将内存中的每个 Unicode 字符转换成一个或多个字节，并将这些字节写到文件中；当调用 read 方法读取字符时，文件字符输入流（FileReader）会按照平台默认的字符编码规范从文件中读取一个或多个字节，并将其转换成 Unicode 字符返回。

Ex11_5 类中使用的两种写方法为：write(String str)和 Write(char[] buffer)。

11.4 过滤流

11.4.1 InputSteamReader 类和 OutputStreamWriter 类

InputStreamReader 和 OutputStreamWriter 是 java.io 包中用于处理字符流的最基本的类，是字节流和字符流之间的一座"桥梁"。

InputStreamReader 类是从字节输入流获得数据，然后转换为字符数据交给程序使用。

OutputStreamWrite 类是程序对它写入字符数据，经转换变为字节数据输出。

InputStreamReader 类是 Reader 类的直接子类.其构造方法的参数中必须指定一个 InputStream 字节输入流作为数据源，除此之外，还必须有相应的字符编码规范，以便进行正确的编码转换。

OutputStreamWriter 类是 Writer 类的直接子类。同样，其构造方法的参数中也必须指定一个 OutputStream 字节输出流（作为数据目的地）和一个字符编码规范。

InputSteamReader 和 OutputStreamWriter 类的构造方法如下：

（1）public InputSteamReader(InputSteam in)

（2）public InputSteamReader(InputSteam in,String enc) throws UnsupportedEncodingException

（3）public OutputStreamWriter(OutputStream out)

（4）public OutputStreamWriter(OutputStream out,String enc) throws UnsupportedEncodingException

其中 in 和 out 分别为输入和输出字节流对象，enc 为指定的编码规范（若无此参数，表示使用平台默认字符编码规范，可用 getEncoding()方法得到当前字符流所用的编码方式）。

读写字符的方法 read()、write()，关闭流的方法 close()等与 Reader 和 Writer 类的同名方法用法都是类似的。

当调用 read()方法读取字符时，InputStreamReader，输入流会按照指定或默认的字符编码规范从指定的字节输入流读取一个或多个字节，并将其转换成 Unicode 字符返回。

当使用 write()方法写出字符时，OutputStreamWriter 流会按照指定或默认的字符编码规范自动将每个 Unicode 字符转换成一个或多个字节，并送入指定的字节输出流。

【例 11.6】将键盘输入的字符输出到屏幕上，并统计输入的字符数。与例 11.2 比较。

```java
import java.io.*;
public class Ex11_6 {
    /* 为了节约篇幅，与例 11.2 相同部分省略。 */
    InputStreamReader in=new InputStreamReader(System.in);
    System.out.print("请输入: ");
    try{
        while((i=in.read()) !='\r'){  //使用 InputStreamReader
```

```
                /*   为了节约篇幅，与例 11.2 相同部分省略。   */
        }
```

程序运行结果如下。

请输入：IIello Java 语言

接收到：Hello Java 语言

共输入了 12 个字符。

InputStreamReader 的 read()方法会将键盘送来的字节数据转换为 Unicode 字符，因此能正确处理汉字。

【例 11.7】将键盘输入的字符，按 UTF8 字符编码写到文件中，然后再将文件的内容读出并显示。

```
import java.io.*;
public class Ex11_7 {
    public static void main(String[] args) throws IOException{
        int i;
        InputStreamReader ir=new InputStreamReader(System.in);
        OutputStream fileOut=null;
        OutputStreamWriter ow=null;
        try{
            fileOut=new FileOutputStream("encode.txt");
            ow=new OutputStreamWriter(fileOut,"UTF8");
            System.out.println("写入文件的编码是："+ow.getEncoding());
            System.out.print("请输入：");
            while((i=ir.read()) != '#'){
                ow.write(i);
            }
        }catch(FileNotFoundException e){
            System.err.println("发生了 FileNotFoundException 异常。");
        }catch(UnsupportedEncodingException e){
            System.err.println("发生了 UnsupportedEncodingException 异常。");
        }finally{
            ow.close();
            fileOut.close();
        }
        InputStream fileIn=null;
        InputStreamReader irFile=null;
        try{
            fileIn=new FileInputStream("encode.txt");
            irFile=new InputStreamReader(fileIn,"UTF8");
            System.out.println("从文件读入的编码是："+irFile.getEncoding());
            System.out.print("从文件读入的是：");
            while((i=irFile.read()) != -1){
                System.out.print((char)i);
            }
        }catch(FileNotFoundException e){
            System.err.println("发生了 FileNotFoundException 异常。");
        }catch(UnsupportedEncodingException e){
            System.err.println("发生了 UnsupportedEncodingException 异常。");
        }finally{
            irFile.close();
            fileIn.close();
```

```
        }
      }
    }
```

程序运行结果如下。

写入文件的编码是：UTF8

请输入：InputStreamReader 和 OutoutStreamWriter 的一个显著特点是，

它们可以按照指定字符编码的规范进行读写#

从文件读入的编码是：UTF8

从文件读入的是：InputStreamReader 和 OutoutStreamWriter 的一个显著特点是，

它们可以按照指定字符编码的规范进行读写

11.4.2　BufferedInputStream 类和 BufferedOutputStream 类

若处理的数据量较多，为避免每个字节的读写都对流进行，可以使用过滤流类的子类缓冲流。缓冲流建立一个内部缓冲区，一个缓冲区就是专门用于传送数据的一块内存。

当向一个缓冲流写入数据时，系统将数据发送到缓冲区，而不是直接发送到外部设备，缓冲区自动记录数据，当缓冲区满时，系统将数据全部发送到相应设备。

当从一个缓冲流读取数据时，系统实际是从缓冲区中读取数据。当缓冲区空时，系统将从相应设备自动读取尽可能多的数据充满缓冲区。

可见，输入输出数据先读写到缓冲区中进行操作，这样可以提高文件流的操作效率。

缓冲输出流 BufferedOutputStream 类提供和 OutputStream 类同样的写操作方法，但所有输出全部写入缓冲区中。当写满缓冲区或关闭输出流时，它再一次性输出到数据目的地，或者用 flush() 方法主动将缓冲区输出到数据目的地。

当创建缓冲输入流 BufferedInputStream 时，一个输入缓冲区数组被创建，来自流的数据填入缓冲区，一次可填入许多字节。

BufferedInputStream 和 BufferedOutputStream 类的构造方法如下：

（1）public BufferedInputStream(InputStream in)

（2）public BufferedInputStream(InputStream in, int size) throws IllegalArgumentException

（3）public BufferedOutputStream(OutputStream out)

（4）public BufferedOutputStream(OutputStream out, int size) throws IllegalArgumentException

创建 BufferedInputStream 流时需要指定一个 InputStream 对象 in，它作为缓冲字节输入流的数据源，还应指定缓冲区大小 size。

创建 BufferedOutputStream 流时需要指定一个 OutputStream 对象 out，它作为缓冲字节输出流的数据目的地，还应指定缓冲区大小 size。

要想在程序结束之前将缓冲区里的数据写入磁盘，除了填满缓冲区或关闭输出流外，还可以显式调用 flush() 方法。flush() 方法的声明是：public void flush() throws IOException。

要想知道输入流中尚未读取的字节数，可以显式调用 available() 方法。该方法的声明为：public int available() throws IOException。

【例 11.8】使用缓冲字节流实现照片文件复制功能。

```
import java.io.*;
public class Ex11_8 {
    public static void main(String[] args) throws IOException {
        InputStream source=null;
```

```
            BufferedInputStream bufIn=null;
            OutputStream dest=null;
            BufferedOutputStream bufOut=null;
            try{
                source=new FileInputStream("photo.jpg");
                bufIn=new BufferedInputStream(source);
                dest=new FileOutputStream("copyPhoto.jpg");
                bufOut=new BufferedOutputStream(dest);
                while((bufIn.available()>0){
                    bufOut.write(bufIn.read());
                }
                bufOut.flush();
                System.out.println("sucessfully copy.");
            }catch(FileNotFoundException e){
                System.err.println(e.toString());
            }finally{
                bufOut.close();
                bufIn.close();
            }
        }
}
```

程序运行结果如下。

```
sucessfully copy.
```

11.4.3　BufferedReader 类和 BufferedWriter 类

缓冲字符流类 BufferedReader 和 BufferedWriter 的使用，可提高字符流处理的效率。它们的构造方法如下。

（1）public BufferedReader(Reader in)

（2）public BufferedReader(Reader in,int sz)

（3）public BufferedWriter(Writer out)

（4）public BufferedWriter(Writer out,int sz)

其中 in 和 out 分别为字符流对象，sz 为缓冲区大小。从上述构造方法的声明可以看出，缓冲流的构造方法是基于字符流创建相应的缓冲流。这是与 BufferedInputStream 类和 BufferedOutputStream 类的构造方法（基于字节流）的一个区别。

在 BufferedReader 和 BufferedWriter 类中，除了 Reader 和 Writer 中提供的基本读写方法外，增加了对整行字符的处理方法 readLine()和 newLine()。这些方法的声明是：

```
public String readLine() throws IOException;
public void newLine() throws IOException;
```

前者从输入流中读取一行字符，行结束标志为回车符和换行符；后者向字符输出流中写入一个行结束标记，该标记是由系统定义的属性 line.separator。

> 注意　　readLine()方法返回的字符串并不包含这些行终止符。若碰到输入流的末尾而没有字符可读时，readLine 方法返回 null。

【例 11.9】一种常用的从键盘读取基本类型数据的方法。

```
import java.io.*;
public class Ex11_9 {
    public static void main(String[] args) {
```

```
BufferedReader in=new BufferedReader(new InputStreamReader(System.in));
System.out.print("请输入一个整数: ");
try{
    int i=Integer.parseInt(in.readLine());
    System.out.println("你输入整数的 10 倍数是: "+10*i);
    in.close();
}catch(IOException e){
    System.err.println(e.toString());
}
}
}
```

程序运行结果如下。

请输入一个整数：6

你输入整数的 10 倍数是：60

【例 11.10】改写例 11.5，从键盘输入唐诗，写入到文本文件中。要求使用 FileWriter 类和 BufferedWriter 类和用 write()方法写文件，并且写入文件时加上行号。

```
import java.io.*;
public class Ex11_10 {
    public static void main(String[] args) {
        BufferedReader in=new BufferedReader(new InputStreamReader(System.in));
        System.out.println("请输入唐诗，每输入一行按回车键，直接按回车键结束。");
        try{
            int count=0;
            FileWriter fw=new FileWriter("Ex11_10.txt");
            BufferedWriter bw=new BufferedWriter(fw); //创建缓冲字符输出流对象
            String line=null;
            while((line=in.readLine()) != null){
                if(line.length()==0) break;
                count++;
                bw.write(count+")"+line+"\r\n");        //"\r\n"表示在文件中换行
            }
            bw.close();
            in.close();
        }catch(IOException e){
            System.err.println(e.toString());
        }
    }
}
```

程序运行结果如下。

请输入唐诗，每输入一行按回车键，直接按回车键结束。

春眠不觉晓

处处闻啼鸟

夜来风雨声

花落知多少

查看 Ex11_10.txt 文件可知，该唐诗及行号已经写到文件中。

11.4.4　DataInputStream 类和 DataOutputStream 类

DataInputStream 类用于读取基本类型数据；DataOutputStream 类用于向输出流写基本类型

数据。

DataInputStream 类和 DataOutputStream 类的构造方法如下：

- DataInputStream(InputStream in)

其中，构造方法的参数是一个 InputStream 对象，它作为数据文件输入流的数据源。

- DataOutputStream(OutputStream out)

其中，构造方法的参数是一个 OutputStream 对象，它作为数据文件输出流的数据目的地。

创建数据文件流的步骤：首先建立字节文件流对象，然后基于字节文件流对象建立数据文件流对象，再用此对象的方法对基本类型的数据进行输入输出。

DataInputStream 类和 DataOutputStream 类读写各种基本类型数据和字符串的方法如表 11.1 所示。

表 11.1　　　　　　　　DataInputStream 类和 DataOutputStream 类读写方法

数据类型	DataInputStream	DataOutputStream
byte	readByte	writeByte
short	readShort	writeShort
int	readInt	writeInt
long	readLong	writeLong
float	readFloat	writeFloat
double	readDouble	writeDouble
boolean	readBoolean	writeBoolean
char	readChar	writeChar
String	readUTF	writeUTF
byte[]	readFully	

一般来说，上面这些方法读入的数据应该用 DataOutputStream 流的对应方法事先写出。也就是说，DataInputStream 流和 DataOutputStream 流需要配合使用。

当调用 DataInputStream 流的某个 read()方法读入某种类型的数据时，该流会从字节输入流读取相当数量的字节（例如，在读入 1 个 int 型值时，会读入 4 个字节），并将它们转换成相应类型的数据返回。当 read()方法在碰到流的末尾而无数据可读时将返回-1。而且表 11.1 中用于读取基本类型数据的各方法可能产生 EOFException 异常。

当调用 DataOutputStream 流的某个 write()方法、写出某个数据时，该流会将该数据变换成若干字节送往字节输出流。表 11.1 中用于写出基本类型数据的各方法可能产生 EOFException 异常。

当然，DataInputStream 类是 InputStream 类的间接子类，它自然也继承了 InputStream 类中定义的方法。

同样，DataOutputStream 类是 OutputStream 类的间接子类，它也继承了 OutputStream 类中定义的方法。

【例 11.11】DataOutputStream 流写基本类型数据举例。

```java
import java.io.*;
public class Ex11_11 {
    public static void main(String[] args) {
        try{
            DataOutputStream out=new DataOutputStream(
                new BufferedOutputStream(
                new FileOutputStream("Ex11_11.dat")));
```

```
        out.writeInt(100);
        out.writeDouble(3.1415926);
        out.writeBoolean(true);
        out.writeChar('A');
        out.writeUTF("DataOutputStream类write()方法的使用");
        out.close();
    }catch(IOException e){
        System.err.println(e.toString());
    }
  }
}
```

由于输出的是字节流，所以 Ex11_11.dat 文件不能正确显示输出的数据。

【例 11.12】 从键盘依次读入各职员的数据（每个职员包括职工号、姓名、职务和薪水），并将数据写到 Employee.dat 文件中。

```
import java.io.*;
public class Ex11_12 {
    public static void main(String[] args) throws IOException{
        //创建输入流
        BufferedReader in=new BufferedReader(new InputStreamReader(System.in));
        //创建输出流
        DataOutputStream out=new DataOutputStream(
                new BufferedOutputStream(
                        new FileOutputStream("Employee.dat",true)));
        int id;
        String idNO,name, post,salaryStr;
        long salary;
        //使用循环语句依次读入各职员的数据，并写入文件中。
        //当输入职工号为空（直接按回车键）时，退出循环语句。
        while(true){
            System.out.print("id=");
            idNO=in.readLine();
            if(idNO.length() == 0) break;
            try{
                    id=Integer.parseInt(idNO);
            }catch(NumberFormatException e){
                    continue;
            }
            //读入的姓名不能为空
            while(true){
                System.out.print("name=");
                name=in.readLine();
                if(name.length() !=0) break;
            }
            //读的职位不能为空
            while(true){
                System.out.print("post=");
                post=in.readLine();
                if(post.length()!=0) break;
            }
```

```
                              //读入的薪水不能为空
                              while(true){
                                  System.out.print("salary=");
                                  salaryStr=in.readLine();
                                  if(name.length()!=0){
                                      try{
                                          salary=Long.parseLong(salaryStr);
                                      }catch(NumberFormatException e){
                                          continue;
                                      }
                                      break;
                                  }
                              }
                              //将职员的各项数据写入到文件中
                              out.writeInt(id);
                              out.writeUTF(name);
                              out.writeUTF(post);
                              out.writeLong(salary);
                          }
                          out.close();
                          in.close();
                      }
                  }
```

对于 in.readLine()语句，如果只是按回车键。因为输入行返回的字符数不包括回车符，因此，返回长度为 0。这样，idNO.length() == 0 就为 true。

如果文件实现不存在，程序将自动创建；否则，输入的数据将添加在文件尾部。

11.4.5 PrintStream 类和 PrintWriter 类

PrintStream 类和 PrintWriter 类用于将 Java 的任何类型转换为字符串类型进行输出。输出的方法是 print()和 println()。特别的，这两个方法不会抛出 IOException 异常。

PrintStream 类的构造方法有：

（1）public PrintStream（OutputStream out）

（2）public PrintStream（OutputStream out, boolean autoFlush）

其中，参数 OutputStream 指明了该 PrintStream 流的数据目的地，接收来自该流的字节数据。布尔值的参数 autoFlush 为 true 时，当写一个字节数组、引用 println()方法或写 newline 字符或写字节('\n')时，缓冲区内容将被写到输出流。

PrintStream 类的 print 和 println 方法的参数可以是各种类型的数据。方法执行时，首先会把各种类型的数据转换成它们的字符串形式表示，然后依据平台默认的字符编码规范，向 out 输出各字符的码（字节数据）。out 再将这些字节数据输出到与其相连的数据目的地中。

PrintWriter 类的构造方法如下：

（1）PrintWriter（OutputStream out）

（2）PrintWriter（OutputStream out, boolean autoFlush）

（3）PrintWriter（Writer out）

（4）PrintWriter（Writer out, boolean autoFlush）

其中，若参数是 OutputStream 对象 out，则该 PrintWriter 流的用法与 PrintStream 流类似；若参数是 Writer 对象 out，则在创建 PrintWriter 对象时指定一个 Writer 对象，那么该 Writer 对象将

直接接收来自 PrintWriter 流的字符，并根据自身规定的字符编码规范将字符的码输出到与其相连的数据目的地上。

【例 11.13】 使用 PrintStream 流实现例 11.11 的功能，并添加将对象写入文件的能力。

```
import java.io.*;
public class Ex11_13 {
    public static void main(String[] args) {
        try{
            DataOutputStream out=new DataOutputStream(
                new BufferedOutputStream(
                    new FileOutputStream("Ex11_13.txt")));
            PrintStream o=new PrintStream(out);
            o.println(100);
            o.println(3.1415926);
            o.println(true);
            o.println('A');
            o.println("PrintStream类 println 方法的使用");
            o.println(new Ex11_13());  //将 Ex11_13()对象写入文件 Ex11_13.txt 中
            o.close();
        }catch(IOException e){
            System.err.println(e.toString());
        }
    }
}
```

Ex11_13.txt 文件显示的内容为：

100

3.1415926

true

A

PrintStream 类 println 方法的使用

Ex11_13@de6ced

【分析与思考】 在 Java 语言中，将一个对象转换为字符串时，系统调用对象的 toString()方法。该方法返回的字符串为："当前对象类名@一个与当前对象对应的十六进制哈希码"。如本例 Ex11_13 对象的在文件中的值为 Ex11_13@de6ced。

【例 11.14】 改写例 11.10，从键盘输入唐诗，写入到文本文件中。要求使用 PrintWriter 类、FileWriter 类和 BufferedWriter 类，并用 println()方法写文件。

```
import java.io.*;
public class Ex11_14 {
    public static void main(String[] args) {
        BufferedReader in = new BufferedReader(new InputStreamReader(System.in));
        System.out.println("请输入唐诗，每输入一行按回车键，直接按回车键结束。");
        try{
            FileWriter fw=new FileWriter("Ex11_14.txt");
            BufferedWriter bw=new BufferedWriter(fw);      //创建缓冲字符输出流对象
            PrintWriter o=new PrintWriter(bw);
            String line=null;
            while((line=in.readLine()) != null){
                if(line.length()==0) break;
```

```
            o.println(line);
        }
        o.close();
        in.close();
    }catch(IOException e){
        System.err.println(e.toString());
    }
    }
}
```

Ex11_14.txt 文件能正确显示出唐诗。

11.4.6 对象流

在实际问题中，经常需要保存对象的数据，在需要的时候，再读取该对象的数据。这就需要在流中以对象为单位进行传输，而对象流能够满足这种需求。

ObjectOutputStream 类能把对象写到一个输出流中，称之为对象序列化。它是一个将对象的状态转换为字节流的过程。ObjectInputStream 类能从一个输入流中读取一个对象，称之为反序列化。它是将这些数据再恢复成具有相同状态的对象。

在 Java 语言中，只有实现了 Serializable 接口的对象才能被序列化和反序列化。该接口定义如下：

```
public interface Serializable{   }
```

这个接口没有任何方法，因此，一个对象要实现 Serializable 接口，它不需要实现任何方法，只需在类头上添加 implements Serializable 即可。

ObjectInputStream 类和 ObjectOutputStream 类构造方法有：

- public ObjectInputStream(InputStream in) throws IOException
- public ObjectOutputStream(OutputStream out)throws IOException

其中，InputStream 流是 ObjectInputStream 流的数据源；OutputStream 流是 ObjectOutputStream 流的数据目的地。

ObjectInputStream 类的常用方法为：

```
public final Object readObject()throws IOException,ClassNotFoundException
```

它从 ObjectInputStream 流读取对象。其余方法与 DataInputStream 类相似，这是因为 ObjectInputStream 实现了 DataInput 接口。

ObjectOutputStream 类的常用方法为：

```
public final void writeObject(Object obj)throws IOException
```

它将指定的对象 obj 写入 ObjectOutputStream 流。其余方法与 DataOutputStream 类相似，这是 ObjectOutputStream 实现了 DataOutput 接口的缘故。

实现对象流编程的一般步骤如下所示。

（1）让想要传输的对象实现 Serializable 接口。

（2）创建 InputStream 流（对输入流而言）或 OutputStream 流（对输出流而言）。

（3）创建对象输入流或对象输出流。

（4）使用 readObject()方法从对象输入流中读取对象或使用 writeObject(Object obj)方法将指定的对象写入对象输出流。

【例 11.15】 创建职员对象，并将它们输出到 Employee.dat 文件中。

```java
import java.io.*;
public class Ex11_15 {
    public static void main(String[] args) {
        try{
            FileOutputStream fos=new FileOutputStream("Employee.dat");
            ObjectOutputStream oos=new ObjectOutputStream(fos);
            Employee o1,o2,o3;
            o1=new Employee("丁一",30,'m',true,2000.5f);
            o2=new Employee("倪二",24,'f',false,1800.5f);
            o3=new Employee("张三",40,'m',true,4000.5f);
            oos.writeObject(o1);
            oos.writeObject(o2);
            oos.writeObject(o3);
            oos.close();
        }catch(IOException e){
            System.err.println(e.toString());
        }
    }
}
class Employee implements Serializable{
    String name;                //职员姓名
    int age;                    //职员年龄
    char sex;                   //职员性别
    boolean isMarried;          //婚否
    float salary;               //工资
    public Employee(String name,int age,char sex,boolean isMarried,float salary){
        this.name=name;
        this.age=age;
        this.sex=sex;
        this.isMarried=isMarried;
        this.salary=salary;
    }
    public String toString(){
        return name+" "+age+" "+sex+" "+isMarried+" "+salary;
    }
}
```

11.4.7 管道流

管道用来把一个程序、线程或代码块的输出，连接到另一个程序、线程和代码块的输入，常用于线程间的通信。在 java.io 包中，PipedInputStream 类和 PipedOutputStream 类描述了管道的输入和输出。

PipedInputStream 称为管道输入流类，是 InputStream 的子类。PipedOutputStream 称为管道输出流类，是 OutputStream 的子类。管道输入流作为一个通信管道的接收端，管道输出流则作为发送端，两者必须配合使用。即在使用管道前，两者必须进行连接，才能构成一个完整的管道。如图 11.3 所示。

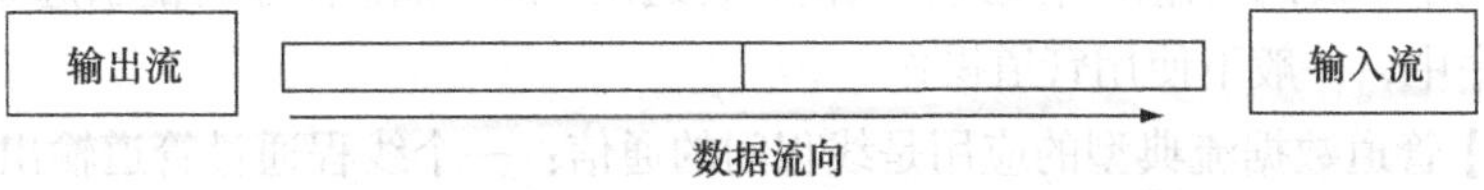

图 11.3 管道输入流和管道输出流一起构成管道

PipedInputStream 类和 PipedOutputStream 类的构造方法有以下几个。

（1）PipedInputStream()：创建未连接管道输出流的管道输入流对象。

（2）PipedInputStream(PipedOutputStream src) throws IOException：创建连接到管道输出流 src 的管道输入流对象。

（3）PipedOutputStream()：创建未连接管道输入流的管道输出流对象。

（4）PipedOutputStream(PipedInputStream snk) throws IOException：创建连接到管道输入流 snk 的管道输出流对象。

PipedInputStream 类和 PipedOutputStream 类的其他主要方法如下所示。

void connect(PipedOutputStream src) throws IOException：管道输入流与 src 连接。

void connect(PipedInputStream snk) throws IOException：管道输出流与 snk 连接。

管道输入和输出流可以用以下两种方式进行连接。

（1）在构造方法中进行连接。

在创建管道输入流对象时进行：PipedInputStream(src);，src 为管道输出流对象。

或创建管道输出流对象时进行：PipedOutputStream(snk);，snk 为管道输入流对象。

（2）通过各自的 connect()方法连接。

在类 PipedInputStream 中进行连接：connect(src);，src 为管道输出流对象。

或在类 PipedOutputStream 中进行连接：connect(snk);，snk 为管道输入流对象。

【例 11.16】PipedInputStream 类和 PipedOutputStream 类创建管道流举例。

```java
import java.io.*;
public class Ex11_16 {
    public static void main(String[] args) throws IOException{
        byte aByteData1=123, aByteData2=111;
        PipedInputStream snk=new PipedInputStream();
        PipedOutputStream src=new PipedOutputStream(snk);
        System.out.println("PipedInputStream");
        try
        {
            src.write(aByteData1);
            src.write(aByteData2);
            System.out.println((byte)snk.read());
            System.out.println((byte)snk.read());
        }
        finally
        {
            snk.close();
            src.close();
        }
    }
}
```

程序运行结果如下。

```
PipedInputStream
123
111
```

该例子体现了“数据从输出管道进，从输入管道出”的特点。由于可能引起系统死锁的原因，在单线程的程序中，一般不使用管道操作。

【例 11.17】管道数据流典型的应用是线程间的通信：一个线程通过管道输出流将数据写出，而另一个线程从管道输入流将这些数据读入。

```
import java.io.*;
public class Ex11_17 {
    public static void main(String[] args) {
        try {
            PipedInputStream in=new PipedInputStream();
            PipedOutputStream out=new PipedOutputStream();
            out.connect(in);
            System.out.println("管道已经成功建立！");
            Thread t1=new Sender(out);     //数据通过 out 写出到管道
            Thread t2=new Receiver(in);    //数据通过 in 从管道读入
            t1.start(); t2.start();
        } catch(IOException e) {
            System.out.println("管道建立出错！");
        }
    }
}
class Sender extends Thread {
    private PipedOutputStream out;
    public Sender(PipedOutputStream out) {
        this.out=out;
    }
    public void run() {
        int d;
        try {
            for(int i=0; i<5; i++) {
                d= (int) (Math.random()*255);
                out.write(d);
                System.out.println("写出: " + d);
                Thread.sleep(100);
            }
            System.out.println("所有数据都已写出到管道！");
            out.close();
        } catch(Exception e) {
            System.out.println("数据写出时发生错误！");
        }
    }
}
class Receiver extends Thread {
    private PipedInputStream in;
    public Receiver(PipedInputStream in) {
        this.in=in;
    }
    public void run() {
        int d;
        try {
            while((d=in.read())!=-1) {
                System.out.println("读入: " + d);
                Thread.sleep(500);
            }
            System.out.println("所有数据都已从管道读入！");
        } catch(Exception e) {
            System.out.println("数据读入时发生错误！");
        }
    }
```

```
        }
    }
```

程序一种可能运行结果：省略

由于写入的是随机数字，因此每次运行结果都不同。但符合"数据从输出管道进，从输入管道出，并顺序读出"的特点。

11.4.8 顺序流

java.io 中提供了类 SequenceInputStream，使应用程序可以将几个输入流顺序连接起来，从程序员角度看起来就像是一个比较长的流一样。顺序输入流提供了将多个不同的输入流统一为一个输入流的功能，这使得程序可能变得更加简洁。

SequenceInputStream 类的构造方法有以下两个。

（1）public SequenceInputStream(Enumeration<? extends InputStream> e)，即用枚举类的对象来创建顺序输入流。<? extends InputStream>的含义是接受 InputStream 类及其子类作为枚举类型的元素。

（2）public SequenceInputStream(InputStream s1, InputStream s2)，即用两个输入流来创建顺序输入流。SequenceInputStream 类是 InputStream 类的子类，自然继承了 InputStream 类的方法，如read()方法等。

【例 11.18】用顺序流将两个 java 程序文件 file1.txt 和 file2.txt 先后显示到屏幕上。

```java
import java.io.*;
public class Ex11_18 {
    public static void main(String[] args) {
        FileInputStream fis1,fis2;
        try{
            fis1=new FileInputStream("file1.txt");
            fis2=new FileInputStream("file2.txt");
            SequenceInputStream sis=new SequenceInputStream(fis1,fis2);
            int buf=0;
            while((buf=sis.read())>0)System.out.print((char)buf);
            fis1.close();  fis2.close();  sis.close();
        }catch(IOException e){
            System.out.println(e);
            System.exit(-1);
        }
    }
}
```

程序运行结果如下。

```
This is the content of file1.This is the content of file2.
```

11.5 随机流

RandomAccessFile 类不属于流，它具有随机读写文件的功能，能够从文件的任意位置开始执行读写操作。

RandomAccessFile 类的构造方法如下：

（1）RandomAccessFile(File file,String mode) throws FileNotFoundException

（2）RandomAccessFile(String name,String mode) throws FileNotFoundException

其中，name 为文件名字符串，若 name 为目录名，将抛出 IOException 异常。file 为 File 类的对象。mode 为访问文件的方式。

RandomAccessFile 对象的读写操作和 DataInput 和 DataOutput 对象的操作方式一样。可以使用在 DataInputStream 和 DataOutputStream 里出现的所有 read()和 write()方法。

随机访问文件对任意位置数据记录的读写是通过移动文件指针，指定文件读写位置来实现的。与文件指针有关的常用方法有以下几种。

（1）public long getFilePointer()throws IOException：返回文件指针的当前字节位置。

（2）public void seek(long pos) throws IOException：将文件指针定位到一个绝对地址 pos。pos 参数指明相对于文件头的偏移量，地址 0 表示文件的开头。

（3）public int skipBytes(int n)throws IOException：将文件指针向文件尾方向移动 n 个字节。

（4）public long length()throws IOException：返回文件包含的字节数，即长度。

【例 11.19】随机访问文件举例。

```java
import java.io.*;
public class Ex11_19 {
    public static void main(String[] args) throws IOException{
        RandomAccessFile rf=new RandomAccessFile("random.txt","rw");
        for(int i=0;i<8;i++)
            rf.writeDouble(i*Math.PI);
        rf.close();
        rf=new RandomAccessFile("random.txt","rw");
        rf.seek(4*8);  //定位写入位置
        rf.writeDouble(1111111111);
        rf.close();
        rf=new RandomAccessFile("random.txt","rw");
        for(int i=0;i<8;i++)
            System.out.println("数据"+i+": "+rf.readDouble());
        rf.close();
    }
}
```

程序运行结果如下。

数据 0：0.0

数据 1：3.141592653589793

数据 2：6.283185307179586

数据 3：9.42477796076938

数据 4：1.111111111E9

数据 5：15.707963267948966

数据 6：18.84955592153876

数据 7：21.991148575128552

新建 RandomAccessFile 对象 rf 的文件位置指针位于文件的开始处。每次读写操作之后，文件位置指针都相应后移读写的字节数。seek(4*8)的含义是将文件指针定位到相对于文件开头的 4*8 字节处，即第 5 个数据的开始处（Double 占 8 个字节）。RandomAccessFile 每读或写一个字节就需对磁盘进行一次 I/O 操作，因此，它的 I/O 效率较低。

习　题

一、选择题

1. InputStream 类是下面（　　）类的父类。

   A. FilterInputStream　　　　　　　　B. DataInputStream

   C. BufferedInputStream　　　　　　　D. ObjectOutputStream

2. 若删除一个文件，使用下面（　　）类比较合适。

   A. FileOutputStream　　　　　　　　B. File

   C. Files　　　　　　　　　　　　　D. RandomAccessFile

3. 一个类要具有（　　）才可以序列化。

   A. 继承 ObjectStream　　　　　　　B. 带参数构造方法

   C. 实现 Serializable　　　　　　　D. 定义了 writeObject 方法

二、编程题

1. 编写程序，接受用户从键盘输入的一个文件名，然后判断该文件是否存在于当前目录。若存在，则继续输出：文件是否可读和可写、文件的大小、文件是一个普通文件还是一个目录。

2. 编程完成文件复制功能。用命令行方式提供源文件名和目标文件名。

3. 编程完成文件复制功能。从键盘上输入目录名和文件名。

4. 把 double 和 boolean 类型的数据写入一个文件，然后再把它们从文件中读出打印在显示器上。

5. 将两个文本文件中的内容合并到另一个文本文件中。

6. 使用 PrintWrite 类在显示器上打印文本文件的内容。

7. 采用 ObjectOutputStream 流方式将对象数据保存在文件中。

8. 将第 6 题保存在文件中的对象数据，通过 ObjectInputStream 流读出并打印在显示器上。

9. 编写一个程序，分别统计并输出文本文件中元音字母 a、e、i、o、u 的个数。

10. 编写程序实现以下功能。

（1）产生 5000 个 1～9999 的随机整数，并将其存入文本文件中。

（2）从文件中读取这 5000 个整数。并计算其最大值、最小值和平均值。

11. 编写一个程序，从键盘输入 5 个学生的信息（包含学号、姓名、3 科成绩），统计各学生的总分，然后将学生信息和统计结果存入二进制数据文件 STUDENT.DAT 中。

12. 编写一个程序，从 11 题中建立的 STUDENT.DAT 文件中读取数据，按学生的总分递减排序后，显示前 3 个学生的学号、姓名和总分。

13. 编写一个程序，从键盘输入 5 个学生的信息（包含学号、姓名、3 科成绩），统计各生的总分，然后将学生信息和统计结果存入文本文件 STUDENT.txt 中。

14. 编写一个程序，从 13 题中建立的 STUDENT.txt 文本文件中读取数据，按学生的总分递减排序后，显示前 3 个学生的学号、姓名和总分。

15. 显示指定文本文件最后 n 个字符。文本文件名和数字 n 用命令行参数的方式提供。

第12章

数据库编程

数据库技术是数据管理的核心技术之一，通过数据库编程可有效地管理和存取大量的数据资源。Java 提供了 JDBC 支持数据库编程和应用，JDBC 是基于 Java 语言的、用于访问关系型数据库的应用程序接口，提供了多种数据库的驱动程序类型，也提供了执行 SQL 语句来访问数据库的方法。

本章首先介绍了 JDBC 的概念和驱动类型，然后重点介绍了数据库连接步骤和过程，同时也讲述了涉及 java.sql 包中的相关类和接口的使用。以 SQL Server 2000 为例，使用 JDBC 的两种驱动方式进行了数据库应用程序的设计。本章重点是数据库连接步骤和过程，难点是 ResultSet 结果集的获取和处理，需要加强这部分的课外练习。

本章建议教学安排 4 学时，12.3 节内容可选修，其余均为必修内容。

12.1 JDBC 概念

JDBC 是 Java DataBase Connectivity 的简称，即 Java 数据库连接，是一种用 Java 实现的数据库 API（Application Programming Interface，应用程序接口）技术，为 Java 应用程序提供了一系列的类，使其能够快速高效地访问数据库。

1. JDBC 与 ODBC

ODBC（Open Database Connectivity）指开放式数据库连接，是由 Microsoft 公司提供的 API，包含了连接在任何一种平台，适合任何一种数据库连接的能力，负责连接各种不同厂商开发的和不同类型的 DBMS，为各种不同的编程语言提供查询、插入、修改和删除数据的功能，即 ODBC 在各种不同的 DBMS 和各种不同的编程语言之间架设了一座通用的桥梁。目前使用的 Windows 各版本的操作系统默认都已安装 ODBC 驱动程序。

简单来说，JDBC 是 ODBC 的 Java 实现。因为 ODBC 是用 C 语言实现的 API，并不适合在 Java 中直接使用，Java 中调用本地 C 会消弱 Java 语言的安全性、健壮性等特点。

通常数据库厂商在推出自己的数据库产品时，也会同时提供一套访问数据库的 API，而每一个厂商提供的 API 各不相同，使用的开发语言形式各异，导致了使用数据库的程序不能进行移植，因此才有了 ODBC 与 JDBC 的结合。

2. JDBC 驱动程序的类型

使用 JDBC 连接数据库可以通过不同的驱动方式来实现，根据驱动原理的不同，Oracle 公司（原 Sun Microsystems 公司）将 JDBC 划分为 4 种类型。

（1）JDBC-ODBC 桥驱动方式。

JDBC-ODBC 桥利用 ODBC 驱动程序通过 JDBC API 访问数据库。这种桥机制实际上是把标准的 JDBC 调用转换成相应的 ODBC 调用，并通过 ODBC 驱动连接数据库。在 JDK 中提供了这种桥的实现类（sun.jdbc.odbc.JdbcOdbcDriver 类）。

（2）本地协议的纯 Java 驱动方式。

这种类型的驱动程序完全采用 Java 编写，采用数据库厂商的协议把客户机 API 上的 JDBC 调用转换为 Oracle、Sybase、Informix、DB2 或其他 DBMS 的调用。

（3）本地 API 部分 Java 驱动方式。

这种类型的驱动程序使用 Java 编写，JDBC 驱动程序将调用转换为厂商提供的本地 API 调用，数据库处理完将结果通过 API 返回给 JDBC 驱动程序，该驱动程序将结果转化再返回给客户程序。

（4）JDBC 网络纯 Java 驱动方式。

这种驱动程序将 JDBC 转换为与 DBMS 无关的网络协议，之后这种协议又被某个服务器转换为一种 DBMS 协议。这种网络服务器中间件能够将它的纯 Java 客户机连接到多种不同的数据库上。

通常情况下，如果访问具有专有性网络协议的数据库，如 Oracle、Sybase 等，首选第 4 种驱动方式，如果 Java 应用程序在同一时间访问多种类型的数据库，则第 3 种驱动方式是优选的驱动程序，在生产研发中，推荐使用纯 Java 驱动方式，在个人开发与测试中，可以使用 JDBC-ODBC 桥连方式，这种方式不被认为是部署级别的驱动程序。在学习数据库编程时，主要介绍前两种数据库的连接过程。

12.2 数据库连接步骤

JDBC 提供 JDBC 驱动程序的同时，也提供了 JDBC API，即一组 JDBC 类库，使用这个类库可以以一种标准的方法方便地访问数据库。数据库的连接和操作均会使用相应的类或接口，数据库连接和执行步骤如图 12.1 所示，下面将详细介绍这些类及数据连接的步骤。

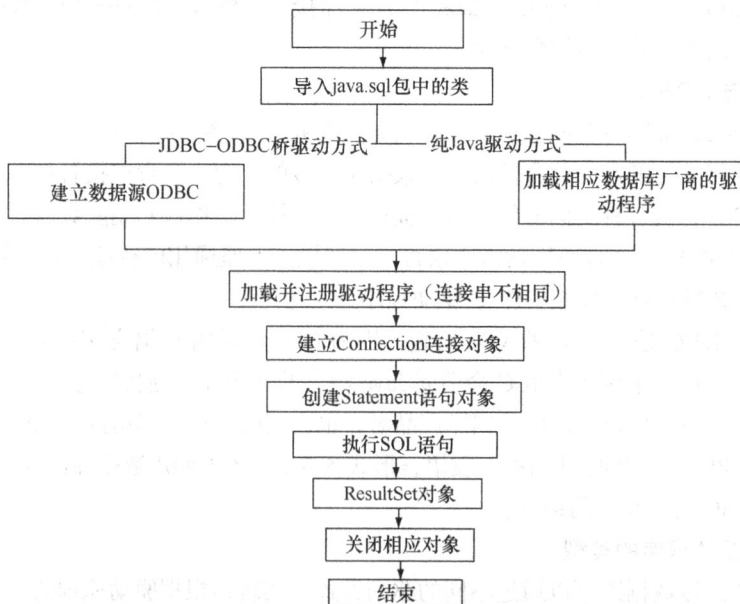

图 12.1 数据库连接和执行步骤

12.2.1 加载驱动程序

由图 12.1 可以看到，首先需要导入 java.sql 包中的相关类，然后选择驱动方式并加载，对于不同的驱动类型加载过程是不相同的，再建立连接对象，创建语句对象，获取结果集，对结果进行处理。

1. JDBC-ODBC 桥方式

JDBC-ODBC 桥方式连接数据库，首先要创建一个 ODBC 数据源，打开 Windows 的控制面板，不同的操作系统版本，ODBC 数据源的位置不太相同。WindowXP 中，选择【性能和维护】→【管理工具】→【数据源（ODBC）】，Window2000 中，选择【管理工具】→【数据源（ODBC）】，也可以在"资源管理器"中双击 c:\windows\system32 下的可执行文件【 odbcad32 】，打开"数据源(ODBC)"。

打开数据源 ODBC，出现如图 12.2 所示的"ODBC 数据源管理器"对话框。

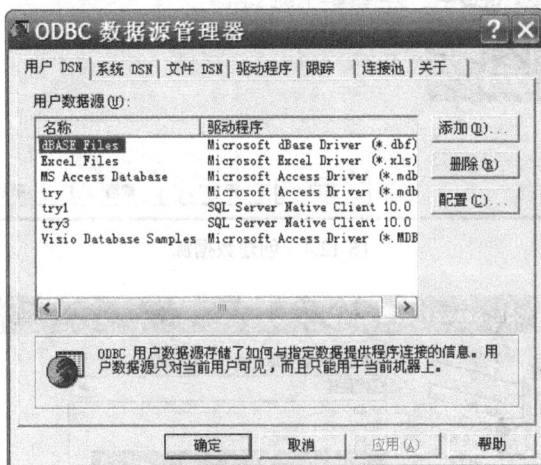

图 12.2 "ODBC 数据源管理器"对话框

在"ODBC 数据源管理器"对话框中选择"用户 DSN (Data Source Name)"选项卡，单击"添加"按钮，出现如图 12.3 所示的数据源驱动程序选择框，根据创建的数据库类型可以在选择列表中选择相应的驱动程序，以 SQL Server 2000 为例，则选择"SQL Server"。

图 12.3 数据源驱动程序选择框

单击"完成",出现如图 12.4 所示的创建数据源对话框,为创建的数据源起一个名称,"描述"框中可以为数据库添加说明信息,"服务器"中选择数据库所在的主机名,本机默认为"(local)",单击【下一步】后出现 SQL Server 验证登录,选择默认值,再继续单击【下一步】出现如图 12.5 所示的更改默认数据库对话框,选择使用的数据库为默认即可,依次按照默认值单击【下一步】,一直到出现图 12.6 所示的窗口,表示 ODBC 加载完成。

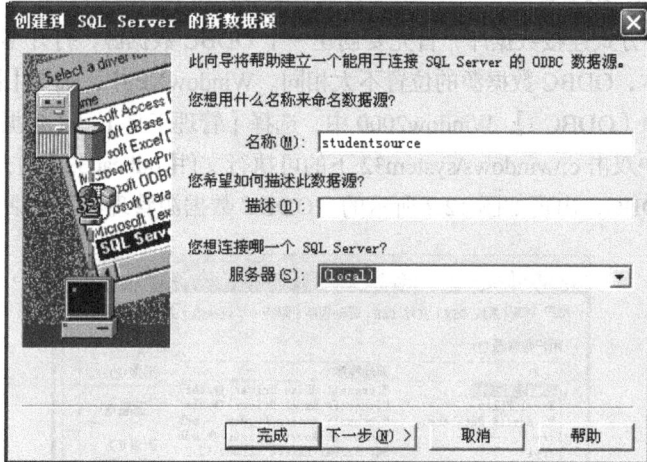

图 12.4 创建数据源

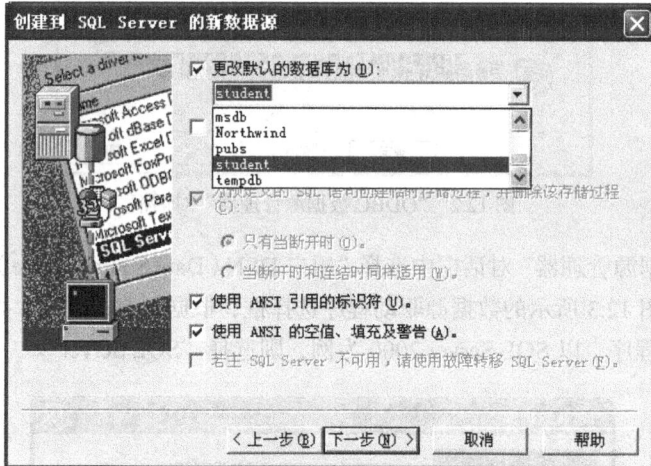

图 12.5 更改默认数据库

单击【测试数据源】,出现 12.7 所示的结果,表明数据源添加成功。

2. 纯 Java 驱动方式

要使用纯 Java 驱动方式,首先必须获得相应数据库的驱动程序包,根据数据库的类型,登录对应产商的官方网站,一般都可以免费获得。下载后,复制到本地磁盘,并将完整路径设置到 classpath 环境变量中,如图 12.8 和图 12.9 所示。例如对于 SQL Server 2000,下载的驱动包为"SQL Server 2000 Driver for JDBC",包括 3 个 Jar 文件:msbase.jar、mssqlserver.jar 和 msutil.jar。而 SQL Server 2008 版本的驱动为"Microsoft SQL Server JDBC Driver 3.0",解压后能查看到对应的驱动包为 sqljdbc4.jar 和 sqljdbc.jar。

图 12.6　ODBC 数据源安装信息

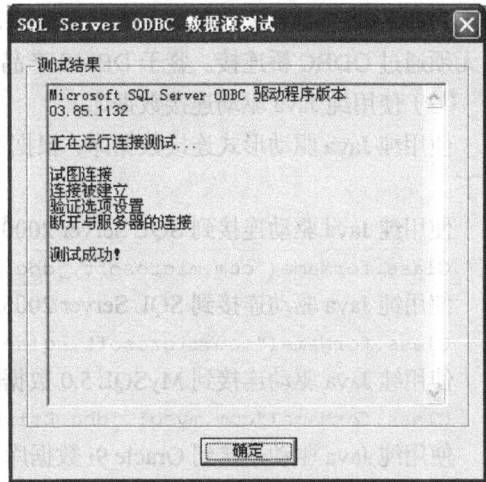

图 12.7　数据源测试结果

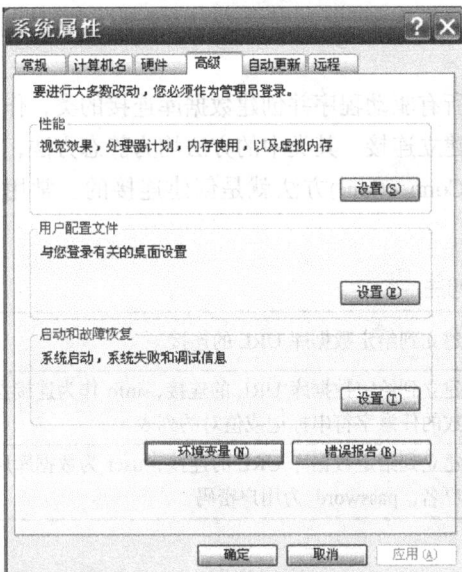

图 12.8　单击【环境变量】

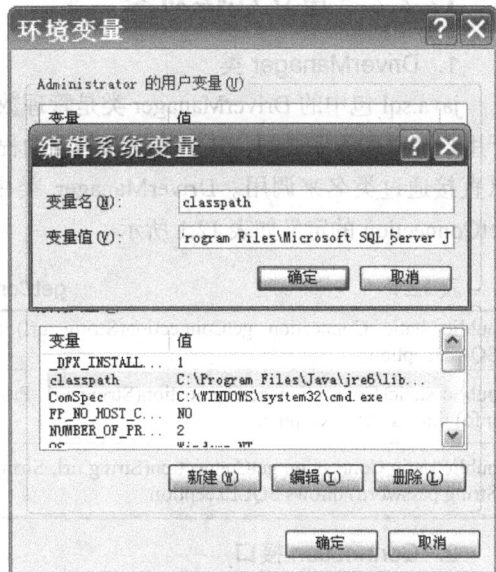

图 12.9　环境变量设置

3.　加载并注册驱动程序的 forName 方法

使用 Class 类的 forName 方法，将驱动程序类加载到 JVM（Java 虚拟机）中，Class 是 java.lang 包中的一个类，该类调用静态方法 forName( )加载驱动程序。forName( )方法的定义为：static Class forName(String className) throws ClassNotFoundException。

（1）对于使用 JDBC-ODBC 桥的驱动方式。

加载的参数 className 为 sun.jdbc.odbc 包中的 JdbcOdbcDriver，表示建立 JDBC-ODBC 桥接器，建立桥接器时可能发生异常，因此要捕获。格式如下：

```
    try{
Class.forName("sun.jdbc.odbc.JdbcOdbcDriver");}
catch(ClassFoundException e){ }
```

使用 JDBC-ODBC 桥接器方式连接数据库，其性能完全取决于 Windows 系统的数据源（ODBC）的性能，并且无法脱离 Microsoft 的平台，这样将带来诸多不便，因此大部分 DBMS 厂商都为自己的产品开发了纯 Java 的驱动程序，只需要加载相应的驱动，就可以直接连接到数据库，而无须通过 ODBC 桥连接。鉴于 DBMS 产品太多，这里只针对当今比较流行的数据库进行介绍。

（2）使用纯 Java 驱动连接数据库。

使用纯 Java 驱动形式连接数据库，根据不同的数据库类型，加载的驱动程序各不相同，具体如下。

使用纯 Java 驱动连接到 SQL Server 2000 数据库，加载驱动程序应改成如下语句：

```
Class.forName("com.microsoft.jdbc.sqlserver.SQLServerDriver");
```

使用纯 Java 驱动连接到 SQL Server 2005/2008 数据库，加载驱动程序应改成如下语句：

```
Class.forName("com.microsoft.sqlserver.jdbc.SQLServerDriver");
```

使用纯 Java 驱动连接到 MySQL 5.0 数据库，加载驱动程序的语句为：

```
Class.forName("com.mysql.jdbc.Driver");
```

使用纯 Java 驱动连接到 Oracle 9i 数据库，加载驱动程序的语句为：

```
Class.forName("oracle.jdbc.driver.OracleDriver");
```

12.2.2 建立连接对象

1．DriverManager 类

java.sql 包中的 DriverManager 类是管理数据库中所有驱动程序并创建数据库连接的类，作用于用户和驱动程序之间，并在数据库的驱动程序之间建立连接，其类中的方法均为静态方法，可以直接通过类名来调用。DriverManager 类中的 getConnection()方法就是创建连接的，常用的 getConnection 的定义如表 12.1 所示。

表 12.1   getConnection 方法

public static Connection getConnection(String url) throws SQLException	建立到给定数据库 URL 的连接
public static Connection getConnection(String url, Properties info) throws SQLException	建立到给定数据库 URL 的连接，info 作为连接参数的任意字符串标记或值对的列表
public static Connection getConnection(String url, String user, String password) throws SQLException	建立到给定数据库 URL 的连接，user 为数据库用户名，password 为用户密码

2．Connection 接口

Connection 接口负责管理应用程序和特定数据库之间的会话，getConnection()方法的返回值为 Connection 接口类型，一个 Connection 接口对象表示为一个特定数据库建立了一条连接，在连接上下文中创建执行 SQL 的 Statement 语句对象并返回结果。

3．建立连接对象

使用 Connection 声明一个对象，再调用类 DriverManager 中的静态方法 getConnection( )创建这个连接对象。

（1）JDBC-ODBC 桥驱动形式。

```
Connection con=DriverManager.getConnection("jdbc:odbc:数据源名"," usename","
password");
```

没有给数据源设置用户名和密码的情况下引号不能省略，建立时应捕获 SQLException 异常，如下所示：

```
    try{
Connection con=DriverManager.getConnection ("jdbc:odbc:数据源名","usename",
"password");
```

```
    }
catch(SQLException e) { }
```

（2）使用纯 Java 驱动方式。

连接到 SQL Server 2000 数据库，连接字符串的格式如下：

```
"jdbc:microsoft:sqlserver://服务器名或IP:1433;databaseName=数据库名"
```

如：Connection con=DriverManager.getConnection("jdbc:microsoft:sqlserver://127.0.
0.1:1433;databaseName=db_database08", "sa", "123");

使用纯 Java 驱动方式连接到 SQL Server 2005/2008 数据库，连接字符串的格式为：

```
"jdbc:sqlserver://服务器名或IP:1433;databaseName=数据库名"
```

如：Connection con=DriverManager.getConnection("jdbc:sqlserver://127.0.0.1:1433;databaseName=
db_database08", "sa", "123");

使用纯 Java 驱动连接到 MySQL 5.0 数据库，连接字符串的格式为：

```
"jdbc:mysql://服务器名或IP:3306/数据库名"
```

如：Connection con=DriverManager.getConnection("jdbc:mysql://127.0.0.1:3306/test", "root", "root");

使用纯 Java 驱动连接到 Oracle 9i 数据库，连接字符串的格式为：

```
"jdbc:oracle:thin:@服务名或IP:1521:数据库名"
```

如：Connection con=DriverManager.getConnection("jdbc:oracle:thin:@127.0.0.1:1521:test", "user",
"123");

12.2.3　创建语句对象

1. createStatement( )方法

成功连接到数据库并获得 Connection 对象后，要先通过 createStatement()方法来创建语句对象，才可以执行 SQL 语句。createStatement 方法的定义如表 12.2 所示。

表 12.2　　　　　　　　　　　　createStatement( )方法

Statement createStatement( )throws SQLException	创建一个 Statement 对象，将 SQL 语句发送到数据库
Statement createStatement(int resultSetType, int resultSetConcurrency) throws SQLException	创建一个 Statement 对象，该对象将生成具有给定类型的 ResultSet 对象

创建的连接对象调用 createStatement()方法创建 SQL 语句对象，使用 Statement 声明一个 SQL 对象接收方法对应的值，语句如下所示。

```
try
   { Statement stmt=con.createStatement(); }
catch(SQLException e)  {   }
```

2. Statement 接口

Statement 接口对象用于在建立数据库连接的基础上，向数据库发送要执行的静态 SQL 语句返回所生成结果的对象，其常用方法列举如表 12.3 所示。

表 12.3　　　　　　　　　　执行 SQL 语句的常用方法

ResultSet executeQuery(String sql)	执行给定的 SQL 语句，该语句返回单个 ResultSet 对象
int executeUpdate(String sql)	执行给定 SQL 语句，该语句可能为 INSERT、UPDATE 或 DELETE 语句，或者不返回任何内容的 SQL 语句
int executeUpdate(String sql, int autoGeneratedKeys)	执行给定的 SQL 语句，并用给定标志通知驱动程序，由此判断 Statement 生成的自动生成键是否可用于获取

int executeUpdate(String sql, int[] columnIndexes)	执行给定的 SQL 语句,并通知驱动程序在给定数组中指示的自动生成的键应该可用于获取
int executeUpdate(String sql, String[] columnNames)	执行给定的 SQL 语句,并通知驱动程序在给定数组中指示的自动生成的键应该可用于获取

12.2.4　ResultSet 对象

ResultSet 接口对象表示数据库结果集的数据表,通常通过执行查询数据库的语句生成,ResultSet 对象具有指向其当前数据行的光标,默认光标被置于第一行之前,一次只能看到一行数据记录,next()方法将光标移动到下一行,获得该行数据记录,因为该方法在 ResultSet 对象没有下一行时返回 false,因此可以通过 while 循环来迭代结果集对象,结果集中关于光标操作的主要方法如表 12.4 所示。

表 12.4　　　　　　　　　　　　ResultSet 结果集中移动光标的方法

boolean absolute(int row)	将光标移动到此 ResultSet 对象给定的行编号
void afterLast()	将光标移动到此 ResultSet 对象的末尾,正好位于最后一行之后
void beforeFirst()	将光标移动到此 ResultSet 对象的开头,正好位于第一行之前
void deleteRow()	从此 ResultSet 对象和底层数据库中删除当前行
boolean first()	将光标移动到此 ResultSet 对象的第一行
int getRow()	获取当前行编号
boolean last()	将光标移动到此 ResultSet 对象的最后一行
boolean next()	将光标从当前位置向前移一行
boolean previous()	将光标移动到此 ResultSet 对象的上一行
boolean relative(int rows)	按相对行数(或正或负)移动光标

ResultSet 对象获得一行数据记录后,可以使用数据表列名或位置索引通过 getXxx()方法获得字段值,表 12.5 列出了 ResultSet 对象的一些常用 getXxx()方法。

表 12.5　　　　　　　　　　　　ResultSet 的常用 getXxx()方法

Array getArray(int columnIndex)	以 Array 对象的形式获取 ResultSet 对象的当前行中指定列的值
Array getArray(String columnLabel)	以 Array 对象的形式获取 ResultSet 对象的当前行中指定列的值
boolean getBoolean(int columnIndex)	以 boolean 的形式获取 ResultSet 对象的当前行中指定列的值
boolean getBoolean(String columnLabel)	以 boolean 的形式获取 ResultSet 对象的当前行中指定列的值
byte getByte(int columnIndex)	以 byte 的形式获取 ResultSet 对象的当前行中指定列的值
byte[ ] getBytes(int columnIndex)	以 byte 数组的形式获取 ResultSet 对象的当前行中指定列的值
Date getDate(int columnIndex)	以 java.sql.Date 对象的形式获取 ResultSet 对象的当前行中指定列的值
double getDouble(int columnIndex)	以 double 的形式获取 ResultSet 对象的当前行中指定列的值
float getFloat(int columnIndex)	以 float 的形式获取 ResultSet 对象的当前行中指定列的值
int getInt(int columnIndex)	以 int 的形式获取 ResultSet 对象的当前行中指定列的值
long getLong(int columnIndex)	以 long 的形式获取 ResultSet 对象的当前行中指定列的值
String getString(int columnIndex)	以 String 的形式获取 ResultSet 对象的当前行中指定列的值

使用语句对象来执行 SQL 语句，有以下两种情况。

一种是执行 DELETE、UPDATE 和 INSERT 之类的数据库操作语句（DML），这样的语句没有数据结果返回，使用 Statement 对象的 executeUpdate 方法执行。如：

```
sql.executeUpdate(UPDATE user SET password="+password+" WHERE username= "+"'"+
username+"'");
```

另一种是执行 SELECT 这样的数据查询语句（DQL），这样的语句将从数据库中获得所需的数据，使用 Statement 对象的 executeQuery 方法执行。如：

```
ResultSet rs=sql.executeQuery("SELECT username,password FROM user");
```

12.2.5 关闭有关对象

当对数据库的操作结束后，应当将所有已经被打开的对象资源关闭，关闭即释放此对象的数据库与 JDBC 资源，不会造成资源泄露。创建的 Connection 对象、Statement 对象和 ResultSet 对象都有执行关闭的 close() 方法，函数原型均为：void close() throws QLException，抛出 SQLException 异常，必须捕捉或处理。关闭的顺序应该是最后打开的资源最先关闭，最先打开的资源最后关闭。

关闭有关对象的使用方法为：

```
try
{ rs.close();     //关闭 ResultSet 对象
  stmt.close();    //关闭 Statement 对象
  con.close();     //关闭 Connection 对象}
    catch(SQLException) { }
```

数据库连接步骤和过程明确后，数据库编程主要就是 SQL 语句的执行和操作了，针对上述步骤，通过几个实例进行说明。使用 SQL Server 2000 创建数据库 student，其中有一张数据表为 user，字段有 username、password 等。

【例 12.1】以 JDBC-ODBC 桥方式连接数据库 student，设置数据源为 studentsource，查询 user 表中的所有记录，输出用户名和密码两个字段。

```
 import java.sql.*;
public class Ex12_1
{ public static void main(String args[])
  { Connection con;
    Statement stmt;
    ResultSet rs;
    String driverClass="sun.jdbc.odbc.JdbcOdbcDriver";
    String url="jdbc:odbc: studentsource";
    String user="sa";
    String pwd="123";
    try { Class.forName(driverClass); }
  catch(ClassNotFoundException ex)
      { System.out.println(""+ex); }
    try { con=DriverManager.getConnection(url, user,pwd);
        stmt=con.createStatement();
        rs=stmt.executeQuery("SELECT * FROM user");
        while(rs.next())
        { String username=rs.getString("username");
          String password=rs.getString("password");
          System.out.print("用户名: "+username);
          System.out.print("密 码: "+password);
        }
```

```
                rs.close();
                 stmt.close();
                 con.close();
            }
        catch(SQLException e)
            { System.out.println(e); }
    }    }
```

程序运行结果如下。

用户名：李华　　　密　码：111

用户名：王洋　　　密　码：121

用户名：赵展　　　密　码：aaa

【例 12.2】以纯 Java 方式连接数据库，实现例 12.1 的功能。

```
import java.sql.*;
public class Ex12_2
{ public static void main(String args[])
    { Connection con;
        Statement stmt;
        ResultSet rs;
    String driverClass="com.microsoft.jdbc.sqlserver.SQLServerDriver";
        String url="jdbc:microsoft:sqlserver://127.0.0.1:1433;DatabaseName=student";
        String user="sa";
        String pwd="123";
        try { Class.forName(driverClass); }
        catch(ClassNotFoundException ex)
            { System.out.println(""+ex); }
        try {
        con=DriverManager.getConnection(url, user, pwd);
        stmt=con.createStatement();
        rs=stmt.executeQuery("SELECT * FROM user");
            while(rs.next())
            { String username=rs.getString("username");
              String password=rs.getString("password");
              System.out.print("用户名："+ username);
              System.out.print("密　码："+ password);
            }
        rs.close();
        stmt.close();
        con.close();
        }
    catch(SQLException e)
        { System.out.println(e); }
    }  }
```

【例 12.3】以 JDBC-ODBC 桥方式连接数据库，在 user 表中添加数据库记录，并删除满足条件的记录，再输出所有记录信息。

```
import java.sql.*;
public class Ex12_3
{ public static void main(String args[])
    { Connection con;
        Statement stmt;
        ResultSet rs;
        String driverClass="sun.jdbc.odbc.JdbcOdbcDriver";
        String url="jdbc:odbc:studentsource";
```

```
        String user="sa";
        String pwd="123";
        try {  Class.forName(driverClass);  }
      catch(ClassNotFoundException ex)
          {  System.out.println(""+ex); }
      try {  con=DriverManager.getConnection(url, user,pwd);
            stmt=con.createStatement();
            String name="王宁", mima="456";
    String insertStr="INSERT INTO userinfo(username,password) VALUES("+"'"+name+"'"+",
"+"'"+mima+")";
     String  delStr="DELETE FROM userinfo WHERE username='李华' ";
            stmt.executeUpdate(insertStr);
            stmt.executeUpdate(delStr);
            rs=stmt.executeQuery("SELECT * FROM userinfo");
            while(rs.next())
            { String username=rs.getString("username");
             String password=rs.getString("password");
             System.out.print("用户名: "+ username);
             System.out.print("密  码: "+ password);
             }
        rs.close();
        stmt.close();
        con.close();
          }
      catch(SQLException e)
          {  System.out.println(e); }
       }
   }
```

程序运行结果如下。

用户名：王洋　　　密　码：121

用户名：赵展　　　密　码：aaa

用户名：王宁　　　密　码：456

【例 12.4】以纯 Java 方式连接数据库，实现例 12.3 的功能。

```
import java.sql.*;
public class Ex12_4
 { public static void main(String args[])
   { Connection con;
     Statement stmt;
     ResultSet rs;
     String driverClass="com.microsoft.jdbc.sqlserver.SQLServerDriver";
     String url="jdbc:microsoft:sqlserver://127.0.0.1:1433;DatabaseName=db_
database08";
     String user="sa";
     String pwd="123";
     try {  Class.forName(driverClass);  }
    catch(ClassNotFoundException ex)
        {  System.out.println(""+ex); }
     try {  con=DriverManager.getConnection(url, user,pwd);
           stmt=con.createStatement();
           String name="王宁", mima="456";
           String insertStr="INSERT INTO userinfo(username,password)VALUES("+"'"+
name+"'"+","+"'"+mima+")";
```

```
                String delStr="DELETE FROM userinfo WHERE username = '李华' ";
                stmt.executeUpdate(insertStr);
                stmt.executeUpdate(delStr);
                rs=stmt.executeQuery("SELECT * FROM user");
                 while(rs.next())
                 { String username=rs.getString("username");
                   String password=rs.getString("password");
                   System.out.print("用户名: "+ username);
                   System.out.print("密  码: "+ password);
                 }
                rs.close();
                 stmt.close();
                 con.close();
                 }
          catch(SQLException e)
             { System.out.println(e); }
           }
      }
```

12.3   预处理命令

12.3.1 创建 PreparedStatement 对象

Statement 用于执行静态 SQL 语句，在执行时，必须指定一个已准备好的 SQL 语句。PreparedStatement 继承自 Statement 接口，表示预编译的 SQL 语句对象，SQL 语句被预编译并保存在对象中。被封装的 SQL 语句代表某一类操作，语句中可以包含动态参数"?"，在执行时可以为"?"动态设置参数值。使用 PreparedStatement 对象执行 SQL 时，SQL 被数据库解析和编译，然后被放到命令缓冲区，每当执行同一个 PreparedStatement 对象时，它就会被解析一次，但不会被再次编译。在缓冲区可以发现预编译的命令，并且可以重用。PrepareStatement 可以减少编译次数，提高数据库性能。PreparedStatement()方法的定义如表 12.6 所示，其中均有一个 String 类型的参数 SQL，该 SQL 代表的就是一个 SQL 语句。

表 12.6   PreparedStatement()方法

PreparedStatement prepareStatement(String sql)	创建一个 PreparedStatement 对象来将参数化的 SQL 语句发送到数据库
public PreparedStatement prepareStatement(String sql, int autoGeneratedKeys)	创建一个默认 PreparedStatement 对象，该对象能获取自动生成的键
public PreparedStatement prepareStatement(String sql, int[] columnIndexes)	创建一个能返回由给定数组指定的自动生成键的默认 PreparedStatement 对象
public PreparedStatement prepareStatement(String sql, int resultSetType, int resultSetConcurrency)	创建一个 PreparedStatement 对象，该对象将生成具有给定类型和并发性的 ResultSet 对象
public PreparedStatement prepareStatement(String sql, int resultSetType, int resultSetConcurrency, int resultSet Holdability)	创建一个 PreparedStatement 对象，该对象将生成具有给定类型、并发性和可保存性的 ResultSet 对象
public PreparedStatement prepareStatement(String sql, String[] columnNames)	创建一个能返回由给定数组指定的自动生成键的默认 PreparedStatement 对象

【例 12.5】使用 PreparedStatement，实现例 12.1 的功能。

```
import java.sql.*;
public class Ex12_5
{ public static void main(String args[])
  { Connection con;
    PreparedStatement stmt;
    ResultSet rs;
    try { Class.forName("sun.jdbc.odbc.JdbcOdbcDriver"); }
    catch(ClassNotFoundException ex)
      { System.out.println(" "+ex); }
    try { con=DriverManager.getConnection("jdbc:odbc:studentsource","sa","123");
        stmt=con.prepareStatement("SELECT * FROM userinfo");    //预处理语句
        rs=stmt.executeQuery();
        while(rs.next())
        { String username=rs.getString("username");
          String password=rs.getString("password");
          System.out.print("用户名: "+username);
          System.out.println("密　码: "+ password);
        }
    rs.close();
      stmt.close();
      con.close();
      }
    catch(SQLException e)
      { System.out.println(e); }
} }
```

12.3.2　带参数的 SQL 语句

由于编译不需要参数，PreparedStatement 可以使用 "?" 来替代 SQL 语句中的某些参数，先将不带参数的 SQL 语句发送到数据库，进行预编译，然后 PreparedStatement 会再将设置好的参数发送给数据库，这样即可提高多次频繁操作一个 SQL 语句的效率。在使用 PreparedStatement 设置相应参数时，要指明参数的位置和类型，以及给出参数的具体值，根据不同的参数类型使用不同的 setXXX()方法来设置参数。PreparedStatement 接口中声明的 setXXX()方法如表 12.7 所示。

表 12.7　　　　　　　　　PreparedStatement 接口的常用 setXXX()方法

void setDouble(int parameterIndex, double x)	指定参数设置为给定 Java double 值
void setFloat(int parameterIndex, float x)	指定参数设置为给定 Java REAL 值
void setInt(int parameterIndex, int x)	指定参数设置为给定 Java int 值
void setLong(int parameterIndex, long x)	指定参数设置为给定 Java long 值
void setString(int parameterIndex, String x)	指定参数设置为给定 Java String 值
void setDate(int parameterIndex, Date x)	使用运行应用程序的虚拟机的默认时区将指定参数设置为给定 java.sql.Date 值

如：String sql="update user set name=? where password=111;"，其中的?代表占位符，没有设置具体值。

PreparedStatement stmt=con.prepareStatement(sql);，将 SQL 语句发送到数据库编译，即预编译。

stmt.setXXX(parameter_position, parameter_value);，把参数值存放在 PreparedStatement 对象中。

stmt.executeUpdate();，已经预编译过，因此不需要再传入 SQL 语句，就可以直接执行。

【例 12.6】使用 PreaparedStatement 创建对象，理解带参数的 SQL 语句的使用。

```java
import java.sql.*;
public class Ex12_6
{ public static void main(String args[])
  { Connection con;
    PreparedStatement stmt;
    ResultSet rs;
    try { Class.forName("sun.jdbc.odbc.JdbcOdbcDriver"); }
    catch(ClassNotFoundException ex)
        { System.out.println(" "+ex); }
    try {con=DriverManager.getConnection ("jdbc:odbc:studnetsource","sa","123");
        String sqla="INSERT INTO userinfo VALUES (?,?)";
        stmt=con.prepareStatement(sqla);     //预处理语句
        stmt.setString(2,"王磊");
        stmt.setString(3,"123");
        stmt.executeUpdate();
        String sqlb="DELETE FROM user WHERE username =?";
        stmt=con.prepareStatement(sqlb);
        stmt.setString(2,"李华");
        stmt.setString(3,"123");
        stmt.executeUpdate();
         rs=stmt.executeQuery();
        while(rs.next())
        { String username=rs.getString("username");
          String password=rs.getString("password");
          System.out.print("用户名: "+ username);
          System.out.println("密  码: "+ password);
        }
      rs.close();
      stmt.close();
       con.close();
       }
    catch(SQLException e)
        { System.out.println(e); }
  }   }
```

12.4　可滚动和可更新的 ResultSet

可以通过 ResultSet 结果集对数据库中的指定表进行更新，包括插入、修改和删除数据记录的操作。若要通过 ResultSet 更新数据表，需在创建 Statement 对象时指定结果集的属性，使用带有参数的 createStatement()方法，即：

Statement createStatement(int resultSetType, int resultSetConcurrency) throws SQLException

12.4.1　可滚动的 ResultSet

上述 createStatement()方法中参数 resultSetType 指定结果集是否可滚动，取值为表 12.8 中的常量之一。根据所选择的常量值确定当执行插入、修改、更新、删除等 SQL 语句操作改变了表中数据时，当前 ResultSet 中的数据是否能够随之更新。

表 12.8	resultSetType 常量值
static int TYPE_FORWARD_ONLY	该常量指示光标只能向前移动的 ResultSet 对象的类型。默认值
static int TYPE_SCROLL_INSENSITIVE	该常量指示 ResultSet 可滚动但对数据更新不敏感，即不受 ResultSet 底层数据更改影响的 ResultSet 对象的类型
static int TYPE_SCROLL_SENSITIVE	该常量指示 ResultSet 可滚动但对数据更新敏感，即受 ResultSet 底层数据更改影响的 ResultSet 对象的类型

12.4.2 可更新的 ResultSet

createStatement()方法中参数 resultSetConcurrency 指定能够通过 ResultSet 更新数据表，取值为表 12.9 中的常量之一。

表 12.9	resultSetConcurrency 常量值
static int CONCUR_READ_ONLY	该常量指示不可以更新的 ResultSet 对象，默认值
static int CONCUR_UPDATABLE	该常量指示可以更新的 ResultSet 对象

例如下面语句表示指定 ResultSet 的属性为可滚动，对数据敏感和可更新的对象。

```
Statement stmt=con.createStatement(ResultSet.TYPE_SCROLL_SENSITIVE, ResultSet.CONCUR_UPDATABLE);
```

【例 12.7】可滚动的和可更新的 ResultSet 实例。

```java
import java.sql.*;
public class Ex12_7
{ public static void main(String args[])
  { Connection con;
    Statement sql;
    ResultSet rs;
    try { Class.forName("sun.jdbc.odbc.JdbcOdbcDriver");    }
    catch(ClassNotFoundException ex)
      { System.out.println(""+ex);  }
    try { con=DriverManager.getConnection ("jdbc:odbc:studnetsource","sa","123");
sql=con.createStatement(ResultSet.TYPE_SCROLL_SENSITIVE, ResultSet.CONCUR_READ_ONLY);
        rs=sql.executeQuery("SELECT username,password FROM userinfo");
        rs.last();
        int number=rs.getRow();
        System.out.println("该表共有"+number+"条记录");
        rs.afterLast();
        while(rs.previous())
        { String username=rs.getString("username");
          String password=rs.getString("password");
          System.out.print("用户名："+username);
          System.out.println("密 码："+password);
        }
        System.out.println("单独输出第2条记录");
        rs.absolute(2);
        String username=rs.getString("username");
        String password=rs.getString("password");
        System.out.print("用户名："+username);
        System.out.println("密 码："+password);
      rs.close();
```

```
        sql.close();
        con.close();
            }
    catch(SQLException e)
        { System.out.println(e);    }
    }   }
```

程序运行结果如下。

该表共有 3 条记录

用户名：王洋   密 码：121

用户名：赵展   密 码：aaa

用户名：王宁   密 码：456

单独输出第 2 条记录

用户名：赵展   密 码：aaa

习　　题

一、填空题

1. JDBC 的英文全称是＿＿＿＿＿＿＿＿＿，中文含义是＿＿＿＿＿＿＿。

2. Java 连接数据库的步骤是＿＿＿＿＿＿、＿＿＿＿＿＿＿、＿＿＿＿＿＿、＿＿＿＿＿＿、＿＿＿＿＿＿＿和＿＿＿＿＿＿＿。

二、选择题

1. 在编写访问数据库的 Java 程序中，要用到 DriverManager 类，该类的作用是（　　　）。

　　A. 存储查询结果　　　　　　　　B. 处理驱动程序的加载和建立数据库连接

　　C. 在指定的连接中处理 SQL 语句　　D. 数据库的处理

2. JDBC 驱动程序的种类有（　　　）。

　　A. 两种　　　　　B. 三种　　　　　C. 四种　　　　　D. 五种

3. 接口 Statement 中定义 executeQuery 方法返回的类型是（　　　）；executeUpdate 返回的类型是（　　　）。

　　A. ResultSet　　　B. int　　　　　C. Boolean　　　　D. 任何类型

4. 对于操作数据库的程序，使用结束后，必须关闭相应的资源，关闭的顺序一般是（　　　）。

　　A. ResultSet，Statement，Connection　　B. Connection，Statement，ResultSet

　　C. Connection，ResultSet，Statement　　D. Statement，Connection，ResultSet

5. 下面哪些是定义在 ResultSet 结果集中用于光标定位的方法？（　　　）（多选）

　　A. next()　　　　B. absolute(int)　　C. afterLast( )　　　D. beforeFirst()

第13章
学生成绩管理系统

本章通过 Java 图形界面编程知识和 JDBC 数据库编程知识，实现一个简单的学生成绩管理系统。通过本章的学习，学生应能够掌握 Java 项目的开发流程，能够熟练开发和学生成绩管理系统类似的系统。

13.1　系统设计

学生非常熟悉学生成绩管理系统，因为每个学生都要使用其选择课程或查询自己的考试成绩。设计时，首先对学生成绩管理系统进行整体的框架设计，包括系统的总体结构、搭建开发环境、确定系统工作目录等。

13.1.1　结构分析

首先确定学生成绩管理系统的用户。学生成绩管理系统用户基本分为三类：学生、教师和管理员。不管哪种用户都必须经过登录才能进入学生成绩管理系统，所以，该系统必须有一个登录界面，并且在这个界面中能够让用户选择用户是学生、教师还是管理员。

学生成绩管理系统的功能主要划分为四大功能模块：基本表管理、选课和成绩管理、查询管理、系统维护，如图 13.1 所示。

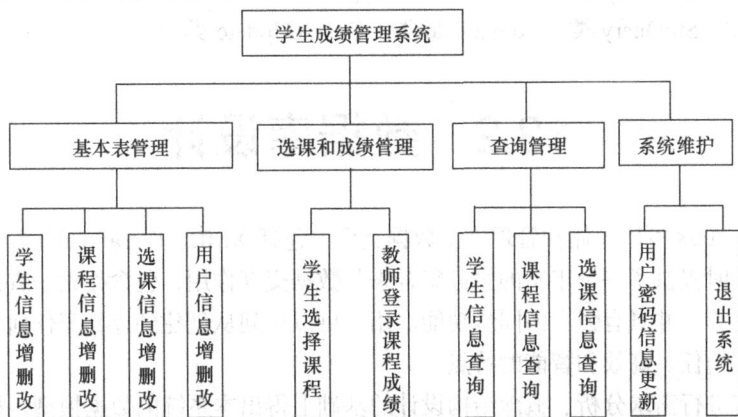

图 13.1　系统功能结构图

模块及子模块的功能如下。

基本表管理：主要作用是对学生、课程、选课、用户，进行增、删、更新操作。其中学生信息增删改模块用于维护学生信息，包括学生信息的添加、删除和修改操作；课程信息增删改模块用于维护课程信息，包括课程信息的添加、删除和修改操作；选课信息增删改模块用于维护学生选课信息，包括学生选课信息的添加、删除和修改操作；用户信息增删改模块用于维护学生、教师和管理员的登录信息，包括学生，教师和管理员登录信息的添加、删除和修改操作。

选课和成绩管理：该模块包括学生选择课程和教师登录课程成绩两个模块。其中学生选择课程模块用于学生进行选课操作，教师登录课程成绩模块用于教师进行登录课程成绩操作。

查询管理：该模块包括学生信息查询、课程信息查询和选课信息查询 3 个模块。其中学生信息查询模块用于查询所有学生信息，课程信息查询用于查询所有课程信息，选课信息查询用于查询所有选课信息，并且 3 个模块都可以按指定查询条件进行查询。

系统维护：该模块包括用户密码信息更新和退出系统两个模块。其中，用户密码信息更新用于对用户的登录信息进行修改操作。退出系统模块实现系统退出功能。

因为用户分为 3 种，所以每种用户进行操作的界面应该是不同的。学生界面有查询管理中的所有 3 个子模块、选课和成绩管理中的学生选择课程子模块、基本表管理中的学生信息添加模块。教师界面有选课和成绩管理中的教师登录课程成绩子模块、查询管理模块。管理员界面包含所有的模块。

13.1.2　工作目录

在本系统中，所需的操作系统为 Windows 7，数据库为 Microsoft SQL Server 2008，编程语言为 Java SE 7，开发环境为 Eclipse 3.2。

在开发一个实际系统时，应规划好系统的工程文件结构，使得开发工作的内容清晰，又便于管理。本系统的工程名为 StuGradeManPro，主要包含 3 个包，如下所示。

model 包：主要存放进行数据库操作的类和实体类。如 BaseDao 类、Student 类、StudentDao 类、Course 类、CourseDao 类、Sc 类、ScDao 类等。

Controller 包：完成数据库表的增删改查任务的类。如 StuAddHandler 类、StuUpdateHandler 类、StuDeleteHandler 类、StuQueryHandler 类等。

view 包：存放系统的图形界面窗口类。如 Login 类、MainView 类、StudentAdd 类、StuUpdate 类、StuDelete 类、StuQuery 类、CourseAdd 类、CourseUpdate 类等。

13.2　数据库设计

SQL Server 2008 可以存储和管理许多数据类型，包括 XML、E-mail、时间/日历、文件、文档、地理等，同时提供了一个丰富的服务集合来与数据交互作用，包含搜索、查询、数据分析、报表、数据整合等，并具有强大的同步功能。用户可以访问从创建到存档于任何设备的信息。同时，它还具有可信任、高效和智能的特点。

在对本系统进行需求分析、概念结构设计的基础上得出本系统的数据模型。模型主要包括 4 张数据库基本表：学生表（student）、课程表（course）、选课表（sc）、用户表（userman）。具体如表 13.1、表 13.2、表 13.3 和表 13.4 所示。

表 13.1 学生表（student）

列名	数据类型	空/非空	主键	外键	说明
Sno	nchar(10)	Not null	主键		学生学号
Sname	nchar(10)	null			学生姓名
Ssex	nchar(1)	null			学生性别
Sage	tinyint	null			学生年龄
Sdept	nchar(20)	null			学生所在系别
ClassNo	nchar(10)	null			学生所在班级

表 13.2 课程表（course）

列名	数据类型	空/非空	主键	外键	说明
Cno	nchar(10)	Not null	主键		课程编号
Cname	nchar(10)	null			课程名称
Cpno	nchar(1)	null			先修课编号
Ccredit	tinyint	null			学分

表 13.3 选课表（sc）

列名	数据类型	空/非空	主键	外键	说明
Sno	nchar(10)	Not null	主键	外键	学生学号
Cno	nchar(10)	Not null	主键	外键	课程编号
Grade	smallint	null			成绩

表 13.4 用户表（userman）

列名	数据类型	空/非空	主键	外键	说明
id	int	Not null	主键		用户编号
name	nchar(10)	null			用户名
pass	nchar(10)	null			用户密码
userType	nchar(8)	null			用户类型

13.3　基本表模型设计

首先，创建实体类 Student，该类对象用来存放学生信息，与 student 表的记录相对应。同样，还需创建实体类 Course、实体类 Sc、实体类 User。下面是实体类 Student 的源代码。

```
package model;
public class Student {
    private String stu_no;
    private String stu_name;
    private char stu_sex;
    private byte stu_age;
    private String stu_dept;
    private String stu_classNo;

    public Student(String stu_no, String stu_name, char stu_sex, byte stu_age,
```

```
String stu_dept, String stu_classNo){
        this.stu_no=stu_no;
        this.stu_name=stu_name;
        this.stu_sex=stu_sex;
        this.stu_age=stu_age;
        this.stu_dept=stu_dept;
        this.stu_classNo=stu_classNo;
    }
    public Student(){
        super();
    }

    public String getStu_no(){
        return stu_no;
    }
    public void setStu_no(String stu_no){
        this.stu_no=stu_no;
    }

    public String getStu_name(){
        return stu_name;
    }
    public void setStu_name(String stu_name){
        this.stu_name=stu_name;
    }

    public byte getStu_age(){
        return stu_age;
    }
    public void setStu_age(byte stu_age){
        this.stu_age=stu_age;
    }

    public char getStu_sex(){
        return stu_sex;
    }
    public void setStu_sex(char stu_sex){
        this.stu_sex=stu_sex;
    }

    public String getStu_dept(){
        return stu_dept;
    }
    public void setStu_dept(String stu_dept){
        this.stu_dept=stu_dept;
    }

    public String getStu_classNo(){
        return stu_classNo;
    }
    public void setStu_classNo(String stu_classNo){
        this.stu_classNo=stu_classNo;
    }
}
```

实体类 Course、实体类 Sc、实体类 User 与实体类 Student 基本相同，就不再列出。

13.4　公用模型设计

在一个系统中，往往会有许多组件需要持久存储有关数据。这样，通常要为需要持久存储的每一种数据类型编写一个相应的类。如要持久存储 Student 信息就需要编写一个 StudentDao 类，该类根据从控制类获得的信息，执行对学生表的添加、删除、更新、查找等数据库操作。

实际上，在开发过程中对于数据库连接之类的操作，由于很多模块都要进行该操作，因此可将这类操作单独构成一个模块，供其他模块调用，这样可提高编程效率。

学生成绩管理系统和数据库交互的操作主要有数据库连接、对基本表的数据库操作（添加、删除、更新、查找）。这样，将数据库连接操作设计成 BaseDao 类，学生表的增删改查数据库操作设计成 StudentDao 类，课程表的增删改查数据库操作设计成 CourseDao 类，选课表的增删改查数据库操作设计成 ScDao 类，用户表的增删改查数据库操作设计成 UserDao 类。

本系统将基本表的添加、删除、更新都抽象到 BaseDao 类中，所以，基本表的 Dao 类主要进行数据库的查找操作。下面是 BaseDao 类的源代码。

```
package model;
import java.sql.*;

public class BaseDao {
    protected static String driver="com.microsoft.sqlserver.jdbc.SQLServerDriver";
//SQL Server 2008驱动程序类名
    //StuGradeMan为学生成绩管理系统所使用的数据库名称
    protected static String url="jdbc:sqlserver://localhost:1433;Database=
StuGradeMan;";
    protected static String dbUser="sa";     //我的 SQL Server 2008 的用户名
    protected static String dbPwd="123456"; //我的 SQL Server 2008 的密码

    private static Connection conn=null;
    private BaseDao(){
        try{
            if(conn==null){
                Class.forName(driver);
                System.out.println("加载驱动成功! ");
            }
            else{
                return;
            }
        }catch(ClassNotFoundException e){
            e.printStackTrace();
            System.out.println("加载驱动失败! ");
        }
        try{
            conn=DriverManager.getConnection(url, dbUser, dbPwd);
            System.out.println("连接数据库成功! ");
        }catch(SQLException e){
            e.printStackTrace();
            System.out.print("SQL Server 数据库连接失败! ");
        }
```

```
        }
        //根据从控制类得来的 SQL，执行数据库的查询操作
        public static ResultSet executeQuery(String sql){
            try{
                if(conn==null)
                    new BaseDao();
                return          conn.createStatement(ResultSet.TYPE_SCROLL_SENSITIVE,
ResultSet.CONCUR_UPDATABLE).executeQuery(sql);
            }catch(SQLException e){
                e.printStackTrace();
                return null;
            }
        }
        //根据从控制类得来的 SQL，执行数据库的添加、删除和更新操作
        public static int executeUpdate(String sql){
            try{
                if(conn==null)
                    new BaseDao();
                return conn.createStatement().executeUpdate(sql);
            }catch(SQLException e){
                System.out.println(e.getMessage());
                return -1;
            }finally{    }
        }
        //关闭连接对象
        public static void close(){
            try{
                conn.close();
            }catch(SQLException e){
                e.printStackTrace();
            }finally{
                conn=null;
            }
        }
    }
```

下面是 StudentDao 类的源代码。

```
package model;
import java.sql.*;
import java.util.*;

public class StudentDao {    //根据从控制类得来的 sno，执行查找操作，并包装成学生对象
    public static Student getStudent(String stu_no){
        String sql="select*from student where Sno='"+stu_no+"'";
        ResultSet rs=BaseDao.executeQuery(sql);
        Student student=null;
        try{    //将查找结果包装成学生对象 student
            if(rs.next()){
                student=new Student();
                student.setStu_no(rs.getString("Sno"));
                student.setStu_name(rs.getString("Sname"));
                student.setStu_sex(rs.getString("Ssex").charAt(0));
                student.setStu_age(rs.getByte("Sage"));
                student.setStu_dept(rs.getString("Sdept"));
                student.setStu_classNo(rs.getString("ClassNo"));
```

```
        }
    }catch(Exception e){
        e.printStackTrace();
    }
    BaseDao.close();
        return student;
}
//根据从控制类得来的 SQL，执行查找操作，并包装成 ArrayList 类型对象 list
public static ArrayList getStudentList(String sql){
    ArrayList list=new ArrayList();
    ResultSet rs=BaseDao.executeQuery(sql);
    Student student=null;
    try{
        while(rs.next()){
            student=new Student();
            student.setStu_no(rs.getString("Sno"));
            student.setStu_name(rs.getString("Sname"));
            student.setStu_sex(rs.getString("Ssex").charAt(0));
            student.setStu_age(rs.getByte("Sage"));
            student.setStu_dept(rs.getString("Sdept"));
            student.setStu_classNo(rs.getString("ClassNo"));
            list.add(student);
        }
    }catch(Exception e){
        e.printStackTrace();
    }
    BaseDao.close();
        return list;
    }
}
```

类似地，还需创建 CourseDao 类、ScDao 类和 UserDao 类。

13.5　控制模块设计

　　控制类 StuAddHandler 用来完成学生信息的添加任务；控制类 StuUpdateHandler 用来完成学生信息的更新任务；控制类 StuDeleteHandler 用来完成学生信息的删除任务。总之，控制类是用来完成系统任务的类，或者说实现系统的业务逻辑。控制类将从图形界面获得的数据，进行包装，如形成 SQL 等，调用类中方法，将包装后的数据交给相应的 Dao 类，通过 Dao 对象完成数据库操作。同时，控制类对数据库操作结果数据也要进行包装，如形成字符串数组等，通过调用控制类方法，返回给图形界面。下面是控制类 StuAddHandler 的源代码。

```
package controler;
import model.BaseDao;
public class StuAddHandler {
    String sql;
    String sno;
    String sname;
    String ssex;
    String sage;
    String sdept;
    String classNo;
```

```java
    public StuAddHandler(){
        super();
    }
    //用构造方法接受图形界面传来的数据
    public StuAddHandler(String sno, String sname, String ssex, String sage, String
sdept, String classNo){
        this.sno=sno;
        this.sname=sname;
        this.ssex=ssex;
        this.sage=sage;
        this.sdept=sdept;
        this.classNo=classNo;
    }
    //用构造方法接受图形界面传来的数据
    public StuAddHandler(String[] str){
        sno=str[0];
        sname=str[1];
        ssex=str[2];
        sage=str[3];
        sdept=str[4];
        classNo=str[5];
    }
    //将图形界面的数据包装成 SQL，然后交给 BaseDao 类执行查询数据库操作
    public int addStu(){
        sql="insert into student (sno,sname,ssex,sage,sdept,classNo) values('"
                +sno+"','"   +sname+"','"+ssex+"',"+sage+",'"+sdept+"','"
                + classNo+"')";
        //将包装的 SQL 调用 BaseDao.executeUpdate 方法完成查询任务
        int i=BaseDao.executeUpdate(sql);
        return i;
    }
}
```

下面是控制类 StuQueryHandler 的代码。

```java
package controler;
import java.util.ArrayList;
import model.*;
public class StuQueryHandler {
    String sql;
    String sno;
    String sname;
    String ssex;
    String sage;
    String sdept;
    String classNo;
    Object[][] results;
    public StuQueryHandler(){
        super();
    }
    //用构造方法接受图形界面传来的学号 sno
    public StuQueryHandler(String sno){
        this.sno=sno;
    }
    //由学号 sno 包装成 SQL，然后交给 StudentDao 类执行查询数据库操作
    public Student query(String sno){
```

```
            Student student=null;
            if(sno!=null && sno.length()>0){
                sql="select*from student where Sno like'"+sno+"%'";
                student=StudentDao.getStudent(sno);
            }
            return student;
        }
```
//查询一个学生或所有学生信息，并将查询结果包装成 Object[][]返回界面
```
        public Object[][] query(){
            if(sno!=null && sno.length()>0){
                sql="select*from student where Sno like'"+sno+"%'";
            }
            else
                sql="select*from student";
            results=getResult(StudentDao.getStudentList(sql));
            return results;
        }
```
//将查询结果包装成 Object[][]类型数据的实现代码
```
        private Object[][] getResult(ArrayList list){
            Object[][] resu=new Object[list.size()][6];
            for(int i=0; i<list.size(); i++){
                Student student=(Student)list.get(i);
                resu[i][0]=student.getStu_no();
                resu[i][1]=student.getStu_name();
                resu[i][2]=student.getStu_sex();
                resu[i][3]=student.getStu_age();
                resu[i][4]=student.getStu_dept();
                resu[i][5]=student.getStu_classNo();
            }
            return resu;
        }
}
```
下面是控制类 StuUpdateHandler 的源代码。
```
package controler;
import model.BaseDao;
public class StuUpdateHandler {
        String sql;
        /* StuUpdateHandler 类的成员变量和构造方法与 StuAddHandler 类相同，在此省略*/
        //完成学生信息的更新任务
        public int updateStu(){
            sql="update    student    set    Sname='"+sname+"',    Ssex='"+ssex+"',
Sage='"+sage+"', Sdept='"+sdept+"', classNo='"+classNo +"'where Sno='"+sno+"'";
            int i=BaseDao.executeUpdate(sql);
            return i;
        }
}
```
同样，其他基本表的添加、更新、删除和查找任务和学生表类似，这里就不再列出了。

13.6　视图模块设计

视图模块是系统与用户交互的界面。主要包括构建用户界面和处理按钮事件两部分。

StudentAdd 类主要包括学号、姓名、性别、年龄、所在系和班级的界面构建，在用户输入完相应信息后，单击添加按钮，就会触发事件，执行添加操作。当然这种添加操作是通过控制类对象执行的。下面是视图类 StudentAdd 的源代码。

```java
package view;
import java.awt.event.*;
import java.awt.*;
import javax.swing.*;
import javax.swing.border.*;
import controler.StuAddHandler;
public class StudentAdd extends JFrame {
    private JPanel dialogPane;              //声明一个 JPanel 类的容器对象
    private JPanel contentPanel;
    private JLabel lb_sno;                  //声明一个学号标签对象
    private JTextField tf_sno;              //声明一个学号文本框对象
    private JLabel lb_sname;                //声明一个学生姓名标签对象
    private JTextField tf_sname;            //声明一个学生姓名文本框对象
    private JLabel lb_ssex;                 //声明一个性别标签，以下类似，不作注解
    private JTextField tf_ssex;
    private JLabel lb_sage;
    private JTextField tf_sage;
    private JLabel lb_sdept;
    private JTextField tf_sdept;
    private JLabel lb_classNo;
    private JTextField tf_classNo;
    private JPanel buttonBar;               //声明一个容器对象，放添加、关闭按钮
    private JButton btn_add;                //声明一个 JButton 类的添加按钮对象
    private JButton btn_close;              //声明一个 JButton 类的关闭按钮对象
    public StudentAdd(){
        initComponents();                  //构建学生信息添加界面的方法
    }
    private void initComponents(){
        dialogPane=new JPanel();           //创建一个 JPanel 类的容器对象
        contentPanel=new JPanel();
        lb_sno=new JLabel();               //创建一个学号标签对象
        tf_sno=new JTextField();           //创建一个学号文本框对象
        lb_sname=new JLabel();             //创建姓名标签对象，以下类似，不作注解
        tf_sname=new JTextField();
        lb_ssex=new JLabel();
        tf_ssex=new JTextField();
        lb_sage=new JLabel();
        tf_sage=new JTextField();
        lb_sdept=new JLabel();
        tf_sdept=new JTextField();
        lb_classNo=new JLabel();
        tf_classNo=new JTextField();
        buttonBar=new JPanel();
        btn_add=new JButton();             //创建一个添加按钮对象
        btn_close=new JButton();
        setTitle("添加新学生");            //设置窗口标题
        setResizable(false);               //设置框口大小可否由用户调整
```

```
Container contentPane=getContentPane();              //获得窗体容器
contentPane.setLayout(new BorderLayout());           //设置容器的布局方式

    dialogPane.setBorder(new EmptyBorder(12, 12, 12, 12));//设置边框
    dialogPane.setLayout(new BorderLayout());
        contentPanel.setLayout(new GridLayout(3,4,6,6));
        lb_sno.setText("学号");                         //设置标签上的文字
    //设置文字水平方向的对齐方式
        lb_sno.setHorizontalAlignment(SwingConstants.RIGHT);
        contentPanel.add(lb_sno);  //在 contentPanel 容器上添加学号标签
        contentPanel.add(tf_sno);           //在容器上添加学号文本框
        lb_sname.setText("姓名");           //以下类似，不作注解
        lb_sname.setHorizontalAlignment(SwingConstants.RIGHT);
        contentPanel.add(lb_sname);
        contentPanel.add(tf_sname);
        lb_ssex.setText("性别");
        lb_ssex.setHorizontalAlignment(SwingConstants.RIGHT);
        contentPanel.add(lb_ssex);
        contentPanel.add(tf_ssex);
        lb_sage.setText("年龄");
        lb_sage.setHorizontalAlignment(SwingConstants.RIGHT);
        contentPanel.add(lb_sage);
        contentPanel.add(tf_sage);
        lb_sdept.setText("所在系");
        lb_sdept.setHorizontalAlignment(SwingConstants.RIGHT);
        contentPanel.add(lb_sdept);
        contentPanel.add(tf_sdept);
        lb_classNo.setText("班级号");
        lb_classNo.setHorizontalAlignment(SwingConstants.RIGHT);
        contentPanel.add(lb_classNo);
        contentPanel.add(tf_classNo);
//将装有学号、姓名的组建的容器 contentPanel 放到 dialogPane 容器中央
    dialogPane.add(contentPanel,BorderLayout.CENTER);
    //按钮面板设置边框
        buttonBar.setBorder(new EmptyBorder(12,0,0,0));
        buttonBar.setLayout(new GridBagLayout());
        ((GridBagLayout) buttonBar.getLayout()).columnWidths=new int[]
{0,85,80};   //设置网格布局最小宽度
        ((GridBagLayout) buttonBar.getLayout()).columnWeights=new double
[]{1.0,0.0,0.0};  //设置网格布局列权重
        btn_add.setText("添加");                   //设置添加按钮上的文字
        //添加按钮的匿名内部类监听器
        btn_add.addActionListener(new ActionListener(){//匿名内部类
            public void actionPerformed(ActionEvent e){
                btn_addActionPerformed(e);//单击添加按钮后执行的方法
            }
        });
        btn_close.setText("关闭");
        btn_close.addActionListener(new ActionListener(){
            public void actionPerformed(ActionEvent e){
```

```
                    dispose();;
                }
            });
            buttonBar.add(btn_add);           //将添加按钮放到容器 buttonBar 上
            buttonBar.add(btn_close);
        dialogPane.add(buttonBar,BorderLayout.SOUTH);
        contentPane.add(dialogPane,BorderLayout.CENTER)   ;
        setSize(450,175);                          //设置窗口尺寸
        setLocationRelativeTo(getOwner());         //设置窗口显示的位置
        setVisible(true);                          //设置窗口的可见性
    }
    //单击添加按钮后执行的方法，完成学生信息的添加任务
    private void btn_addActionPerformed(ActionEvent e){
        String[] s=new String[6];
        s[0]=new String(tf_sno.getText());         //将文本框中的学号赋值给 s[0]
        s[1]=new String(tf_sname.getText());       //将文本框中的姓名赋值给 s[1]
        s[2]=new String(tf_ssex.getText());
        s[3]=new String(tf_sage.getText());
        s[4]=new String(tf_sdept.getText());
        s[5]=new String(tf_classNo.getText());
        //创建控制类 StuAddHandler 对象 stu，并将字符串数组传给 stu
        StuAddHandler stu=new StuAddHandler(s);
        int i=stu.addStu();                     // stu 执行添加学生信息操作
        if(i==1){
            JOptionPane.showMessageDialog(null, "添加成功");
             dispose();
        }
    }
}
```

单击学生表管理菜单项下的添加学生信息菜单项按钮后，弹出"添加新学生"对话框，如图 13.2 所示。

下面是视图类 StudentQuery 的代码。

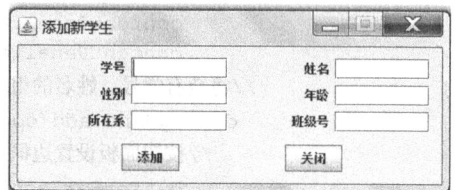

图 13.2 "添加新学生"对话框

```
package view;
import javax.swing.*;
import javax.swing.border.LineBorder;
import javax.swing.table.*;
import controler.StuQueryHandler;
import java.awt.*;
import java.awt.event.*;
public class StudentQuery extends JFrame{
    private JTable table;                   //声明一个 JTable 类的表格对象
    private JTextField tf_sno;              //声明一个 JTextField 类的学号文本框对象
    //定义表格头部信息的字符串数组
    private String[] heads={"Sno","Sname","Ssex","Sage","Sdept","ClassNo"};
    public StudentQuery(){
        super();
        final BorderLayout borderLayout=new BorderLayout();
        getContentPane().setLayout(borderLayout);      //设置容器布局方式
        setTitle("学生信息查询");                        //设置窗口标题
```

```
        final JPanel panel_browser=new JPanel();        //创建 JPanel 型容器对象
        getContentPane().add(panel_browser, BorderLayout.NORTH);
        panel_browser.setLayout(new GridLayout(1,3));
        JLabel lb_sno=new JLabel("学号");
        lb_sno.setHorizontalAlignment(SwingConstants.RIGHT);
        tf_sno=new JTextField();                         //创建学号文本框对象
        JButton btn_query=new JButton("查询");           //创建查询按钮对象
        //查询按钮的匿名内部类监听器
        btn_query.addActionListener(new ActionListener(){
            public void actionPerformed(ActionEvent e){
                btn_queryActionPerformed(e);
            }
        });
        panel_browser.add(lb_sno);                        //在容器中放置学号标签对象
        panel_browser.add(tf_sno);                        //在容器中放置学号文本框对象
        panel_browser.add(btn_query);                     //在容器中放置查询按钮对象

        final JPanel panel_main=new JPanel();
        final BorderLayout borderLayout_main=new BorderLayout();
        borderLayout_main.setVgap(5);                     //设置组件之间的垂直间距
        panel_main.setLayout(borderLayout_main);
        getContentPane().add(panel_main,BorderLayout.CENTER);
        final JScrollPane scrollPane=new JScrollPane();   //创建滚动类对象
        panel_main.add(scrollPane);                        //添加滚动面板
        table=new JTable();                                //创建表格对象
        //当表格对象被调整时，设置表格是否自动调整宽度。设为不调整宽度
        table.setAutoResizeMode(JTable.AUTO_RESIZE_OFF);
        scrollPane.setViewportView(table);                //创建一个视口并设置其视图

        final JPanel panel_close=new JPanel();
        //设置 panel_close 边框的颜色（为当前活动窗口的边框颜色）、厚度和拐角类型
        panel_close.setBorder(new LineBorder(SystemColor.activeCaptionBorder,
1,false));
        getContentPane().add(panel_close,BorderLayout.SOUTH);
        final FlowLayout flowLayout=new FlowLayout();
        flowLayout.setVgap(2);                            //设置组件之间的垂直间距
        flowLayout.setHgap(30);                           //设置组件之间的水平间距
        flowLayout.setAlignment(FlowLayout.RIGHT);        //设置组件之间的对齐方式
        panel_close.setLayout(flowLayout);
        final JButton btn_close=new JButton();
        btn_close.addActionListener(new ActionListener(){
            public void actionPerformed(final ActionEvent e){
                dispose();
            }
        });
        btn_close.setText("关闭");
        panel_close.add(btn_close);
        setSize(500,320);
        setLocationRelativeTo(getOwner());                //设置窗口居中显示
        setVisible(true);
```

```
    }
    //单击查询按钮后，事件响应执行查询操作，通过控制类对象 stuQuery 来执行查询操作
    private void btn_queryActionPerformed(ActionEvent e){
        String sno=tf_sno.getText();
        StuQueryHandler stuQuery=new StuQueryHandler(sno);
        Object[][] results=null;                    //记录查询结果的二维数组
        results=stuQuery.query();
        if(results.length==0)
            JOptionPane.showMessageDialog(null, "抱歉！没有要查找的学生");
        DefaultTableModel model=new DefaultTableModel();//一个零列零行的表
        model.setDataVector(results, heads); //用 results、列名 heads 替换旧表
        setDefaultCloseOperation(EXIT_ON_CLOSE);
        table.setModel(model);                      //将此表的数据源设置为 model
    }
}
```

单击查询管理菜单下的查询学生信息菜单项按钮后，弹出"学生信息查询"对话框，如图 13.3 所示。

图 13.3 "学生信息查询"对话框

下面是视图类 StudentUpdate 的源代码。

```
package view;
import java.awt.*;
import java.awt.event.*;
import javax.swing.*;
import javax.swing.border.EmptyBorder;
import controler.*;
import model.*;
public class StudentUpdate extends JFrame{
    private JPanel dialogPane;
    /* 类 StudentUpdate 的数据成员、构造方法与类 StudentAdd 类似，省略*/
    private void initComponents(){
        /* 类 StudentUpdate 的 initComponents()代码与类 StudentAdd 类似，省略*/

    }
    //单击查询按钮后，执行查询操作，并将查询结果显示在图像界面的表格中
    private void btn_queryActionPerformed(ActionEvent e){
        String sno=tf_sno_query.getText();
        StuQueryHandler stuQuery=new StuQueryHandler(sno);
        Student student=stuQuery.query(sno);
        if(student !=null){
```

```
            tf_sno.setText(student.getStu_no());
            tf_sname.setText(student.getStu_name());
            tf_ssex.setText(String.valueOf(student.getStu_sex()));
            tf_sage.setText(String.valueOf(student.getStu_age()));
            tf_sdept.setText(student.getStu_dept());
            tf_classNo.setText(student.getStu_classNo());
        }else{
            JOptionPane.showMessageDialog(null, "查无此人!请认真确认所输入的学号。");
        }
    }
    //单击更新按钮后，执行学生信息的更新操作
    private void btn_updateActionPerformed(ActionEvent e){
        String[] s=new String[6];
        s[0]=new String(tf_sno.getText());
        s[1]=new String(tf_sname.getText());
        s[2]=new String(tf_ssex.getText());
        s[3]=new String(tf_sage.getText());
        s[4]=new String(tf_sdept.getText());
        s[5]=new String(tf_classNo.getText());

        StuUpdateHandler stu=new StuUpdateHandler(s);
        int i=stu.updateStu();
        if(i==1){
            JOptionPane.showMessageDialog(null, "修改成功");
            dispose();
        }
    }
}
```

　　单击学生表管理菜单项下的更新学生信息菜
单项按钮后，弹出"更新学生信息"对话框，如图
13.4 所示。

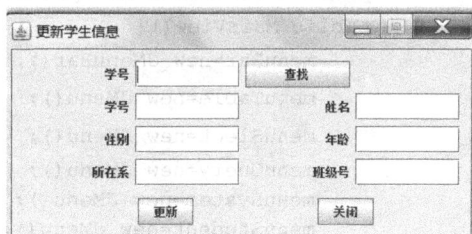

　　视图类 StudentDelete 和视图类 StudentUpdate
类似，这里就不列出了。

图 13.4　"更新学生信息"对话框

13.7　系统主界面设计

　　系统会根据用户类型进入不同的主界面。本系统包括学生、教师和管理员 3 类用户，因而就
有 3 种界面。下面是系统主界面的源代码。

```
package view;
import java.awt.*;
import java.awt.event.*;
import javax.swing.*;

public class MainView extends JFrame{
    private JMenuBar menuBar;              //声明一个菜单栏对象
    private JMenu menuTable;               //声明一个基本表菜单对象
    private JMenu menuSlect;               //声明一个选课和登录成绩菜单对象
    private JMenu menuQuery;               //声明一个查询菜单对象
```

```
        private JMenu menuSystem;                    //声明一个系统维护菜单对象
        private JMenu menuStudent;                   //声明一个学生菜单对象
        private JMenu menuCourse;                    //声明一个课程菜单对象
        private JMenu menuSC;                        //声明一个选课菜单对象
        private JMenuItem mi_StuAdd;                 //声明一个添加学生菜单项对象
        private JMenuItem mi_StuUpdate;              //声明一个更新学生菜单项对象
        private JMenuItem mi_StuDelete;              //声明一个删除学生菜单项对象
        private JMenuItem mi_CouAdd;                 //声明一个添加课程菜单项对象
        private JMenuItem mi_CouUpdate;              //声明一个更新课程菜单项对象
        private JMenuItem mi_CouDelete;              //声明一个删除课程菜单项对象
        private JMenuItem mi_ScAdd;                  //声明一个添加选课菜单项对象
        private JMenuItem mi_ScUpdate;               //声明一个更新选课菜单项对象
        private JMenuItem mi_ScDelete;               //声明一个删除选课菜单项对象
        private JMenuItem mi_exit;                   //声明一个退出系统菜单项对象
        private JMenuItem mi_selectCourse;           //声明一个选择课程菜单项对象
        private JMenuItem mi_grade;                  //声明一个登录成绩菜单项对象
        private JMenuItem mi_QueryStudent;           //声明一个查询学生菜单项对象
        private JMenuItem mi_QueryCourse;            //声明一个查询课程菜单项对象
        private JMenuItem mi_QueryGrade;             //声明一个查询成绩菜单项对象
        private JMenuItem mi_UpdatePassword;         //声明一个修改密码菜单项对象
        public MainView(){
            menuBar=new JMenuBar();                  //创建一个菜单栏对象
            menuTable=new JMenu();                   //创建一个基本表菜单对象
            menuSlect=new JMenu();                   //创建一个选课和登录成绩菜单对象
            menuQuery=new JMenu();
            menuSystem=new JMenu();
            menuStudent=new JMenu();
            menuCourse=new JMenu();
            menuSC=new JMenu();
            mi_StuAdd=new JMenuItem();               //创建一个添加学生菜单项对象
            mi_StuUpdate=new JMenuItem();
            mi_StuDelete=new JMenuItem();
            mi_CouAdd=new JMenuItem();
            mi_CouUpdate=new JMenuItem();
            mi_CouDelete=new JMenuItem();
            mi_ScAdd=new JMenuItem();
            mi_ScUpdate=new JMenuItem();
            mi_ScDelete=new JMenuItem();
            mi_exit=new JMenuItem();

            mi_selectCourse= new JMenuItem();
            mi_grade=new JMenuItem();

            mi_QueryStudent= new JMenuItem();
            mi_QueryCourse= new JMenuItem();
            mi_QueryGrade= new JMenuItem();

            mi_UpdatePassword= new JMenuItem();
```

```java
setTitle("学生成绩管理系统");                        //设置窗口标题
Container contentPane=getContentPane();
contentPane.setLayout(new BorderLayout());
    menuTable.setText("基本表管理");                  //设置基本表菜单标题
        menuStudent.setText("学生表管理");             //设置学生表菜单标题
        mi_StuAdd.setText("添加学生信息");             //设置添加菜单项标题
    //单击添加菜单项后，事件响应，创建学生添加界面对象，完成添加任务
        mi_StuAdd.addActionListener(new ActionListener(){
            public void actionPerformed(ActionEvent e){
                new StudentAdd();                     //创建学生添加界面对象
            }
        });
        menuStudent.add(mi_StuAdd);                   //添加"添加"菜单项
        mi_StuUpdate.setText("更新学生信息");
        mi_StuUpdate.addActionListener(new ActionListener(){
            public void actionPerformed(ActionEvent e){
                new StudentUpdate();
            }
        });
        menuStudent.add(mi_StuUpdate);
        mi_StuDelete.setText("删除学生信息");
        mi_StuDelete.addActionListener(new ActionListener(){
            public void actionPerformed(ActionEvent e){
                new StudentDelete();
            }
        });
        menuStudent.add(mi_StuDelete);
    menuTable.add(menuStudent);                       //将学生表菜单添加到基本表菜单上
        menuCourse.setText("课程表管理");
        mi_CouAdd.setText("添加课程信息");
        mi_CouAdd.addActionListener(new ActionListener(){
            public void actionPerformed(ActionEvent e){
                new CourseAdd();
            }
        });
        menuCourse.add(mi_CouAdd);
        mi_CouUpdate.setText("更新课程信息");
        mi_CouUpdate.addActionListener(new ActionListener(){
            public void actionPerformed(ActionEvent e){
                new CourseUpdate();
            }
        });
        menuCourse.add(mi_CouUpdate);
        mi_CouDelete.setText("删除课程信息");
        mi_CouDelete.addActionListener(new ActionListener(){
            public void actionPerformed(ActionEvent e){
                new CourseDelete();
            }
        });
        menuCourse.add(mi_CouDelete);
    menuTable.add(menuCourse);                        //将课程表菜单添加到基本表菜单上
```

```
                menuSC.setText("选课表管理");
            mi_ScAdd.setText("添加选课信息");
            mi_ScAdd.addActionListener(new ActionListener(){
                public void actionPerformed(ActionEvent e){
                    new ScAdd();
                }
            });
            menuSC.add(mi_ScAdd);
            mi_ScUpdate.setText("更新选课信息");
            mi_ScUpdate.addActionListener(new ActionListener(){
                public void actionPerformed(ActionEvent e){
                    new ScUpdate();
                }
            });
            menuSC.add(mi_ScUpdate);
            mi_ScDelete.setText("删除选课信息");
            mi_ScDelete.addActionListener(new ActionListener(){
                public void actionPerformed(ActionEvent e){
                    new ScDelete();
                }
            });
            menuSC.add(mi_ScDelete);
        menuTable.add(menuSC);              //将选课表菜单添加到基本表菜单上
    menuBar.add(menuTable);                 //将基本表菜单添加到菜单栏上
        menuSlect.setText("选课和成绩管理");//以下是选课和成绩管理菜单设置
            mi_selectCourse.setText("选择课程");
            mi_selectCourse.addActionListener(new ActionListener(){
                public void actionPerformed(ActionEvent e){
                    new SelectCourse();
                }
            });
        //将选课菜单项添加到选课和成绩管理菜单上
        menuSlect.add(mi_selectCourse);
            mi_grade.setText("登录成绩");
            mi_grade.addActionListener(new ActionListener(){
                public void actionPerformed(ActionEvent e){
                    new SelectCourse();
                }
            });
        //将登录成绩菜单项添加到选课和成绩管理菜单上
        menuSlect.add(mi_grade);
    menuBar.add(menuSlect);                     //将选课和成绩管理菜单添加到菜单栏上
        menuQuery.setText("查询管理");
            mi_QueryStudent.setText("查询学生信息");
            mi_QueryStudent.addActionListener(new ActionListener(){
                public void actionPerformed(ActionEvent e){
                    new StudentQuery();
                }
            });
        menuQuery.add(mi_QueryStudent);
            mi_QueryCourse.setText("查询课程信息");
            mi_QueryCourse.addActionListener(new ActionListener(){
```

```
            public void actionPerformed(ActionEvent e){
                new CourseQuery();
            }
        });
    menuQuery.add(mi_QueryCourse);
        mi_QueryGrade.setText("查询课程成绩");
        mi_QueryGrade.addActionListener(new ActionListener(){
            public void actionPerformed(ActionEvent e){
                new ScQuery();
            }
        });
    menuQuery.add(mi_QueryGrade);
menuBar.add(menuQuery);                     //将查询管理菜单添加到菜单栏上
    menuSystem.setText("系统维护");
        mi_UpdatePassword.setText("更新密码");
        mi_UpdatePassword.addActionListener(new ActionListener(){
            public void actionPerformed(ActionEvent e){
                new PasswordUpdate();
            }
        });
    menuSystem.add(mi_UpdatePassword);
    menuSystem.addSeparator();              //设置菜单分隔符
        mi_exit.setText("退出");
        mi_exit.addActionListener(new ActionListener(){
            public void actionPerformed(ActionEvent e){
                dispose();
            }
        });
    menuSystem.add(mi_exit);
menuBar.add(menuSystem);                     //将系统维护菜单添加到菜单栏上
setJMenuBar(menuBar);                        //将 menuBar 设置为主界面的菜单栏
setSize(500,400);
setLocationRelativeTo(getOwner());
setVisible(true);
}
//根据用户身份，调用不同的界面
public void setUserview(int userType){
    switch(userType){
    case 1:                                 //学生界面
        menuTable.setEnabled(false);
        mi_grade.setEnabled(false);
        break;
    case 2:                                 //教师界面
        menuTable.setEnabled(false);
        break;
    case 3:                                 //管理员界面，没有限制
        break;
    default:
        JOptionPane.showMessageDialog(this, "用户类型错误!");
        break;
    }
}
}
```

成功登录系统后就会进入系统的主界面，如图 13.5 与图 13.6 所示。

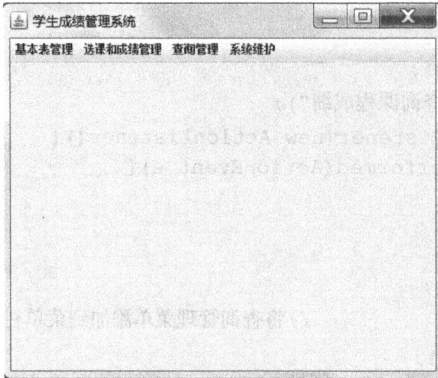

图 13.5　管理员登录主界面

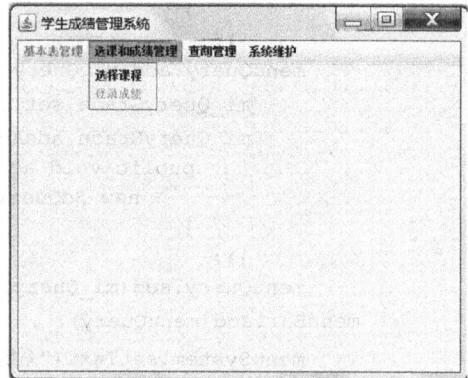

图 13.6　学生登录主界面

13.8　用户登录界面设计

用户登录界面用于实现系统登录功能，也是程序的入口，进行系统登录时，需要输入用户名和密码，还要选择用户类型。系统会检查数据库中的 user 表，验证用户名、密码和用户类型是否正确。下面是用户登录界面的源代码。

```java
package view;
import java.awt.*;
import java.awt.event.*;
import javax.swing.*;
import java.sql.*;
import model.BaseDao;
public class Login extends JFrame{
    private JLabel lb_user;                      //声明用户名标签
    private JTextField tf_user;                  //声明用户名文本框
    private JLabel lb_pass;                       //声明密码标签
    private JPasswordField pf_pass;              //声明密码口令框
    private JRadioButton rb_student;             //声明学生单选按钮
    private JRadioButton rb_teacher;             //声明教师单选按钮
    private JRadioButton rb_admin;               //声明管理员单选按钮
    private ButtonGroup bg_group;                //声明单选按钮组
    private JButton btn_ok;                       //声明确定按钮
    private JButton btn_cancel;                   //声明取消按钮
    public Login(){
        initComponents();
    }
    private void initComponents(){
        lb_user=new JLabel();                     //创建用户名标签对象
        tf_user=new JTextField();
        lb_pass=new JLabel();
        pf_pass=new JPasswordField();
```

```
        rb_student=new JRadioButton("学生");
        rb_teacher=new JRadioButton("教师");
        rb_admin=new JRadioButton("管理员");
        bg_group=new ButtonGroup();
        btn_ok=new JButton();
        btn_cancel=new JButton();
        setTitle("登录界面");                              //设置登录界面标题
        setResizable(false);
        Container contentPane=getContentPane();
        contentPane.setLayout(new BorderLayout());
            // 容器 contentPanel 中的组件的设置与布局，居中登录界面
            JPanel contentPanel=new JPanel();
            contentPanel.setLayout(new GridLayout(3,2));
                lb_user.setText("用户名");
                lb_user.setHorizontalAlignment(SwingConstants.RIGHT);
                contentPanel.add(lb_user);
                contentPanel.add(tf_user);
                lb_pass.setText("密码");
                lb_pass.setHorizontalAlignment(SwingConstants.RIGHT);
                contentPanel.add(lb_pass);
                contentPanel.add(pf_pass);
                btn_ok.setText("确定");
                btn_ok.addActionListener(new ActionListener(){
                    public void actionPerformed(ActionEvent e){
                        btn_okActionPerformed(e);
                    }
                });
                contentPanel.add(btn_ok);
                btn_cancel.setText("取消");
                btn_cancel.addActionListener(new ActionListener(){
                    public void actionPerformed(ActionEvent e){
                        dispose();
                    }
                });
                contentPanel.add(btn_cancel);
            contentPane.add(contentPanel,BorderLayout.CENTER);
                bg_group.add(rb_student);
                bg_group.add(rb_teacher);
                bg_group.add(rb_admin);
                //容器 contentPanel2 中的单选按钮设置，居南登录界面
                JPanel contentPanel2=new JPanel();
                //将单选按钮添加到容器 contentPanel2
                contentPanel2.add(rb_student,true);
                contentPanel2.add(rb_teacher);
                contentPanel2.add(rb_admin);
            contentPane.add(contentPanel2,BorderLayout.SOUTH);
            setSize(250,150);
            setLocationRelativeTo(getOwner());
            setVisible(true);
    }
    //单击确定按钮，事件响应，查找数据库中用户表，判断用户是否是合法用户
    private void btn_okActionPerformed(ActionEvent e){
```

```
        String username=tf_user.getText().trim();
        String pass=String.valueOf(pf_pass.getPassword());
        String sql=null;
        int userTypeLog=0;
        if(username.equals("")){
            JOptionPane.showMessageDialog(this, "用户名不允许为空!");
            return;
        }
        if(rb_student.isSelected()){              //判断是否是学生用户
            userTypeLog=1;
            sql="select*from userman where name='"+username+"'AND pass='"+pass+
"'AND userType='student'";
        }
        if(rb_teacher.isSelected()){              //判断是否是教师用户
            userTypeLog=2;
            sql="select*from userman where name='"+username+"'AND pass='"+pass+
"'AND userType='teacher'";
        }
        if(rb_admin.isSelected()){                //判断是否是管理员用户
            userTypeLog=3;
            sql="select*from userman where name='"+username+"'AND pass='"+pass+
"'AND userType='admin'";
        }
        if(sql==null){
            JOptionPane.showMessageDialog(this, "请选择用户类型!");
            return;
        }
        try{
            //根据用户名、密码、用户身份类型查询数据库, 判断是否为合法用户
            ResultSet result=BaseDao.executeQuery(sql);
            if( result.next()==false){              //非法用户, 关闭连接
                JOptionPane.showMessageDialog(this, "用户密码不正确!");
                BaseDao.close();
                return;
            }
            MainView mainview=new MainView();       //合法用户调用主界面
            mainview.setUserview(userTypeLog);      //根据用户身份调用不同界面
            dispose();                              //关闭窗口
        }catch(Exception ee){
            ee.printStackTrace();
        }
    }
    public static void main(String[] args){
        new Login();
    }
}
```

登录界面如图 13.7 所示。

在本工程项目中，采用了三个层次来设计学生成绩管理系统，即模型层 model 包、控制层 controler 包和视图层 view 包。模型层主要负责数据库的操作；控制层主要负责业务功能的实现；视图层主要负责与用户交换信息。这样做的好处是有利于系统的扩展与维护。如果

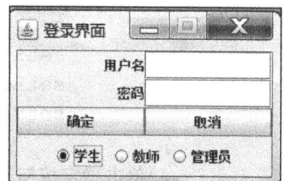

图 13.7　登录界面

需要更换数据库类型，主要修改模型层程序，控制层和视图层程序可基本不作修改；同样，如果更改业务任务，主要修改控制层程序，模型层和视图层程序可基本不作修改。这样就降低了系统维护和扩展的难度。

习　题

1. 本项目只给出了有关学生表的添加、删除、更新和查找模块的源代码。请读者补充完成有关课程表及选课表的添加、删除、更新和查找模块代码编写。

2. 本项目在登录界面模块中，直接使用模型类 BaseDao.*executeQuery*(sql)方法进行数据库操作，并没有采用三层结构来操作数据库。请采用三层结构来改写该程序，完成判断合法用户的数据库操作。

参考文献

[1] 朱晓龙等. Java 语言程序设计. 北京：北京邮电大学出版社，2011

[2] 张帆等. Java 范例开发大全. 北京：清华大学出版社，2010

[3] 孙卫琴. Java 面向对象编程. 北京：电子工业出版社，2008

[4] 耿祥义，张跃平. Java 2 设计模式. 北京：清华大学出版社，2009

[5] 郑莉. Java 语言程序设计（第 2 版）. 北京：清华大学出版社，2011

[6] 娄不夜，王利. 面向对象的程序设计与 Java（第 2 版）. 北京：清华大学出版社，2004

[7] Y.Daniel Liang 著，李娜译. Java 语言程序设计基础篇. 北京：机械工业出版社，2011

[8] [美]Cay S.Horstmann Gary Cornell 著，朱志等译. Java 2 核心技术（卷 I、卷 II）. 北京：机械工业出版社，2002

[9] Bruce Eckel，陈昊鹏译. Java 编程思想（第 4 版）. 北京：机械工业出版社，2007

[10] 叶核亚. Java 程序设计实用教程（第三版）. 北京：电子工业出版社，2011

[11] 耿祥义，张跃平. Java 2 实用教程（第三版）. 北京：清华大学出版社，2006

[12] H.M.Deitel，P.J.Deitel（美）著. 刘晓莉，周璐，钱方等译. Java 大学基础教程（第六版）. 北京：电子工业出版社，2007

[13] 洪维恩，何嘉. Java 2 面向对象程序设计. 北京：中国铁道出版社，2005

[14] 舒尔第著，周志彬等译. Java 2 参考大全（第五版）. 北京：电子工业出版社，2003